编 委 会

吴宜灿　李桃生　郝丽娟　孙光耀　邹　俊
李文艺　龙鹏程　何　桃　顾　群　陈传凯

辐射安全与防护

RADIATION SAFETY AND PROTECTION

吴宜灿 等 编著

中国科学技术大学出版社

内 容 简 介

本书围绕辐射安全与防护的基本原理与方法体系,结合辐射在医学和工业中的应用展开叙述,内容包括辐射相关基础理论知识、辐射危害与防护原理、辐射防护体系、安全管理与辐射监测技术,并以放射诊断、放射治疗、核医学、辐照加工、射线探伤、同位素仪器仪表等为例概述了辐射在医学与工业应用中的安全管理与防护措施,并介绍了核设施辐射安全与防护知识。

本书可作为相关从业人员系统性学习辐射安全与防护知识的通用教材,也可作为公众了解和学习辐射安全与防护的科普读物。

图书在版编目(CIP)数据

辐射安全与防护/吴宜灿等编著. —合肥:中国科学技术大学出版社,2017.1(2023.2 重印)
ISBN 978-7-312-04147-1

Ⅰ. 辐… Ⅱ. 吴… Ⅲ. 辐射防护 Ⅳ. TL7

中国版本图书馆 CIP 数据核字(2017)第 037190 号

出版	中国科学技术大学出版社
	安徽省合肥市金寨路 96 号,230026
	http://press.ustc.edu.cn
	https://zgkxjsdxcbs.tmall.com
印刷	安徽国文彩印有限公司
发行	中国科学技术大学出版社
经销	全国新华书店
开本	787 mm×1092 mm 1/16
印张	14.75
字数	378 千
版次	2017 年 1 月第 1 版
印次	2023 年 2 月第 6 次印刷
定价	45.00 元

前　言

一个多世纪以来,电离辐射(简称"辐射")已被广泛应用于人类社会的各个领域。它在发挥重要作用的同时,也会给人类与环境带来危害,严重时会危及生命安全,因此必须做好辐射防护工作。经过六十多年的发展,我国已建立起一套相对完善的辐射防护体系,涌现出一批优秀的辐射防护书籍,但这些书籍针对性与专业性较强,难以满足辐射安全与防护的通用知识学习和科普需求。

作者团队长期从事辐射安全与防护相关研究,并积极开展辐射安全与防护培训和科普工作,促进公众正确认识辐射的价值及危害。本书是在前期科学研究和培训实践的基础上编著完成的,共分12章:第1章至第5章介绍了辐射安全与防护的基本理论与方法体系,从辐射相关的基础知识、危害及防护原理出发,阐述了我国辐射防护体系建设情况以及辐射安全管理与辐射监测相关技术等;第6章至第12章介绍了辐射在医学、核能和其他工业领域中的应用及防护方法,基本上涵盖了辐射应用的各个方面。

本书力求用通俗易懂的语言阐述核技术与核工程领域的辐射安全与防护知识,可作为相关从业人员学习辐射安全与防护知识的通用培训教材,也可作为公众了解和学习辐射安全与防护的科普读物。

作者团队查阅了大量文献和报告,进行了系统的梳理和总结概括,力求书中介绍的内容全面、系统、翔实。在本书撰写过程中,以下老师和同学在素材收集整理和书稿校核等方面给予了大力支持和帮助,在此表示诚挚的感谢(按拼音排序):柏云清、曹瑞芬、曹伟涛、陈朝斌、陈妮、丁文艺、胡丽琴、黄华、蒋洁琼、李斌、李伟华、李雅男、李亚洲、廖燕飞、刘超、刘慧、刘静、毛小东、彭德建、宋翰城、宋婧、宋勇、王飞鹏、王海霞、王捷、王明煌、王芷妍、吴庆生、夏冬琴、熊厚华、徐照、闫少健、杨琪、易楠、张青鹍、周俊、庄思璇。同时,在成书过程中,安徽省环保厅和其他同行专家给予了许多支持,在此一并向他们表示衷心的感谢!

辐射安全与防护是一项系统工程,涉及诸多学科,有许多问题待进一步探索,书中存在的不足之处还请各位专家、读者不吝赐教。

谨以此书纪念中国科学院核能安全技术研究所成立五周年。

目　录

第1章 辐射防护基础知识

辐射是指物质向四周发射各种粒子或电磁波的现象。根据辐射与物质相互作用结果，辐射可分为两类：电离辐射和非电离辐射。其中，电离辐射是指与物质相互作用时使物质中原子发生电离的辐射；非电离辐射是指不能引起电离的辐射，本书主要介绍电离辐射（以下简称辐射）的安全与防护问题。

辐射目前已广泛应用于放射诊断、放射治疗、核医学、辐射加工、工业射线探伤等领域。在造福人类的同时，也会不可避免地给人类和环境带来辐射危害，辐射防护主要研究如何在利用辐射为人类造福的同时避免或减少它的危害。

本章首先对辐射产生原理及其与物质相互作用机制进行介绍，其次介绍如何定量评估辐射场与物质的相互作用，最后简单介绍辐射源的种类。

1.1 原子与原子核物理基本理论

辐射的产生及其与物质的相互作用基本上都发生在原子或原子核尺度上，本节主要介绍原子与原子核物理的基本理论，包括原子与原子核特性、放射性核素衰变规律、射线与物质的相互作用机制。

1.1.1 原子和原子核

自然界中，物质是由原子组成的，原子的半径在 10^{-10} m 量级左右，其质量很小。1960 年的国际物理学会议和 1961 年的化学会议分别通过决议，确定以一个 ^{12}C 原子质量的十二分之一作为原子质量单位，记为 u(unit 缩写)，又称作碳单位，$1\ u = 1.993 \times 10^{-26}$ kg/12 $= 1.661 \times 10^{-27}$ kg。

原子是由原子核和核外电子组成的，其结构如图 1.1 所示。原子核质量约占原子质量的 99.98%，半径在 $10^{-15} \sim 10^{-14}$ m 量级。原子核是由质子和中子(统称核子)组成的，其中，质子带一个单位的正电荷，中子不带电。质子的质量约为 1.673×10^{-27} kg，中子的质量约为 1.675×10^{-27} kg。每个核外电子带一个单位的负电荷，质量约为 9.110×10^{-31} kg，其运行轨道以壳层模型排列，距核最近的电子壳层(第一层)称为 K 壳层，由内向外依次是 K、L、M、N、O 等，每个壳层上最多有 $2n^2$ 个电子(n 是壳层序号)。不同壳层轨道上的电子具有不同的能量，距核越近，电子受原子核束缚越紧，势能越小。核外电子排布如图 1.1 所示。在没有外界作用的情况下，原子核外电子所带的负电荷数等于原子核所带的正电荷数，整个原子呈电中性。

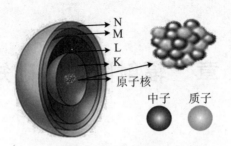

图 1.1　原子结构简图

原子核中质子数又称为原子序数,用符号 Z 表示,中子数用 N 表示。原子核中质子数和中子数之和称为原子质量数,用符号 A 表示。原子序数确定了原子的化学特性,具有相同原子序数的一类原子被称为元素。一种元素的原子核包含相同数目的质子,但可能包含不同数目的中子。通常把具有一定质子数和中子数的原子(核)称为核素,用符号 ${}_{Z}^{A}\mathrm{X}$ 表示,简写为 ${}^{A}\mathrm{X}$,其中 X 代表元素符号;把具有相同质子数、不同中子数的核素互称为同位素,如氢元素有三种同位素,即 ${}^{1}\mathrm{H}$,${}^{2}\mathrm{H}$,${}^{3}\mathrm{H}$。

另外,虽然原子核是由中子和质子组成的,但研究表明,原子核的质量总是小于组成它的所有核子的质量总和,这一现象称为质量亏损。如 ${}^{2}\mathrm{H}$ 原子核由一个质子和一个中子组成,但两个核子的质量之和 $(m_{\mathrm{p}}+m_{\mathrm{n}})$ 大于 ${}^{2}\mathrm{H}$ 原子核的质量 $(m_{{}^{2}\mathrm{H}})$,两者的差值为

$$\Delta m = m_{\mathrm{p}} + m_{\mathrm{n}} - m_{{}^{2}\mathrm{H}} = 0.002\ 390\ \mathrm{u} \tag{1.1}$$

根据爱因斯坦质能关系,可得核子结合成原子核时能量减小了 $\Delta E = \Delta m \cdot c^2$($\Delta m$ 是反应前后的质量亏损,c 是光速),这表明核子结合成原子核时会释放出能量,该能量即为原子核的结合能。在核物理中,能量单位一般使用 eV,1 V 表示一个电子在真空中通过电势差为 1 V 的电场时所获得的能量,与焦耳(J)的转换关系为 $1\ \mathrm{eV} = 1.602 \times 10^{-19}\ \mathrm{J}$,相当于约 $1.8 \times 10^{-36}\ \mathrm{kg}$ 质量亏损释放出的能量。

1.1.2　放射性核素的衰变

1896 年,法国物理学家贝可勒尔(Becquerel)发现铀的化合物能使放在其附近的照相底片感光,后来认识到这是由铀发射出的某种肉眼看不见且穿透力强的光线导致的。此后的 10 多年中,科学家通过实验证实了某些天然核素的原子核是不稳定的,它们能自发地转变成另一种核素的原子核,并伴随发出某种粒子(这些粒子统称为射线),这一过程称为核衰变,这些核素称为放射性核素。能够自发进行核衰变并释放出射线的特性称为放射性。

放射性核素的数量按固有的衰变速度而逐渐减少,如下式所示:

$$\Delta N(t) = -\lambda N(t) \Delta t \tag{1.2}$$

式中,$\Delta N(t)$ 为 t 时刻 Δt 时间内发生衰变的放射性核素数量;λ 为衰变常数,表征放射性核素的衰变速度,单位为 s^{-1};$N(t)$ 为 t 时刻放射性核素数量。

由公式(1.2)可得到放射性核素数量随时间变化的关系,如下式所示:

$$N(t) = N_0 \mathrm{e}^{-\lambda t} \tag{1.3}$$

式中,N_0 为初始时刻放射性核素数量。从该式可知当 $t = T_{1/2} = (\ln 2)/\lambda$ 时,放射性核素数量变为初始时刻的一半,该时间($T_{1/2}$)称为半衰期。各种放射性核素的半衰期差异较大,例

如天然铀中丰度最高的^{238}U,其半衰期为 $4.5×10^9$ 年,工业射线探伤用^{192}Ir 的半衰期为 74 天,医用放射性核素^{125}I 的半衰期是 60 天。在放射性核素的生产及应用、辐射防护中,半衰期是一个非常重要的参数。

放射性核素的衰变率通常使用放射性活度(简称活度)来描述。活度(A_t)是指单位时间发生衰变的核素数量:

$$A_t = \lambda N(t) \tag{1.4}$$

放射性活度的国际单位制(SI 制)的单位为 s^{-1},专用单位为贝可勒尔(Bq,1 Bq=$1 s^{-1}$),简称贝可,曾用单位为居里(Ci),1 Ci$=3.7×10^{10}$ Bq。实际应用中,常用下列单位来表示放射性核素的活度:1 千贝可(kBq)$=10^3$ Bq,1 兆贝可(MBq)$=10^6$ Bq 等。

在实际使用中,还常用比活度反映放射性核素的衰变情况。比活度是指单位质量或单位体积的放射性核素的活度,常用的单位有 Bq/kg,Bq/m³ 等。比活度可以反映核素的相对危险程度。对于比活度大的核素,即使其质量或体积较小,也可能很危险。

放射性核素在衰变时可发射出 α、β、γ 等射线,这些衰变分别称为 α 衰变、β 衰变、γ 衰变,下面分别进行介绍。

1.1.2.1 α 衰变

α射线由 α 粒子组成,α 粒子是带两个正电荷的^{4}He,能够发生 α 衰变的天然放射性核素的原子序数大都在 82 以上。原子核发生 α 衰变的过程(如图 1.2 所示)一般可以写成:

$$^A_Z X \longrightarrow {}^{A-4}_{Z-2}Y + \alpha + Q \tag{1.5}$$

其中,$^A_Z X$ 称为母体核素;$^{A-4}_{Z-2}Y$ 称为子体核素;Q 为衰变能,可由衰变前后的质量差计算得到。

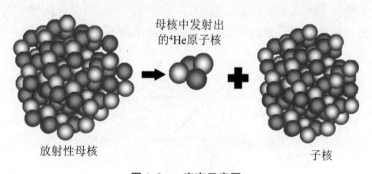

母核中发射出的^{4}He原子核

放射性母核　　　　　　　　　子核

图 1.2 α 衰变示意图

1.1.2.2 β 衰变

β射线由 β 粒子组成,β 粒子是电子或正电子。β 衰变包括 β^- 衰变、β^+ 衰变、轨道电子俘获三类,其中 β^- 衰变可以理解为核内一个中子转变成质子,同时释放一个电子与一个中微子;β^+ 衰变可以看成是核内一个质子转变成中子,同时释放出一个正电子与一个中微子;轨道电子俘获是原子核俘获一个核外电子,使得核内一个质子转变成中子,同时释放出一个中微子,并形成一个空位,如图 1.3 所示。这三类衰变分别如式(1.6)~(1.8)所示:

$$^A_Z X \longrightarrow {}^A_{Z+1}Y + e^- + \nu + Q \tag{1.6}$$

$$^A_Z X \longrightarrow {}^A_{Z-1}Y + e^+ + \nu + Q \tag{1.7}$$

$$^A_Z X + e^- \longrightarrow {}^A_{Z-1}Y + \nu + Q \tag{1.8}$$

其中,X 和 Y 分别表示母核和子核,e⁻ 和 e⁺ 为电子和正电子,ν 为中微子。

当发生轨道电子俘获时,处于较高能级的电子会跃迁至轨道上的空位处,同时发射出特定能量的光子,这种光子又被称为特征 X 射线。

图 1.3 β 衰变示意图

1.1.2.3 γ 衰变

γ 射线实质上是波长极短的电磁波,又称光子。原子核发生 α 或 β 衰变时,所生成的子核常处于较高能量的不稳定状态(即激发态),通过发射 γ 射线或将激发能传递给核外电子的方式实现退激发。γ 衰变可用式(1.9)表示。

$$_Z^A X^* \longrightarrow {}_Z^A X + \gamma \tag{1.9}$$

式中,$_Z^A X^*$ 表示处于激发态的子核,$_Z^A X$ 是放出 γ 后的稳定核。图 1.4 为 ^{137}Cs 核素的 β⁻ 衰变与 γ 衰变示意图。

大多数处于激发态的原子核的寿命极短,一般为 10^{-14} s,因而可认为 γ 射线与 α、β 粒子同时放出。放出 γ 射线后原子核的质量数、电荷数都保持不变。

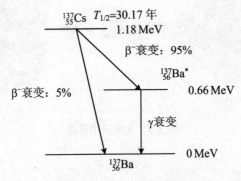

图 1.4 核素衰变示意图

有时原子核发生退激发时,多余的能量交给核外电子,使其脱离原子核束缚而发射出来,这一过程称为内转换。内转换过程中释放的电子具有固定的能量。

1.1.3 射线与物质相互作用

人们在实际工作、生活中可能遇到的射线包括带电粒子(α 粒子、β 粒子等)、中子、X/γ 射线等。射线与物质相互作用时,通过与物质中的原子核或核外电子发生反应,将能量转移给原子核或核外电子。在此过程中,射线不断被损耗,同时物质中的原子由于接受射线能量,发生激发、电离等现象。

（1）激发。当原子从外界获取的能量小于原子核对核外电子的束缚能时,虽然核外电子不能摆脱原子核束缚,但能使某些核外电子跃迁至较高的能级上,原子整体仍保持电中性,这种现象称为激发。

（2）电离。当原子从外界获取的能量大于原子核对核外电子的束缚能时,核外电子脱离原子核束缚,形成一个电子-离子对,这一现象称为电离。

能够使物质的原子发生电离的辐射称为致电离辐射(简称电离辐射),反之则称为非电离辐射。电离辐射的粒子类型可分为直接致电离辐射粒子和间接致电离辐射粒子。其中,直接致电离辐射粒子是指能够通过碰撞使物质发生电离的带电粒子(如电子、质子和 α 粒子等),间接致电离辐射粒子是指与物质相互作用时能够释放直接致电离粒子或引起核反应的不带电粒子(如中子、X/γ 射线等)。

下面将按射线种类分别介绍带电粒子(α、β 等)、中子以及 X/γ 射线与物质的相互作用机制。

1.1.3.1　带电粒子与物质相互作用

带电粒子带有电荷,在与物质相互作用时因受原子核库仑场影响很难直接与原子核相互作用,一般与核外电子或原子核库仑场发生相互作用,如电离和激发、轫致辐射等;当带电粒子能量较高时,能够克服原子核库仑场影响,与原子核发生相互作用,即核反应,如聚变反应、散裂反应等。带电粒子与物质作用过程中,动能逐渐减少,最后被物质吸收,其在物质中沿入射方向从进入到最后被吸收所经过的最大直线距离,称为带电粒子在该物质中的射程。下面对辐射防护中常涉及的电离和激发、轫致辐射、吸收等进行介绍。

1. 电离和激发

具有一定能量的带电粒子在物质中通过时,主要发生直接电离或激发作用。直接电离过程中打出的电子(称为 δ 电子),当其能量较高时还能继续产生电离。δ 电子与物质原子发生的电离过程叫作次级电离。总电离是直接电离与次级电离之和。为了衡量带电粒子电离本领的大小,定义了一个叫"比电离"的量,它是指带电粒子在单位路程上所产生的电子-离子对总数。比电离越高,带电粒子通过电离在单位路程上损失的能量就越高。比电离与入射带电粒子的速度平方成反比,与入射带电粒子电荷数的平方成正比。

与 β 粒子相比,α 粒子带两个单位电荷且质量数大,能量相同时,"比电离"相差上万倍,α 粒子在物质中的射程很短,例如,^{238}U 发生 α 衰变放出的 4.27 MeV 的 α 粒子在人体组织中的射程仅为 3.4×10^{-5} m。β 粒子在与物质原子作用时,由于不断受到原子中轨道电子及原子核的电磁场作用,会偏离原来的运动方向。因此,β 粒子在物质中的路径不是一条直线,不像 α 粒子那样有确定的射程。

2. 轫致辐射

高速带电粒子从靶原子核(简称靶核)附近掠过时,由于受原子核库仑场作用动能发生变化,部分或全部动能会以具有连续能量的电磁波(即 X 射线,本质上是不带电、静止质量为零的光子)的形式向外发射,这种现象称为轫致辐射。根据电磁学理论可得带电粒子在物质中相互作用时由轫致辐射导致的能量损失:

$$\left(\frac{\mathrm{d}E}{\mathrm{d}l}\right)_{\mathrm{rad}} \propto \frac{z^2 Z^2}{m^2} NE \tag{1.10}$$

式中，$\left(\dfrac{\mathrm{d}E}{\mathrm{d}l}\right)_{\mathrm{rad}}$ 表示韧致辐射经过单位路程导致的能量损失，z 是入射粒子的电荷数，m 是入射粒子质量，E 是入射粒子能量，Z 是靶核原子序数，N 是靶物质单位体积中物质的原子个数。从式(1.10)可以看出：韧致辐射导致的能量损失与入射粒子的电荷数平方、靶核原子序数平方、入射粒子能量以及单位体积中物质的原子个数成正比，与入射粒子质量平方成反比。相对于其他带电粒子而言，电子质量较小，韧致辐射导致的能量损失要大得多，高能 β 射线射入高原子序数金属时容易产生 X 射线。对重带电粒子而言，韧致辐射导致的能量损失可忽略不计。

3. 吸收

带电粒子在物质中通过电离、激发、韧致辐射等方式损失动能，如果物质足够厚，它们最终会停留在物质中，这种现象称为吸收。

1.1.3.2　中子与物质相互作用

中子不带电，几乎不与核外电子发生相互作用，只能与原子核发生相互作用。中子与物质原子核常发生如下类型的核反应：弹性散射、非弹性散射、核裂变、辐射俘获和带电粒子发射等。

1. 弹性散射

弹性散射过程中，中子和靶核的系统总动能守恒，中子动能的一部分或全部交给靶核。弹性散射是非阈能反应，可在所有能量范围内发生，在中低能中子与轻核物质作用时，弹性散射是主要作用过程。散射后中子的能量与散射角、靶核原子量有关。中子与 $^1\mathrm{H}$ 对心碰撞时，中子可失去全部动能；如果中子与原子质量数为 200 的原子核相撞，中子在一次碰撞中最大能量损失不超过 2%。

2. 非弹性散射

非弹性散射中，中子的一部分动能转化为靶核的激发能，使靶核处于激发态，中子和靶核的系统总动能不再守恒。散射后中子改变原来的运动方向。激发态靶核可以通过发射一个或几个 γ 光子回到基态。非弹性散射是有阈能的，如对 $^{238}\mathrm{U}$ 而言，只有在中子能量大于 45 keV 时才能发生非弹性散射。

3. 核裂变

核裂变是反应堆内最重要的核反应。中子与铀、钚等靶核发生作用并使靶核分裂成两个或多个中等质量的原子核，同时释放出能量，该过程称为核裂变反应，核裂变反应通常释放出多个中子。在反应堆中，一个热中子与 $^{235}\mathrm{U}$ 发生裂变反应，平均产生约 2.5 个裂变中子，裂变中子被慢化剂慢化为热中子之后，继续引发裂变反应，从而形成链式裂变反应，实现反应堆的持续运行。

4. 辐射俘获

辐射俘获(n,γ)是指靶核吸收一个中子后变成靶核的同位素，并放出光子。辐射俘获多发生在低能中子与重核物质作用过程中，而在中子与轻核物质作用中发生的概率很小。

5. 带电粒子发射

原子核吸收中子而发射出带电粒子的核反应是中子与物质相互作用的一种重要形式，

如 (n,α) 和 (n,p) 等反应。

1.1.3.3　X/γ 射线与物质相互作用

X 射线和 γ 射线本质上都是光子,都具有波粒二象性。它们的主要区别在于来源不同,X 射线来自于核外电子跃迁或轫致辐射等过程,γ 射线来自于原子核能级跃迁过程。

X/γ 射线与物质相互作用时主要有光电效应、康普顿效应、电子对效应和光核反应等过程。其中,光电效应、康普顿效应和电子对效应是光子与核外电子或原子核库仑场发生的相互作用,光核反应是光子与原子核发生的相互作用。

1. 光电效应

当一个光子与物质原子中一个核外电子作用时,可能将全部能量交给电子,获得能量的电子脱离原子核的束缚而成为自由电子(光电子),这一过程叫作光电效应,如图 1.5 所示。

光电效应发生的概率与被作用物质原子序数的 4~5 次方成正比,与光子能量($h\nu$,h 是普朗克常量,ν 是光子频率)的三次方成反比。

因此,光电效应在射线能量低、被作用物质原子序数较高时,有较大的发生概率。

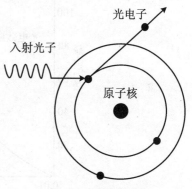

图 1.5　光电效应

2. 康普顿效应

X/γ 射线与物质的另一种作用方式是入射光子将一部分动能交给原子中外层轨道电子,电子以与入射光子方向成 θ 角的方向从原子中射出,该电子被称为反冲电子,入射光子变成能量较低的散射光子朝着与入射方向成 φ 角的方向射去,这一过程称康普顿效应,如图 1.6 所示。

当入射光子能量较大时,外层电子的束缚能可以忽略,因此,康普顿效应可以认为是入射光子与自由电子之间的弹性碰撞。根据动能和动量守恒定律可计算出散射光子与反冲电子的能量和动量,散射光子的能量不仅与入射光子能量有关,而且也与散射角有关。康普顿效应发生概率正比于靶原子序数,并与入射光子能量成反比。

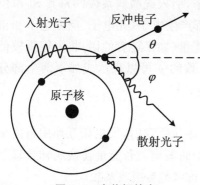

图 1.6　康普顿效应

3. 电子对效应

当能量大于两倍电子静止质量($2\times0.511\,\mathrm{MeV}=1.022\,\mathrm{MeV}$)的光子从靶原子核旁经过时,光子会被吸收并转化成为一个负电子和一个正电子,这一过程称为电子对效应,如图 1.7 所示。光子能量一部分转化为两个电子的静止质量,剩余部分被正负电子以动能形式带走。

正电子在物质中损失动能之后,与物质中的一个电子结合,转化成两个能量为 $0.511\,\mathrm{MeV}$、方向相反的 γ 光子,该过程称为电子对湮灭。

由于电子对效应发生概率与被作用物质原子序数的平方成正比,并随光子能量增大而变大,对于能量大于 $2\,\mathrm{MeV}$ 的 X/γ 射线,电子对效应逐渐变为重要的相互作用过程。

图 1.8 展示了 X/γ 射线与物质相互作用时上述三种效应发生的概率与入射光子能量以

及被作用物质原子序数的关系。

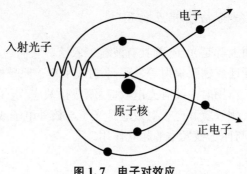

图 1.7　电子对效应

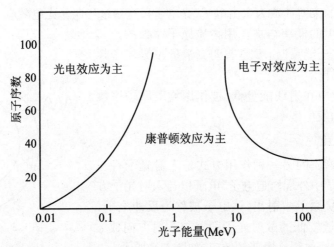

图 1.8　X/γ 射线与物质发生相互作用的概率与光子能量及物质原子序数的关系

　　此外,为表征单位路程上 X/γ 射线与物质作用的概率,引入线减弱系数(μ),其 SI 单位是 m^{-1}。在上述三种作用过程中,X/γ 射线与物质作用都产生电子(光电子、反冲电子和正负电子对),光子能量一部分或全部给予电子,剩余光子能量(如果还有的话)将由能量较低的光子带走(如散射 γ 射线)。因此,由上述三种效应导致的 μ 可以表示成如下两个部分之和:

$$\mu = \mu_{tr} + \mu_{p} \tag{1.11}$$

式中,μ_{tr} 是线能量转移系数,表示 X/γ 射线在物质中穿行单位距离时,发生相互作用将能量传递给电子的概率;μ_{p} 是射线能量转移给能量较低的光子的概率。若能量转换成韧致辐射的份额为 g,则光子能量被物质真正吸收的份额为 μ_{en}(又称线能量吸收系数)。

$$\mu_{en} = (1 - g)\mu_{tr} \tag{1.12}$$

另外,对上述各种系数除以物质密度 ρ,则得到在辐射屏蔽中常用的质量减弱系数 $\left(\dfrac{\mu}{\rho}\right)$,质量能量转移系数 $\left(\dfrac{\mu_{tr}}{\rho}\right)$ 和质量能量吸收系数 $\left(\dfrac{\mu_{en}}{\rho}\right)$,SI 单位均为 m^2 · kg^{-1}。

4. 光核反应

高能光子($>$1 MeV)与靶原子核发生相互作用时,可激发原子核,发射粒子,这种反应称为光核反应,常见的类型有(γ,n)和(γ,p)反应。

1.2　辐射防护基本量

自 1895 年伦琴发现 X 射线后,第二年它就被用来尝试诊治某些疾病。与药物治疗相类似,随即提出了 X 射线的"剂量"问题。本节对辐射防护中最常用的几个基本量与单位进行介绍。

1.2.1　电离辐射场量

电离辐射存在的空间称为电离辐射场,常用粒子注量和粒子能注量等物理量描述电离辐射场的性质,这些量被称为电离辐射场量。

1.2.1.1　粒子注量

辐射场中某一点的粒子注量(Φ)是指进入以该点为球心,单位截面积的球体内的粒子数:

$$\Phi = \frac{\mathrm{d}N}{\mathrm{d}a} \tag{1.13}$$

式中,$\mathrm{d}N$ 是进入截面积为 $\mathrm{d}a$ 的小球内的粒子数,粒子注量(Φ)的单位是 m^{-2}。

1.2.1.2　粒子能注量

辐射场中某一点的粒子能注量(Ψ)是指进入以该点为球心,单位截面积的球体内所有粒子能量(不包括静止能量)之和,定义式如下:

$$\Psi = \frac{\mathrm{d}E_n}{\mathrm{d}a} \tag{1.14}$$

式中,$\mathrm{d}E_n$ 是进入截面积为 $\mathrm{d}a$ 的球体内所有粒子能量(不包括静止能量)之和,粒子能注量(Φ)的单位是焦耳/米²($\mathrm{J/m^2}$)。

对于能量为 E 的粒子,能注量 Ψ 与注量 Φ 的关系为

$$\Psi = E\Phi \tag{1.15}$$

1.2.2　基本剂量学量

辐射能量在物质中的转移和沉积不仅与辐射场性质有关,还取决于辐射与物质相互作用的过程。辐射剂量学中采用比释动能、吸收剂量、照射量等基本物理量来描述上述能量转移或沉积的过程,下面分别对这些物理量进行简要介绍。

1.2.2.1　比释动能

比释动能(K)是用来度量不带电粒子(如光子和中子等)与物质相互作用时,能量转移

的物理量。不带电粒子与物质相互作用时的传递能量的过程一般分两步：第一步是不带电粒子使被作用物质释放带电粒子，不带电粒子因此而损失能量；第二步是释放出来的次级带电粒子以电离、激发、散射等方式将其能量转移给物质。比释动能表示的是第一步中能量传递的结果，可以简述为不带电粒子与单位质量物质作用时，在物质中释放出来的全部带电粒子的初始动能的总和：

$$K = \frac{\mathrm{d}E_{\mathrm{tr}}}{\mathrm{d}m} \tag{1.16}$$

式中，$\mathrm{d}E_{\mathrm{tr}}$ 是不带电粒子在质量为 $\mathrm{d}m$ 的物质中释放出来的所有带电粒子的初始动能总和，比释动能 K 的单位是焦耳/千克（J/kg），专用单位为戈瑞（Gy，1 Gy=1 J/kg）。

对于单能辐照，比释动能与粒子能注量或粒子注量存在如下关系：

$$K = \Psi \frac{\mu_{\mathrm{tr}}}{\rho} = E\Phi \frac{\mu_{\mathrm{tr}}}{\rho} \tag{1.17}$$

式中，$\frac{\mu_{\mathrm{tr}}}{\rho}$ 是物质对特定能量的间接致电离粒子的质量能量转移系数，单位为 m^2/kg，ρ 是物质密度，单位为 $\mathrm{kg/m}^3$。

单位时间内比释动能的改变量即为比释动能率（$\dot{K}$），其单位是焦耳/（千克·秒）（J/(kg·s)）。从定义可见，比释动能适用于中子、光子照射的剂量计算。

1.2.2.2 吸收剂量

吸收剂量（D）是用来表示单位质量被照射物质吸收电离辐射能量大小的一个物理量，表示为

$$D = \frac{\mathrm{d}\varepsilon}{\mathrm{d}m} \tag{1.18}$$

式中，$\mathrm{d}\varepsilon$ 表示致电离辐射转移给质量为 $\mathrm{d}m$ 的物质的能量，单位为焦耳（J）。吸收剂量的单位是 J/kg，专用单位为 Gy，曾用专用单位为拉德（rad，1 rad=10^{-2} Gy）。从定义可见，吸收剂量适用于任何致电离辐射类型的照射和任何被照射物质的剂量计算。

吸收剂量率是指单位时间内的吸收剂量，单位是 J/(kg·s)，专用单位为 Gy/s。在辐射防护中，吸收剂量常用 mGy（10^{-3} Gy）、μGy（10^{-6} Gy），同样，吸收剂量率常用 mGy/h，μGy/h 等单位。

对 X/γ 射线而言，当处于带电粒子平衡状态时，吸收剂量和比释动能具有如下的关系：

$$D = K(1-g) \tag{1.19}$$

其中，g 是直接致电离粒子的能量转换为韧致辐射的比例。

1.2.2.3 照射量

照射量（X）是一种用来表示 X/γ 射线在空气中电离能力大小的物理量，其具体含义为一束 X/γ 射线在单位质量的空气中发生电离作用所产生的一种符号离子的电荷总数的绝对值。

$$X = \frac{\mathrm{d}Q}{\mathrm{d}m} \tag{1.20}$$

式中，$\mathrm{d}Q$ 是 X/γ 射线在质量为 $\mathrm{d}m$ 的空气中发生电离作用所产生的一种符号离子的电荷总数

的绝对值,照射量的单位是库仑/千克(C/kg),曾用单位"伦琴"(R,1 R=2.58×10⁻⁴ C/kg)。

照射量随照射时间增加而累加,照射时间可以是连续的,也可以是间断的。单位时间内的照射量即为照射量率($\dot{X}$),其单位是库仑/(千克·秒)(C/(kg·s)),专用单位有伦琴/秒(R/s)、伦琴/分(R/min)或伦琴/小时(R/h)。

照射量只适用于 X/γ 射线,不能用于其他类型的辐射(如中子、α 粒子、β 粒子等),也不能用于空气以外的其他介质。

另外,若设空气中形成一对离子所消耗的平均电离能为 $\overline{W}$,对单一能量的入射光子而言,照射量还可用下式定义:

$$X = K_a \frac{e}{\overline{W}} \tag{1.21}$$

式中,K_a 是光子在空气中的比释动能,e 是电子电荷。

1.2.3　防护量

为了描述不同辐射类型和能量对人体组织或器官造成的辐射效应,在基本剂量学量的基础上,国际放射防护委员会(International Commission on Radiological Protection, ICRP)定义了剂量当量、当量剂量、有效剂量、待积剂量等防护量,下面分别对这些防护量进行简要介绍。

1.2.3.1　剂量当量

无论是入射到人体上的辐射,还是在体内的放射性核素造成的辐射,既要能指明全身或局部所受到照射的"总量",还要与各类辐射诱发某种随机性效应的概率有定量相关性,为此,定义剂量当量来描述不同类型电离辐射对关注质点的影响,即

$$H = QDN \tag{1.22}$$

式中,H 为该点处的剂量当量,单位为 J/kg,D 是该点处吸收剂量,N 是其他修正因子的乘积,Q 是在该点处特定辐射的品质因子。品质因子 Q 是一个用来对吸收剂量进行修正的无量纲因子,其值与各类辐射在水中的非定限传能线密度 L 有关,表 1.1 中列出 ICRP 第 60 号出版物中指定的两者之间的关系。

表 1.1　ICRP 第 60 号出版物中 Q 与 L 的关系

水中的非定限传能线密度 L(keV/μm)	Q
<10	1
10~100	$0.32L-2.2$
>100	$300/\sqrt{L}$

1.2.3.2　当量剂量

实验研究表明,辐射造成的生物学后果不仅与沉积在单位组织质量中的能量有关,还与射线的种类和能量有关。在相同的吸收剂量下不同辐射类型和辐射能量产生的生物效应是不同的。因此,引入当量剂量这一物理量用于度量辐射对人体组织或器官的损坏程度,可用

下式表示：

$$H_T = \sum_R \omega_R D_{T,R} \qquad (1.23)$$

式中，H_T 表示辐射在组织或器官 T 中产生的当量剂量，单位为希弗（Sv，1 Sv＝1 J/kg）；R 是指射线种类，见表 1.2；ω_R 表示辐射 R 的权重因子，出于辐射防护实践的应用，ICRP 第 60 号出版物对各种辐射类型给出了不同的推荐值，具体见表 1.2；$D_{T,R}$ 表示辐射 R 在组织或器官 T 中产生的平均吸收剂量，单位为 Gy。

表 1.2　辐射权重因子

辐射种类	能量范围	ω_R
光子	所有能量	1
β 粒子	所有能量	1
中子	＜10 keV	5
中子	10～100 keV	10
中子	100 keV～2 MeV	20
中子	2～20 MeV	10
中子	＞20 MeV	5
α 粒子	所有能量	20

1.2.3.3　有效剂量

研究发现随机性效应发生的概率和当量剂量之间的关系还因受照射器官或组织的不同而变化。因此，提出了有效剂量这个概念，定义为人体各组织或器官的当量剂量乘以相应的组织权重因子的和，有效剂量可用下式表示：

$$E = \sum_T \omega_T H_T \qquad (1.24)$$

式中，ω_T 表示组织权重因子。ICRP 在第 103 号出版物中给出了组织权重因子（如表 1.3 所示），而且所有组织权重因子的和为 1，即全身受到某一均匀当量剂量照射时，有效剂量在数值上等于当量剂量。有效剂量 E 的单位与当量剂量 H_T 的单位一致。

表 1.3　组织权重因子

组织或器官	组织权重因子 ω_T	组织或器官	组织权重因子 ω_T
性腺	0.08	肝	0.04
（红）骨髓	0.12	食道	0.04
结肠	0.12	甲状腺	0.04
肺	0.12	皮肤	0.01
胃	0.12	骨表面	0.01
膀胱	0.04	其余组织或器官	0.12
乳腺	0.12	脑	0.01
唾液腺	0.01		

1.2.3.4　待积剂量

对于摄入体内的放射性核素而言,由于其对组织或器官的能量沉积是随其衰变而逐渐累加的,前面所述剂量学量并未考虑这种时间效应。为此,ICRP 引入待积剂量来表征时间效应。待积剂量是用来评价内照射危害的基本剂量学量,包括待积当量剂量和待积有效剂量。待积当量剂量 $H_T(\tau)$ 是个人摄入放射性物质之后,某一特定组织或器官中接受的当量剂量率在时间 τ 内的积分,如下式所示:

$$H_T(\tau) = \int_{t_0}^{t_0+\tau} \dot{H}_T(t)\,\mathrm{d}t \tag{1.25}$$

式中,t_0 表示摄入放射性物质的时刻;$\dot{H}_T(t)$ 表示 t 时刻器官或组织 T 的当量剂量率;τ 表示摄入放射性物质之后经过的时间。未对 τ 加以规定时,对成年人 τ 一般取 50 年;儿童一般取 70 年。

如将单次摄入的放射性物质所产生的待积当量剂量乘以相应的组织权重因子 ω_T,可求和得出待积有效剂量,如下式所示:

$$E(\tau) = \sum_T \omega_T H_T(\tau) \tag{1.26}$$

式中,$H_T(\tau)$ 表示组织 T 的待积当量剂量;ω_T 是组织权重因子。

以上的当量剂量、有效剂量等用于个人照射,对于受照射的群体或居民,考虑到受某个源照射的人数,用受照射的人数乘以该组的平均剂量来表示受照射群体或居民的总体受照情况。如果所用该组的平均剂量是指某一组织或器官的剂量,则称此量为集体当量剂量;如果该组的平均剂量是指个人的有效剂量,则此量称为集体有效剂量。

1.2.4　实用量

当量剂量、待积当量剂量和待积有效剂量等是不可测量的。国际辐射单位与测量委员会(International Commission on Radiation Units and Measurements, ICRU)定义了一些可用来评价当量剂量和有效剂量等防护量的可测量,即为实用量。实用量的目的在于提供一个估计值来评价人员在受照射(或潜在受照射)情况下的相关防护量。

内、外照射采用不同实用量。但目前,还尚未定义出对内照射剂量学中的当量剂量或有效剂量进行直接评价的实用量,通常根据工作场所空气中放射性核素浓度和食入放射性核素的总活度进行内照射剂量估算。外照射的实用量有两类,即用于工作场所监测的周围剂量当量 $H^*(d)$、定向剂量当量 $H'(d,\boldsymbol{\Omega})$ 和用于个人监测的个人剂量当量 $H_p(d)$。

为了规定由某些实际辐射场导出的一些辐射场,ICRU 第 39 号出版物中定义了"扩展场"和"齐向扩展场"。"扩展场"是指场的注量和其角分布、能量分布与参考点处的实际辐射场具有相同的数值,"齐向扩展场"是指注量和其能量分布与扩展场相同,但粒子方向是单向的。

辐射场中某一点处的周围剂量当量 $H^*(d)$ 就是该点相应的齐向扩展场中的 ICRU 球(直径 30 cm,密度为 1 g/cm³,其组成元素及质量百分比分别为氧 76.2%、氢 10.1%、碳 11.1% 和氮 2.6%)内,沿辐射场逆向方向上的径向深度为 d 处的剂量当量。辐射场中某点处的定向剂量当量 $H'(d,\boldsymbol{\Omega})$ 是指由相应的扩展场在 ICRU 球内某一指定方向 $\boldsymbol{\Omega}$ 上半径深

度为 d 处产生的剂量当量。

在工作场所监测中，周围剂量当量 $H^*(d)$ 中的径向深度 d 取 10 mm，即 $H^*(10)$，适用于强贯穿辐射（中子和能量大于 15 keV 的光子）的测量；定向剂量当量 $H'(d,\Omega)$ 中径向深度 d 取 0.07 mm，即 $H'(0.07,\Omega)$，适用于弱贯穿辐射（电子和能量小于 15 keV 的光子）的测量。两者的单位均为 J·kg^{-1}，专用单位为 Sv。

在个人监测中，对于弱贯穿辐射，d 取 0.07 mm，个人剂量当量用 $H_p(0.07)$ 表示（适用于皮肤）；对于强贯穿辐射，d 取 10 mm，个人剂量当量用 $H_p(10)$ 表示（适用于深部的组织和器官）。对于眼晶体的剂量测量，通常 d 取 3 mm，个人剂量当量用 $H_p(3)$ 表示。

这些实用量具有如下的性质：

① 与有效剂量有关，从而与个人所受辐射危害有确定的联系；

② 能提供一种统一的测量体系而与辐射类型和能量无关；

③ 易于测量；

④ 具有可加性。

实用量与有效剂量有确定的联系是指实用量应能对剂量限值提供合理的估计，既不低估也不过分高估，这是实用量的最基本的功能。实用量也是专门提供现场监测使用的量，因此必须使用简单的仪器，即在现场条件下可以大量配备的仪器就能测出。对相同 d 值不同辐射类型的剂量可以直接相加得到总剂量。

1.3　电离辐射源

作用于人体的电离辐射可分为两大类：天然本底辐射和人工辐射。由天然辐射源所致的电离辐射称为天然本底照射。由人工辐射源和经过加工的天然辐射源所致的电离辐射称为人工辐射。

1.3.1　天然本底辐射

天然本底辐射来源包括：陆地、水体和食品中天然放射性核素发出的射线和宇宙射线，以下对此分别介绍。

1.3.1.1　陆地中天然放射性

人类生活的陆地中存在天然放射性核素，主要包括铀系（母核是 ^{238}U，最终稳定产物是 ^{206}Pb）、锕系（母核是 ^{235}U，最终稳定产物是 ^{207}Pb）、钍系（母核是 ^{232}Th，最终产物是 ^{208}Pb）三个天然放射系中的核素和 ^{40}K、^{87}Rb 等核素，半衰期在 10^9 年量级。

在由这些核素导致的剂量中，80%左右的贡献来自铀系与钍系，其次是 ^{40}K 和 ^{87}Rb，锕系的贡献可忽略不计。其中，氡的同位素 ^{222}Rn（铀系衰变链中产物）和 ^{220}Rn（钍系衰变链中产物）可从岩石或住宅建筑材料中产生并渗透出来，并伴随其短寿命的子体被人体吸入。因此，氡及其子核是地球上最大的暴露辐射源。

土壤中的放射性核素主要来自于母岩母质。一般花岗岩中放射性核素含量较高,石灰岩和碳酸盐岩中较低。我国地质条件复杂,各时代地层均有分布,使得我国各地区土壤中放射性核素差异较大。表 1.4 中列出了我国部分地区土壤中天然放射性核素含量。从中可见,福建地区的 ^{226}Ra、^{232}Th 等明显偏高,这与当地 γ 照射剂量率测量结果基本一致。

表 1.4　我国部分地区土壤中天然放射性核素比活度(Bq/kg)

核素	平均值[1]	范围[1]	平均值[2]	范围[2]
^{238}U	39.3	18.6~68.9 (天津)(贵州)	38.5	15.6~67 (天津)(贵州)
^{226}Ra	39.0	19.8~73.3 (北京)(贵州)	36.5	17.6~70.6 (北京)(福建)
^{232}Th	60.6	35.5~117 (北京)(福建)	54.0	31.3~117 (北京)(福建)
^{40}K	567	269~780 (广西)(内蒙古)	620	269~821 (广西)(内蒙古)

注:(1) 按人口加权平均;(2) 按面积加权平均。

1.3.1.2　水体中天然放射性

水占地球表面的 3/4,水体中也含有大量放射性核素,主要包括铀、钍、^{226}Ra、^{40}K 等。不同水体中放射性核素含量有所差异。表 1.5 中列出了我国水体中天然放射性核素浓度。铀、钍在咸水湖中含量最大;^{226}Ra 在温泉中最高,^{40}K 在海水中最高,水库中这几种放射性核素都是最低的。

表 1.5　我国水体中天然放射性核素浓度

类型	数目	铀(μg/L)		钍(μg/L)	
		范围	均值	范围	均值
淡水湖	101	0.04~19.2	2.10[1]	0.02~0.93	0.24
咸水湖	270	1.07~387	22.36[1]	0.04~8.60	0.64
水库	279	0.03~19.5	0.73[1]	<0.01~2.04	0.09
江河	953.1[2]	0.02~42.35	2.56	<0.01~9.07	0.33
温泉	130	0.02~18.6	0.87	0.02~4.85	0.25
冷水泉	159	0.04~14.88	1.17	0.01~1.50	0.20
浅井	713	<0.01~101.06	3.82	<0.01~6.29	0.15
深井	76	0.02~358.87	2.95	<0.01~1.32	0.16
海水	55	0.07~5.20	2.21	<0.01~5.92	0.53

续表

类型	数目	^{226}Ra(mBq/L)		^{40}K(mBq/L)	
		范围	均值	范围	均值
淡水湖	101	<0.5~22.7	5.51	4.8~2 640	102
咸水湖	270	1.30~43.2	11.27	54.8~224 000	2 108
水库	279	<0.5~65.6	4.69	3.2~1 205	50
江河	953.1[(2)]	<0.5~99.54	6.24	8~7 149	133.5
温泉	130	<0.5~5 940	204.22	5.1~8 125	566.5
冷水泉	159	<0.5~290	10.65	2.9~1 830	107.6
浅井	713	<0.5~178	7.16	3.3~5 867	191.9
深井	76	0.83~34.6	5.81	1~923.4	65.5
海水	55	1.60~46.0	11.7	2 500~21 600	10 320

注:(1) 按容量加权平均;(2) 积水面积:10^4 km^2。

1.3.1.3　食品中天然放射性

土壤、空气与水中的放射性核素经生物圈物质循环进入食品中。不同类型的食品所含放射性物质种类和含量也有所不同。表 1.6 中列出了我国典型食品中几种主要放射性核素(^{226}Ra、^{210}Pb、^{210}Po、^{228}Ra)含量。从中可见,我国谷类食品中这几种核素的含量都低于世界典型值水平,肉、蔬菜、鱼中的含量都高于世界典型值,水果中^{226}Ra、^{210}Pb、^{210}Po 含量基本与世界典型值持平,但^{228}Ra 含量极高(是世界典型值水平的 3 倍左右)。

表 1.6　我国典型食品中放射性核素含量　　　　　　　　　(单位:mBq/kg)

食品种类	^{226}Ra		^{210}Pb		^{210}Po		^{228}Ra	
	范围	均值[(1)]	范围	均值	范围	均值	范围	均值
肉类	26.5~66.2	41/15	11.4~348	138/80	50.7~218	124/60	ND~263	123/10
谷类	11.6~20.7	17.2/80	ND[(2)]~130.3	37.6/50	ND~86.3	33.7/60	ND~146	42.4/60
蔬菜	39.2~122	74.9/50	6.2~71.3	360/80	68~841	426/100	ND~466	219/40
水果	5.6~63.8	26.7/30	4.1~82.9	32.7/30	ND~87	32.7/40	10.3~166	63/20
鱼类	ND~94.4	38.9/100	620~5 350	3 520/200	3 320~7 120	4 920/2 000	61~721	322/100

注:(1) 中国值/国际值;(2) ND:表示低于探测限。

1.3.1.4　宇宙射线

宇宙射线是指从外层空间到达地球的高能粒子(主要由质子、电子、α 粒子和重核粒子等组成,又称初级宇宙射线)以及它们与地球大气层中的空气相互作用产生的次级粒子(如次级质子、中子、介子和光子等)。其中,由初级宇宙射线与大气或地表中的物质相互作用产生的放射性核素称为宇生核素。

考虑到大气层的屏蔽和地球磁场对带电粒子的偏转等因素,影响宇宙射线导致的电离辐射剂量分布的主要因素是海拔高度,其次是地球纬度和太阳调制等。宇宙射线的强度随海拔高度的增加而增大,在距地球表面 17~20 km 的高空达到最大值。因此,高原地区人群所受的宇宙射线的剂量比平原地区人群高。在海平面处,人体所受的宇宙射线年平均剂量当量约为 0.3 mSv,在海拔 10 km 内,每升高 1.5 km,剂量增加约一倍。

地球上的岩石、土壤、水、空气等环境中含有的放射性核素通过参与生态系统的物质循环,会使人类受到一定量的辐射照射。天然放射性核素的产生及循环过程如图 1.9 所示。宇宙射线在空气中产生的放射性核素通过云、雨等方式进入陆地或水体中,同时陆地内原始放射性核素通过火山喷发、尘暴、森林火灾等方式以气溶胶形式进入大气中参与大气循环,此外从陆地和水体中释放至大气内的氡等放射性核素可通过扩散、沉降等方式重新进入土壤、水体中。

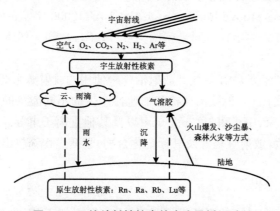

图 1.9　天然放射性核素的产生及循环过程

正常本底地区由天然辐射源对人类造成的照射水平估计值见表 1.7。天然辐射源对我国成年人造成的平均年有效剂量约为 3.1 mSv,高于 2.4 mSv 的世界平均水平。其中,在内照射的各种辐射源中,以 ^{222}Rn 及其短寿命子体最为重要,由它们造成的有效剂量占全年天然辐射源贡献的 50% 左右。

世界上有些地区,由于地表层含有高浓度的铀和钍,使地表 γ 射线剂量高于其他地区,称为高本底地区。例如,印度的喀拉拉邦、巴西的大西洋沿岸和我国广东阳江县的部分地区,这些地区地表空气中吸收剂量率分别高达 1.3 μGy/h,14 μGy/h 和 0.34 μGy/h。

表 1.7　天然辐射源所致人体的辐射剂量　　（单位:μSv）

	辐射源		中 国	世 界
外照射	宇宙射线	电离成分	260	280
		中子	100	100
	陆地 γ 射线		540	480
内照射	氡及其短寿命子体		1 560	1 150
	钍射线及其短寿命子体		185	100
	^{40}K		170	170
	其他核素		315	120
总计	—		3 100	2 400

1.3.2 人工辐射

人类除受到天然本底辐射的照射外,还经常受到各种人工辐射的照射。目前世界上主要人工辐射包括:医疗照射、工业应用和核能生产应用中引入或产生的人工辐射等。

1.3.2.1 医疗照射

目前医疗照射是人类所受的电离辐射中最大的人工辐射来源。医疗照射的辐射来源于 X/γ 射线诊断/治疗、带电粒子(如电子、质子、α 粒子等)/中子等放射治疗、放射性核素的核医学诊断和治疗等过程。联合国原子辐射效应科学委员会(United Nations Scientific Committee on the Effects of Atomic Radiation,UNSCEAR)2000 年发布的报告表明,仅诊断性医疗照射所致的全世界人均年有效剂量就约为 0.4 mSv,达到天然本底辐照所致年有效剂量的 1/6。

放射诊断中辐射源主要是 X 射线。放射治疗中使用的放射源主要有三类:① 放射性同位素放出的 α、β、γ 射线;② X 射线治疗机和加速器产生的不同能量的 X 射线;③ 各类加速器产生的电子束、质子束、中子束、负 π 介子束以及其他重离子束等。核医学实践中的放射源主要来自放射性药物(放射性核素及其标记化合物)衰变过程释放出的 β^+、γ 射线等。

1.3.2.2 工业应用

随着科技水平和社会经济的不断发展,核技术在辐射加工、工业射线探伤、同位素仪器仪表等工业应用领域内得到了广泛的应用。在这些工业应用中引入的人工辐射源通常只对相关职业人员产生职业照射,在事故情况下(如放射源丢失)会对公众造成一定量的照射。

在辐射加工应用中,常用的人工辐射源有 γ 辐射源和加速器辐射源。其中,γ 辐射源常采用 ^{60}Co,^{137}Cs 放射性同位素源,加速器辐射源常采用 X 射线和电子束。在辐射加工应用中,电子束的能量一般在 0.1～10 MeV 之间。

在工业射线探伤中引入的人工辐射源主要有 X 射线、γ 射线源(^{60}Co,^{192}Ir,^{75}Se,^{170}Tm)、电子加速器辐射源、中子源。工业射线探伤中使用的电子加速器可分为电子感应加速器(能量在 15～35 MeV)、行波电子直线加速器(能量在 1～15 MeV)、电子回旋加速器(能量在 6～25 MeV)。中子源主要有加速器中子源(如利用氘氚反应产生的聚变中子)、^{252}Cf 中子源等。

在同位素仪器仪表应用中,人工辐射源主要是同位素放射源,常用的有 ^{85}Kr(气体)、^{90}Sr、^{14}C、^{32}P、^{147}Pm、^{241}Am、^{137}Cs、^{60}Co、^{252}Cf、^{226}Ra-Be、^{210}Po、^{226}Ra、^{55}Fe、^{238}Pu、^{241}Am-Be、^{210}Po-Be等。

以 1999 年情况为例,工业辐照、工业探伤与同位素仪器仪表应用中工作人员人均年有效剂量分别为 0.98 mSv、1.15 mSv 和 1.35 mSv。

1.3.2.3 核能生产

核能生产活动包括核燃料开采与加工(包括铀矿采选及开采、矿石加工、核燃料组件的生产)、反应堆动力生产(核电站)、乏燃料后处理及处置等一系列工业流程,如图 1.10 所示。

其中,核电站的基本构成如图 1.11 所示。

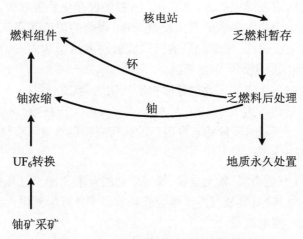

图 1.10　核能生产过程等一系列工业流程

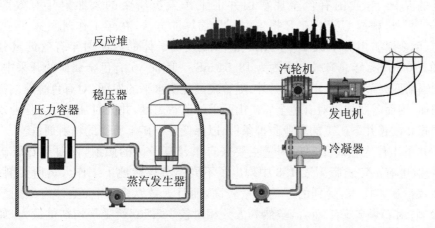

图 1.11　核电站基本构成

在核能生产过程的各个环节中会有放射性物质通过气载、水体夹带方式排放到环境中。通常释放出的放射性核素的半衰期大部分较短,分散到较远的距离时已衰减很多,所以大部分放射性物质仅能造成局部环境污染,但是长寿命核素则能扩散到很远的地方。

根据 UNSCEAR 于 2000 年发布的报告,全球压水堆工作人员职业照射的年人均有效剂量为 1.34 mSv,我国 2000 年核电厂工作人员职业照射的年人均有效剂量为 0.69 mSv。从事核能生产职业人员所受的年有效剂量,基本与天然本底辐照所致的年平均有效剂量处于同一量级。

1.3.2.4　其他人工辐射

除上述介绍的人工辐射源的照射外,人类还受到由燃煤发电、矿物开采及加工生产等工业生产过程和建筑材料中释放的天然放射性核素、核试验中释放的放射性核素等辐射源的照射。以下分别进行简要介绍。

1. 燃煤电厂

与世界平均含量相比,我国煤质中的放射性核素含量偏高,主要包括^{238}U、^{232}Th和^{40}K 等核素,其比活度分别为 40 Bq/kg、30 Bq/kg 和 100 Bq/kg。煤经燃烧后,大部分矿物质和少量的有机质会熔化成陶质灰形成炉渣,小部分飞灰被烟囱净化装置收集,同时还有一部分飞灰被释放到大气中。由于绝大多数的有机质被烧尽,剩余的炉渣和飞灰中放射性核素比活度将高于原煤 2 倍以上。因而,燃煤电厂的气载放射性流出物和固态炉渣中均含有放射性核素,会对燃煤电厂周围居民产生辐射照射。

我国燃煤电厂的归一化集体有效剂量加权平均值约为 16.5 人·Sv/GWa,而石煤电厂的归一化集体有效剂量却高达 7.0×10^3 人·Sv/GWa,远大于核电厂的归一化集体有效剂量(0.2 人·Sv/GWa)。因此,我国的石煤电厂的运行应特别重视环境辐射问题。

2. 矿物开采及加工生产

除铀矿开采外,在有色金属、稀土金属、煤等矿物的开采和加工过程中,源自地壳内的天然放射性核素(如铀、钍等)及其放射性子体会被释放出来并富集到生产线的各环节之中,给从业人员造成一定量的照射剂量。

有色金属矿山井下工作人员的外照射剂量主要来自 γ 辐射。在扣除全国室外平均贯穿辐射剂量的基础上,我国有色金属矿山井下工作人员所受的外照射年有效剂量约为 0.46 mSv。另外,根据 UNSCEAR 报告中剂量估算的方法,在年工作时间为 2 000 h 情况下,我国有色金属矿山井下人员受 ^{222}Rn 和 ^{220}Rn 及其子体的内照射年有效剂量分别约为 18 mSv 和 0.08 mSv,年总有效剂量约为 18.54 mSv。因此,在有色金属矿的开采中,应对矿工所受的辐射照射危害高度重视。另外,随着我国经济水平的发展,对有色金属的需求量也将不断增加,因而需要加强对有色金属矿山开采的监管力度,并同时加强井下作业现场的工程防护措施和改善井下矿工的职业防护条件,以降低井下矿工所受的辐射剂量。

煤矿井下工作人员所受辐射剂量主要来自氡及其子体的照射,而对于石煤矿矿工而言,γ 外照射也有一定贡献。表 1.8 中列出了不同类型煤矿地下工作人员所受剂量水平。对于小型煤矿矿工而言,受到的平均剂量较高,而且人数众多,因而集体有效剂量占据绝大部分份额;对石煤矿矿工而言,虽然其人数相对较少,但其所受平均剂量最大,如不加以控制,少数人的年个人剂量则可能会超过 50 mSv,是《电离辐射防护与辐射源安全基本标准》(GB 18871—2002)中规定的个人年剂量限值的 2.5 倍。因此,小型煤矿矿工和石煤矿矿工的职业照射需特别关注。

表 1.8　煤矿地下工作人员所受剂量评价数据

	井下工作人数 （10^3 人）	个人年平均有效剂量 （mSv）	集体有效剂量 （人·Sv）	归一化集体有效剂量 （人·Sv/万）
大型煤矿	1 000	0.28	280	0.003 2
中型煤矿	1 000	0.55	550	0.019
小型煤矿	4 000	3.3	1.32×10^4	0.21
石煤矿	50	10.9	545	0.84
合计	6 000[(1)]	总平均约 2.4[(2)]	约 1.46×10^4	总平均约 0.081[(3)]

注:(1) 小型煤矿中包括了石煤矿矿工人数,合计中不再统计石煤矿矿工人数;(2) 由总的集体有效剂量除以井下矿工总人数得到;(3) 由总的集体有效剂量除以煤矿总产量得到。

　　另外,如果将开采和加工过程中产生的大量废矿石(图 1.12(a))和废渣(图 1.12(b))遗弃在田野上,则一方面这些废料释放的氡气及其子体经大气扩散被周围居民吸入造成内照射;另一方面,被风吹或雨淋冲到农田里,放射性物质被农作物吸收后进入食物链也会给居民造成内照射。

(a) 废矿石　　　　　　　　　　　　　　　(b) 废渣

图 1.12　废弃的矿石和矿渣

3. 建筑材料中释放的放射性核素

　　近年来,建材的放射性问题日益受到关注。建材的放射性来自建材自身所含天然放射性核素和建材添加物(如煤渣烧砖中的煤渣会带有较高水平的放射性物质)中的放射性核素。表 1.9 中列出了主要几种建筑石材中放射性核素的活度浓度。从中可以看出,室内装修时应尽可能避免采用花岗岩作为建筑材料。

表 1.9　主要建筑石材放射性核素的活度浓度　　　　　　(单位:Bq/kg)

石材类型	^{226}Ra		^{232}Th		^{40}K	
	平均	范围	平均	范围	平均	范围
大理石	21	0.34~97	19	0.65~193	59	9~1 003
花岗岩	89	0.6~374	95	0.5~255	1 102	10~3 357
板石	10.5	—	4.2		24	—

4. 核试验

　　在核试验爆炸后会产生大量的裂变放射性核素,同时还有一小部分在爆炸过程中未完全消耗的残余放射性核燃料,这些放射性物质形成的放射性粉尘和气溶胶将随风飘移。在飘移过程中,这些放射性物质会被居民吸入造成内照射,或放射性粉尘落地后进入生态圈通过食物链也会对居民造成内照射。此外,如果居民处于放射性大气环境中则会受到外照射。

　　到 1981 年底为止,大气核爆炸造成的集体有效剂量总计为 3×10^7 人・Sv,相当于当今世界人口额外受到大约 4 年的天然本底辐射剂量。对核试验造成的人均年剂量而言,在1963 年达到最大值,相当于 7% 的额外天然本底辐射所致平均年剂量,在 1966 年这一比例降为 2% 左右,目前则低于 1%。

1.3.2.5　小结

从上述介绍可知,公众所受的电离辐射剂量与其生活地点天然本底辐射、生活饮食习性、每年所接受的放射诊断和核医学检查等因素有关。表 1.10 中列出了公众每年由上述因素造成的平均剂量贡献份额。从表 1.10 可知,天然本底辐射中的氡气及其子体的贡献最大。因此,对公众来说,无论是在工作场所还是在家中,都要经常打开窗户通风,以降低由氡气及其子体造成的辐射剂量。

表 1.10　公众每年所受剂量的贡献来源及其百分比

辐射源		贡献份额
天然辐射	氡气及其子体	39.3%
	体内放射性物质	13.3%
	陆地射线	16.4%
	宇宙辐射	13.0%
人工辐射	放射诊断	11.0%
	核医学	4.0%
	日常消费	3.0%

参 考 文 献

[1] 赵郁森. 快堆辐射防护[M]. 北京:中国原子能出版传媒有限公司,2011.

[2] 夏益华. 电离辐射防护基础与实践[M]. 北京:中国原子能出版社,2011.

[3] 潘自强,程建平,等. 电离辐射防护和辐射源安全[M]. 北京:原子能出版社,2007.

[4] 全国环境天然放射性水平调查总结报告编写小组. 全国土壤中天然放射性核素含量调查研究(1983～1990 年)[J]. 辐射防护,1992,12(2):122-141.

[5] 潘自强,刘森林,等. 中国辐射水平[M]. 北京:原子能出版社,2010.

[6] 郑钧正. 电离辐射医学应用的防护与安全[M]. 北京:原子能出版社,2009.

[7] 何仕均. 电离辐射工业应用的防护与安全[M]. 北京:原子能出版社,2009.

[8] 陈晓秋,杨端节,焦志娟. 中国大陆核电厂放射性流出物释放所致的公众剂量[J]. 辐射防护通讯,2010,31(3):1-6.

[9] 方杰. 辐射防护导论[M]. 北京:原子能出版社,1991.

[10] 郑钧正. 我国放射防护新基本标准强化对医疗照射的控制[J]. 辐射防护,2004,24(2):74-91.

第 2 章　辐射危害与防护原理

在 X 射线和放射性核素镭发现之前,人类只受到天然本底辐射的照射,在长期的生产与生活过程中,人类已适应了这种放射性环境。随着射线和人工放射性核素在医学、工业、能源和航天等行业中的利用日渐广泛,人工辐射给职业人员和普通公众带来的潜在辐射危害也逐渐受到关注。射线作用于人体后产生的生物学效应是辐射危害产生的根本原因,因此科学家围绕辐射生物学效应与辐射剂量之间的量效关系以及生物学作用机理开展了大量的科学研究,并在此基础上进一步研究如何通过辐射防护措施来避免或降低可能存在的辐射危害。本章将从电离辐射危害、生物学效应及机理、外照射和内照射防护几个方面进行介绍。

2.1　电离辐射危害性

从辐射防护的角度来说,辐射作用于机体的方式分为两种:外照射和内照射。由体外的放射源产生的电离辐射称为外照射;放射性核素进入体内、参与体液循环而产生的电离辐射称为内照射。外照射和内照射危害的特点,见表 2.1。在内照射情况下,受到辐照的人员即使脱离了造成内照射的环境,已经进入体内的放射性核素依然会对人体造成照射。内照射的作用方式除电离以外,还存在化学毒性的危害。因此,内照射对人体健康的危害,除了与放射性核素的半衰期、发射的辐射类型和能量有关外,还取决于进入人体放射性核素的数量、物理化学状态以及它们在体内蓄积的部位和滞留的时间。

表 2.1　内外照射危害的特点

照射方式	辐射源类型	危害方式	常见致电离粒子/射线	照射特点
内照射	多为开放源	电离、化学毒性	α粒子、β粒子	持续
外照射	多为封闭源	电离	β粒子、质子、X/γ射线、中子	间断

根据辐射类型可以分为 α 辐射、β 辐射、γ 辐射和中子辐射等,见图 2.1。不同类型辐射造成的外照射危害程度与辐射穿透能力密切相关。根据电离辐射与物质的相互作用的规律可知,穿透能力从强到弱依次是中子、γ射线、β粒子和 α 粒子。

α粒子具有电离能力强、射程短的特性。由于 α 粒子在空气中的射程只有几厘米,连一张纸都难以穿透,因此几乎不存在外照射危害问题。α粒子一般通过内照射产生辐射危害,其能量集中沉积在附近组织内,如若进入某一器官,能量将会被该器官全部吸收,从而可能造成该器官的严重损伤。如微克级的钚进入人体后,会不断放出 α 射线对人体形成内照射,同时作为一种亲骨性元素大多沉积在骨骼中,对骨髓细胞产生严重的辐射损伤,易使人患白血病。

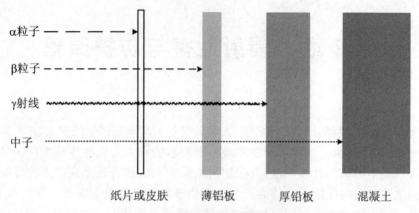

图 2.1　不同辐射类型的穿透能力

β粒子对人体的危害有外照射和内照射两种,相同能量的β粒子射程大于α粒子。β粒子的穿透能力取决于能量高低,能量较高的β粒子可以穿透皮肤进入浅表组织形成外照射。以局部皮肤照射为例,当β粒子的外照射剂量达到 2 Gy 时,皮肤主要出现红斑、干性脱皮等症状;当剂量处于 10～12 Gy 之间时,表现为皮肤萎缩和毛细管扩张;当剂量达到 25 Gy 时,就会出现表皮和深层皮肤坏死。β粒子进入人体后在组织的某一小体积内沉积的能量比α粒子小,因此β粒子的内照射危害比α粒子小。

γ射线在空气中的射程较大,穿透能力强。即使处于离辐射源较远的位置,也会受到辐射危害。当人体处于辐射场中时,γ射线基本可以贯穿人体,对人体中的各个组织和器官都会产生危害。因此,γ射线的外照射危害较强。相对而言,γ射线的内照射危害就比α粒子和β粒子要小得多。

中子是不带电粒子,无论在空气还是其他物质中都具有极强的穿透性。中子与人体组织中的各种核素通过核反应产生次级带电粒子,这些次级带电粒子也会在组织中沉积能量并造成损伤,因此其外照射危害很大,比上述的γ射线的外照射危害还要强。中子基本不会引起内照射危害。

2.2　辐射生物学效应

辐射生物学效应是指辐射作用于生物体后,在分子、细胞、器官或组织、机体等不同层次引起的各种形态与功能的改变,其研究是电离辐射防护基础。本节将对辐射生物学效应的机理与分类进行介绍,并对当前辐射生物学效应研究的热点问题,低剂量辐射情况下的随机性效应进行重点阐述。

2.2.1　辐射生物学效应产生机理

辐射生物学效应产生机理非常复杂,多年来一直是科学家们致力研究的问题。电离辐射作用于机体后,因组织细胞吸收辐射能量而引起损伤。但单从能量角度来看,即使机体受到致死剂量的照射,其吸收的能量也是很小的。例如,人受到 5 Gy 左右 X/γ 射线的照射即可产生致死性的伤害,但其每克组织吸收的能量仅为 0.005 J,这样的能量只能使组织温度升高 0.002 ℃,若以热代替辐射能,大约需要万倍以上的能量才能致机体死亡,因此说明机体在接受辐射能后产生了特殊而复杂的生物学过程。

2.2.1.1　辐射生物学作用过程

机体吸收能量到产生生物学效应通常可分为三个过程:物理过程、化学过程和生物过程。物理、化学过程称为原发反应,这一时间非常短暂,几乎是在受到照射同时即已完成。生物过程又称之为继发反应,指生物分子损伤及以后的一系列生物化学和病理改变,其可经历数秒至数年,延续损伤的全过程如图 2.2 所示。下面将对机体受照射后生物学效应过程中的能量吸收、生物分子损伤和细胞损伤三个关键环节进行阐述。

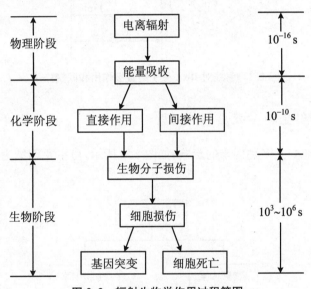

图 2.2　辐射生物学作用过程简图

能量吸收是辐射生物学效应发生的初始过程。机体吸收能量的基本方式是生物分子的电离和激发。每一次电离约吸收 33 eV 的能量,这一能量足以断裂分子的化学键,从而引起生物分子的损伤。

生物分子是构成机体组织成分的各种分子的总称,如蛋白质、脱氧核糖核酸(DNA)、核糖核酸(RNA)等。DNA 是生物分子中最重要的辐射损伤作用靶点。如图 2.3 所示,目前公认有两种 DNA 损伤作用方式:直接作用和间接作用。直接作用是辐射直接作用于核酸或蛋白质分子,引起生物大分子的电离和激发。间接作用是辐射首先作用于水分子,水分子受电离和激发后生成化学活性很强的自由基(·OH 和 H· 等),这些自由基再作用于生物大分子,引起分子结构的破坏。生物分子的损伤将改变细胞结构和功能,导致细胞的损伤。

辐射损伤在细胞水平上主要表现出染色体畸变、细胞膜结构的破坏、细胞分裂延缓以及细胞死亡等现象。虽然细胞具有一定的自我修复能力,但如果修复出现错误,就会导致细胞自身或其子代细胞的畸变甚至是细胞死亡。当细胞损伤无法及时得到修复从而积累到一定程度时,会进一步造成器官或组织的功能障碍,最终导致一系列生理变化,在机体层面引起各种辐射生物学效应。细胞辐射损伤及修复是目前重要的研究课题之一。

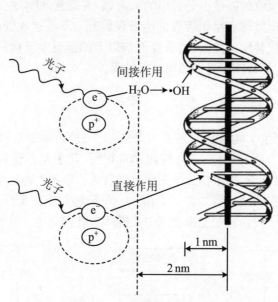

图 2.3　射线对 DNA 分子的直接作用和间接作用

2.2.1.2　辐射生物学效应影响因素

辐射生物学效应受到多种因素的影响,如图 2.4 所示,可主要归纳为物理因素和生物因素两大类。

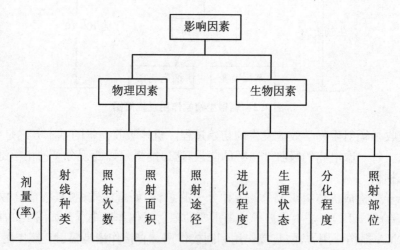

图 2.4　辐射生物学效应的影响因素

照射剂量大小是决定辐射生物学效应的首要物理因素,剂量越大,效应越显著。除照射剂量外,剂量率也是影响因素之一。在一定剂量范围内,接受总辐射剂量相等的情况下,剂量率越高,生物学效应越强。当人体受到一定辐射剂量照射时,不同辐射类型引起的生物学损伤效应的严重程度从高到低依次为 α 射线、中子、β 或 γ 射线。在辐射总剂量相同的情况下,分次照射会使辐射生物学效应降低,分次越多,时间间隔越久,辐射生物学效应则可能越小,这一现象主要与机体的修复有关。此外照射面积大小也会影响生物学效应,受照射面积越大,生物学效应越明显。因此,临床放射治疗中一般尽可能缩小照射面积,同时采用分次照射,尽量降低正常组织的辐射损伤效应。

除了物理因素以外,不同种系、不同个体等生物因素也会对生物学效应产生影响。人们通常采用辐射敏感性这一概念来表示相同照射条件下机体对辐射的作用的反应强弱或速度快慢。不同种系的生物对电离辐射的敏感性有很大的差异,种系进化程度越高,机体组织结构越复杂,其辐射敏感性越高。哺乳类的辐射敏感性比鸟类、鱼类、两栖类高。在哺乳动物中,人、狗、豚鼠等辐射敏感性高于兔和小鼠。种系相同的个体反应性也不尽相同,个体敏感性也会受生理状况、健康状况和年龄等因素影响。幼年和老年的辐射敏感性最高,机体处于过热、过冷、过劳和饥饿、身体虚弱或有外伤时辐射敏感性会升高。此外,细胞有丝分裂活动越旺盛,在形态和功能上分化程度越低,其敏感性越高。按照人体各种组织的辐射敏感性不同,可分为高度敏感组织、中度敏感组织、轻度敏感组织和不敏感组织四类。其中高度敏感组织主要包括淋巴组织、性腺、骨髓组织、胃肠上皮、胚胎组织等。因此,当照射剂量和剂量率相同时,不同部位受到照射后的敏感性不同,腹部照射的后果最严重,其后依次为盆腔、头颈、胸部及四肢。

2.2.2　辐射生物学效应分类

辐射作用于机体后引起的辐射生物学效应形式多样,出于辐射防护实际工作的考虑,通常将辐射生物学效应按照不同的方式进行分类研究。根据辐射效应与剂量的关系可分为确定性效应和随机性效应;按照辐射作用时间和方式的不同可分为急性效应和慢性效应;按照辐射效应出现的时间可分为近期效应和远期效应。

2.2.2.1　确定性效应和随机性效应

确定性效应是指在较大剂量照射情况下,发生效应的严重程度随着电离辐射剂量增加而增加的生物学效应。确定性效应存在剂量阈值。例如,单次 X/γ 照射后出现白内障和皮肤永久脱毛等都属于确定性效应,其剂量阈值分别为 5 Gy 和 7 Gy。确定性效应发生的原因是辐射导致相当多数量的细胞被杀死,而又不能及时由正常细胞进行增殖补偿,从而在器官和组织层面引起功能性障碍,导致生物体的组织构成、器官功能甚至机体整体产生可观察到的形态变化或症状。

随机性效应是指生物学效应的发生概率与所受剂量大小成正比,而损伤严重程度与受辐射剂量大小无关的生物学效应。随机性效应没有剂量阈值。辐射导致癌症发生以及在子代中表现出的遗传效应都属于随机性效应。随机性效应发生的原因是当电离辐射的能量沉积在某个(某些)细胞的关键区域时,可能引起遗传物质的改变、细胞变化或死亡,并进一步导致癌症的发生或对子代产生影响。一般用辐射危险度来定量评价辐射对群体的危害,估计辐射致癌的概率。辐射危险度表示单位剂量当量在受照组织或器官中诱发癌症死亡率或最初两代中遗传疾患的概率。

图 2.5 给出了确定性效应和随机性效应与剂量之间的关系。关于确定性效应目前的研究已比较成熟,ICRP 出版物中已对不同辐射类型、不同照射剂量下造成的各组织器官的确定性效应给出了明确阈值。随机性效应的剂量效应关系通常是在大剂量和高剂量率情况

下,将结果外推得到的一种简化假定。相对于确定性效应,人们更关注随机性效应,例如辐射诱发癌症及遗传疾病等。

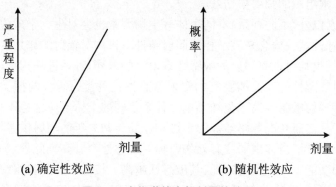

图 2.5　生物学效应与剂量的关系

2.2.2.2　急性效应与慢性效应

按照射剂量与生物学效应出现的时间关系,可将辐射生物学效应分为急性效应和慢性效应。

急性效应是指机体在短时间内(几秒至几小时)一次或多次受到大剂量电离辐射引起的急性全身性损伤。辐射事故或核事故中一般多引发急性效应。当全身照射剂量达到 0.5~1.0 Gy 时,少数受照者可能出现头晕、乏力、失眠、食欲下降、恶心等轻微症状,持续时间一天左右,血象检查发现淋巴细胞暂时下降。受 1.0 Gy 以下剂量照射所引起的反应,尚不能构成一种疾病,人们常称它为放射反应。受照剂量大于 1.0 Gy 会引起急性放射病。人的半致死剂量为 3~5 Gy。主要病变为造血组织损伤、出血、感染和代谢障碍。

急性放射病可根据受照剂量的大小和病情轻重分为骨髓型、肠型和脑型三种,其临床表现和病程阶段见表 2.2。

表 2.2　各类型急性放射病的初期反应和受照剂量

分型(度)		初期反应	照后 1~2 天淋巴细胞绝对数最低值(×10⁹/L)	受照剂量(Gy)
骨髓型	轻度	不适、乏力、头昏、食欲减退	1.2	1~2
	中度	恶心、呕吐、白细胞数短暂上升后下降	0.9	2~4
	重度	多次呕吐、腹泻、白细胞明显下降	0.6	4~6
	极重度	多次呕吐、腹泻、休克、白细胞急剧下降	0.3	6~10
肠型		频繁呕吐、腹泻、腹痛、休克、血红蛋白升高	<0.3	10~50
脑型		频繁呕吐、腹泻、休克、失调、肌张力增强、震颤、抽搐、定向和判断力减退	<0.3	>50

目前,急性放射病根据损伤程度的不同采用四度分类法,以急性放射性皮肤损伤为例,表 2.3 给出了损伤诊断标准。各度的临床表现又可以分为初期反应期、假愈期、反应期(症

状明显期)和恢复期四个病变发展期。

表 2.3 急性放射性皮肤损伤诊断标准

分度	初期反应	假愈期	症状明显期	参考剂量
Ⅰ			毛囊丘疹、暂时脱毛	≥3 Gy
Ⅱ	红斑	2～6 周	二次红斑、脱毛	≥5 Gy
Ⅲ	红斑、烧灼感	1～3 周	二次红斑、水疱	≥10 Gy
Ⅳ	红斑、麻木、瘙痒、水肿	数小时至 10 天	二次红斑、水疱、溃疡、坏死	≥20 Gy

急性放射性皮肤损伤是在各类辐射事故中时常发生的急性放射病,是由于局部身体受到一次大剂量,或短时间内受到多次大剂量外照射所引起的急性放射性皮炎与放射性皮肤溃疡,如图 2.6 所示。

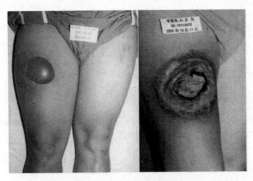

图 2.6 急性放射性皮炎

慢性效应是指机体在较长时间内受低剂量率、超剂量限值照射所引起的全身慢性放射损伤。当累积剂量达到一定水平时,可引起以造血组织损伤为主并伴有其他系统改变的全身性疾病。

由于防护条件差或不认真执行防护标准和规定,人员可能会受到长期的低剂量率的超剂量限值照射。在射线的长期作用下,机体受到损伤的同时,也会产生抗辐射损伤的修复能力。当修复能力大于损伤时,机体可能不表现出症状或仅有轻微症状;如果辐射损伤大于机体的修复能力,则可发生慢性放射病。慢性放射病的临床特点是起病慢、病程长、病情起伏不定等,症状与接触射线有关,但尚无特异性症状,主要表现为神经衰弱症候群和植物性神经功能紊乱。发病早期通常没有明显的异常体征,实验室检查造血系统的变化是慢性放射病最常见的早期诊断方法,外周血中白细胞变化最早,通常表现为白细胞减少,淋巴细胞染色体畸变率明显增高等。

慢性放射病诊断因为涉及职业劳动保护问题,应由取得放射性职业病诊断资质的机构负责诊断。诊断须结合射线接触史、受照剂量、自觉症状及实验室检查等资料,同时排除其他疾病的可能性,进行综合分析判断。根据《外照射慢性放射病诊断标准》(GBZ 105—2002),慢性放射病的诊断和处理原则如下:慢性放射病一般分为Ⅰ度和Ⅱ度。对那些接触射线工作时间不长(一般几个月至 2 年),受照剂量又不大的人员,如果仅出现神经衰弱、白细胞数有轻度或较大波动的症状,在不脱离射线或短期脱离射线情况下即可恢复,这种情况只称为放射反应而不构成疾病。另外还有一些放射工龄长且受超剂量照射的人员,出现某些神经衰弱症状,这种情况尚未达到Ⅰ度慢性放射病的诊断标准,则称之为观察对象(疑似慢性放射病)。此类人员一般可不脱离射线工作,但需注意防护,对症治疗,密切观察,并定期随访。若症状持续,可考虑短期脱离射线工作,并进行治疗。

Ⅰ度慢性放射病是当累积吸收剂量接近 1.5 Gy,接触射线数年后出现明显的神经衰弱与造血功能异常症状;白细胞总数持续降低并较长时间(6~12 个月)停留在 4.0×10^9/L 以下,伴有血小板长期低于 8.0×10^9/L,红细胞数减少和血红蛋白量降低等症状。

Ⅱ度慢性放射病是当累积吸收剂量达到或超过 1.5 Gy 时,除出现Ⅰ度放射病的症状外,还有较顽固的自觉症状和明显的出血倾向;白细胞数长期低于 3.0×10^9/L 以下,同时出现血小板数或血红蛋白量持续减少等症状。

慢性放射性皮肤损伤是一种常见的慢性放射病,是由急性损伤迁延而来或由小剂量射线长期照射引起的,通常指慢性放射性皮炎与慢性放射性皮肤溃疡。根据损伤程度和病理变化的不同,临床上分为三度,具体见表 2.4。

表 2.4　慢性放射性皮肤损伤诊断标准

分度	临床表现(必备条件)
Ⅰ	皮肤色素沉着或脱失、粗糙,指甲灰暗或出现从嵴、色条指甲
Ⅱ	皮肤角化过度、皲裂或萎缩变薄,毛细血管扩张,指甲增厚变形
Ⅲ	坏死溃疡、角质突起、指端角化融合、肌腱挛缩、关节变形、功能障碍(具备其中一项即可)

2.2.2.3　近期效应和远期效应

近期效应又称为早期效应,一般是指受照后几个星期或几个月内发生的辐射效应,如急性放射病等。

远期效应是指受到辐射后半年之后(通常几年或几十年)出现的变化或急性损伤未恢复而延续下来的损伤效应。这种效应可以在受照者本人或后代身上出现,如致癌效应和遗传效应。人们发现原子弹受害者和对头颈部做过放射治疗的病人中,甲状腺癌的发生率明显增高,并与受照剂量呈线性关系,潜伏期一般为 13~26 年。同时白血病在辐射诱发的癌症中发生率较高,诱发剂量较低,并且比诱发的其他种类癌症潜伏期短。图 2.7 所示的是日本原子弹爆炸受害者癌症发生率随时间的变化曲线。辐射遗传效应是指通过受照者生殖细胞中的遗传物质受到损伤而对其后代产生的辐射效应,如死胎、死产、流产、先天性畸形和新生儿死亡等。

2.2.3　低剂量辐射生物学效应

低剂量辐射生物学效应是低剂量辐射条件下可能呈现出与传统观点不同的特殊生物学效应,这是放射医学与防护领域的研究热点。低剂量辐射生物学效应主要的研究内容包括兴奋性效应、适应性效应和旁效应等低剂量水平下的随机性效应。

低剂量辐射兴奋性效应是在 1994 年的 UNSCEAR 报告中首次从官方角度提出的,是对低剂量辐射可以产生刺激效应的统称。1999 年 Luckey 首先提出小剂量辐射刺激效应的概念,即低剂量照射后可诱导细胞对后继较大剂量辐射的抵抗性,产生免疫力、繁殖能力、对肿瘤抵抗能力增强等效应。在对灵长类动物和啮齿类动物研究中发现,低剂量辐射可以促使动物体内产生免疫功能刺激效应(免疫兴奋效应),即低剂量辐射可以通过激活机体的损伤修复系统来增强免疫功能,从而减轻辐射对肝、肺等重要器官的损伤。

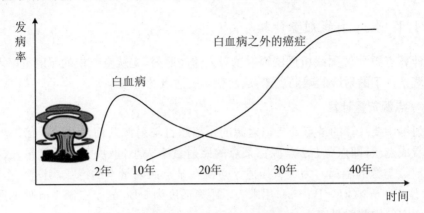

图 2.7　日本原子弹爆炸受害者癌症发生率随时间的变化示意图

　　低剂量辐射适应性效应是指生物在接受一定低剂量辐射的预处理后,产生对随后相对高剂量照射诱发损伤的抗性的现象。低剂量辐射适应性效应是低剂量辐射兴奋性效应中的一种。20 世纪 80 年代,美国加州大学辐射与环境健康实验室首先报道,事先用 1 cGy 的 X 射线照射人外周血淋巴细胞后,给予剂量为 150 cGy 的 X 射线照射,发现诱发染色体畸变率比未处理对照组减少 50%,其将这种现象称为低剂量辐射诱导的适应性效应。该研究方向在国际上受到研究工作者的极大关注,并逐步得到证实。

　　低剂量辐射旁效应是指旁区未受照射的细胞表现出与受照射细胞类似的生物学反应,包括细胞死亡、细胞凋亡、染色体断裂和基因突变等。辐射旁效应最早由 Nagasawa 和 Little 发现,他们使用 5 cGy 低剂量 α 粒子照射中国仓鼠卵巢细胞,发现当只有不到 1% 的细胞受到照射时,却可以引起大约 30% 的旁细胞发生染色体交换。随后低剂量辐射旁效应在不同射线、不同剂量条件下被大量的实验数据所证实,目前其发生的机理尚待深入研究。辐射旁效应的发现将对辐射防护和放射治疗等相关学科产生影响,同时提醒我们对未受辐照的部位或区域也需要考虑防护问题。

　　目前为止关于低剂量辐射对生物体的影响尚存在不少争议,一些研究结论认为低剂量辐射对生物尤其是动物体似乎仍然是不安全的,会引发很多辐射诱导的癌变等情况。但也有不少实验发现低剂量辐射可能会使人体出现防御和免疫功能增强等生物学效应,且这种效应与辐射剂量、辐射时间等有密切关系。因此,关于低剂量辐射的生物学效应还需要开展更加深入全面的研究,为辐射防护工作提供理论指导。

2.3　外照射防护

　　外照射对人体造成危害的程度与辐射穿透能力密切相关。根据电离辐射与物质的相互作用的规律可知,穿透能力从强到弱依次是中子、X/γ 射线、β 粒子和 α 粒子。本节将在剂量计算的基础上,对 X/γ 射线、中子、带电粒子的防护方法及措施进行概述。

2.3.1　外照射剂量计算

2.3.1.1　X/γ射线剂量计算

为了计算点源及 X 射线机周围辐射场对人体的照射,先从空气中的照射量率入手,然后考虑在屏蔽条件下的射线的减弱规律,从而获得关注点的剂量率。

1. X/γ 点源剂量计算

当辐射场中要计算的某点处与辐射源的距离超过辐射源几何尺寸的 5 倍以上时,可将该辐射源看成点状,即点源。γ 点源在某点的照射量率大小,取决于光子能量、放射源的活度以及照射点与源的距离。为定量描述 γ 点源在某点照射量率的特征,引进一个照射量率常数 Γ(单位 C・m²/(kg・Bq・s)),用来表示距离活度为 1 Bq 的 γ 点源 1 m 处的照射量率,则某一点的空气中照射量率为

$$\dot{X} = A\Gamma/r^2 \tag{2.1}$$

式中,$\dot{X}$ 是距离活度为 A(单位为 Bq)的 γ 点源 r(单位为 m)处的照射量率,单位为 C/(kg・s)。表 2.5 给出了一些常用的放射性核素在空气中的照射量率常数。

如果 γ 射线的照射量率已知,则空气中吸收剂量率的数值近似为

$$\dot{D} = 33.85\dot{X} \tag{2.2}$$

引入一个发射 γ 射线的放射性核素的比释动能率常数 Γ_K(单位 Gy・m²/(Bq・s)),则某一点处的比释动能率为:

$$\dot{K} = A\Gamma_K/r^2 \tag{2.3}$$

式中,$\dot{K}$ 是距离活度为 A 的放射性核素点源 r 处的比释动能率,单位为 Gy/s。一些常用的放射性核素在空气中的比释动能率常数见表 2.5。

表 2.5　γ 放射性核素的空气中照射量率常数和比释动能率常数

核素	照射量率常数 Γ (C・m²/(kg・Bq・s))	比释动能率常数 Γ_K (Gy・m²/(Bq・s))	核素	照射量率常数 Γ (C・m²/(kg・Bq・s))	比释动能率常数 Γ_K (Gy・m²/(Bq・s))
²⁴Na	3.532×10^{-18}	1.23×10^{-16}	¹²⁵I	2.938×10^{-19}	——
⁴⁶Sc	2.097×10^{-18}	7.14×10^{-17}	¹³¹I	4.198×10^{-19}	1.44×10^{-17}
⁴⁷Sc	1.051×10^{-19}	3.55×10^{-18}	¹³⁴Cs	1.699×10^{-18}	5.72×10^{-17}
⁵⁹Fe	1.203×10^{-18}	4.80×10^{-17}	¹³⁷Cs	6.312×10^{-19}	2.12×10^{-17}
⁵⁷Co	1.951×10^{-19}	6.36×10^{-18}	¹⁸²Ta	1.304×10^{-18}	4.47×10^{-17}
⁶⁰Co	2.503×10^{-18}	8.67×10^{-17}	¹⁹²Ir	8.966×10^{-19}	3.15×10^{-17}
⁶⁵Zn	5.950×10^{-19}	1.77×10^{-17}	¹⁹⁸Au	4.488×10^{-19}	1.51×10^{-17}
⁸⁷Sr*	4.490×10^{-19}	1.13×10^{-17}	¹⁹⁹Au	9.034×10^{-20}	5.91×10^{-17}
⁹⁰Mo	3.261×10^{-19}	1.18×10^{-17}	²²⁶Ra	1.758×10^{-18}	6.13×10^{-17}
¹¹⁰Ag*	3.000×10^{-18}	9.38×10^{-17}	²³⁵U	1.382×10^{-19}	4.84×10^{-18}
¹¹¹Ag	3.427×10^{-20}	1.32×10^{-18}	²⁴¹Am	2.298×10^{-20}	4.13×10^{-18}

对于像水、肌肉和软组织一类的物质，可有 $\dot{D} \approx \dot{K}$ 的关系。根据第一章中公式(1.23)可通过吸收剂量率求得人体的当量剂量率。

当需要计算距离一个活度为 3.7×10^8 Bq 的 ^{137}Cs 点源 2 m 处空气中的比释动能率时，根据公式(2.3)和查表 2.5 可得：

$$\dot{K} = A\Gamma_K/r^2 = 3.7 \times 10^8 \text{ Bq} \times 2.12 \times 10^{-17} \text{ Gy} \cdot \text{m}^2/(\text{Bq} \cdot \text{s}) \div 2^2 \text{ m}^2$$
$$= 1.96 \times 10^{-9} \text{ Gy/s} = 7.06 \text{ } \mu\text{Gy/h}$$

2. γ 射线的减弱规律

当 γ 射线穿过屏蔽层时，其中一部分光子会和屏蔽层发生一次或多次康普顿效应产生散射光子，另一部分光子则不会发生相互作用而直接穿出，或者被屏蔽层吸收。不包含散射成分的射线束称为窄束，宽束则需要考虑散射的贡献。因为窄束和宽束的减弱规律不同，要按照不同的方法进行计算。

通常，窄束单能 γ 射线在物质中的减弱是遵从简单的指数规律，即

$$N = N_0 e^{-\mu d} \tag{2.4}$$

式中，N_0、N 分别为穿过物质层前、后的光子数；μ 为 γ 射线在该物质中的线减弱系数，单位为 m^{-1}；d 为物质层的厚度，单位为 m。

线减弱系数 μ 是入射光子能量 E 及物质原子序数的函数，是 γ 射线减弱特性的集中体现。图 2.8 为窄束的减弱示意图。

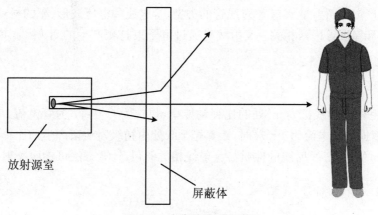

放射源室

屏蔽体

图 2.8　窄束的减弱示意图

式(2.4)也可以用以下形式表达

$$N = N_0 e^{-(\mu/\rho)d_m} \tag{2.5}$$

式中，ρ 是物质的密度，单位为 kg/m^3，$d_m = d_\rho$ 称为该物质的质量厚度，单位为 kg/m^2，μ/ρ 就是物质对特定能量光子的质量能量减弱系数，单位为 m^2/kg。

在实际的辐射防护实践中辐射大多是宽束辐射，射线束通常较宽，准直较差甚至没有准直，穿过的屏蔽层一般也很厚。这种情况下光子有可能通过多次散射后穿过屏蔽物质，如图 2.9 所示。

考虑到多次散射的影响，与窄束条件相比，宽束条件下的减弱规律必须在式(2.4)中引进一个积累因子 B，对窄束减弱规律加以修正，即

$$N = BN_0 e^{-\mu d} \tag{2.6}$$

积累因子指在某点实际测量到的某一辐射量（如注量率、能量、吸收剂量等）与式（2.4）算得的同一辐射量的比值，并且总是大于等于1。不同的辐射量、不同源形状的积累因子大小不同。在辐射源形状和屏蔽介质一定的情况下，积累因子还与光子能量 E、材料原子序数及屏蔽介质的厚度 d 有关。

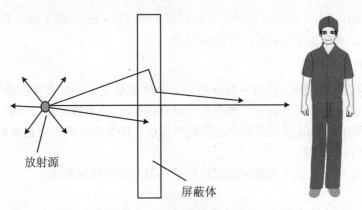

放射源

屏蔽体

图 2.9　宽束的减弱示意图

积累因子在屏蔽设计中是一个必须考虑的重要因素，可以用实验或理论计算方法得出。各向同性点源经过屏蔽后，随着入射光子能量 E 减小，介质厚度 d 增大，积累因子 B 也增大。介质的原子序数越大，积累因子 B 越小。

X 射线机产生的照射量率与 X 射线管的类型、管电压和电压波形、靶的材料和形状以及过滤板的材料和厚度等因素相关。X 射线机通过电子束打靶产生的 X 射线，其产生的比释动能率 $\dot{K}$ 近似按下式计算：

$$\dot{K} = I\delta/r^2 \tag{2.7}$$

式中，$\dot{K}$ 是在距离 X 射线机 r（m）处的比释动能率，单位为 Gy/s；I 为管电流，单位为 mA；δ 为发射率常数，即当管电流为 1 mA 时，距离靶 1 m 处由初级射线束产生的比释动能率，单位为 Gy·m²/(mA·s)。X 射线的性质与 γ 射线相类似，其计算方法可参照 γ 射线。

2.3.1.2　中子剂量计算

中子辐射源按照中子产生的方式可分为放射性核素中子源、加速器中子源和反应堆中子源三类。放射性核素中子源具有价格便宜、尺寸小、易于制备和转移的特点，通常又分为 (α, n) 反应中子源、(γ, n) 反应中子源和自发裂变中子源三种。加速器中子源是利用加速器加速后的带电粒子轰击靶物质导致核反应产生中子，可通过改变靶物质种类、调节带电粒子类型和能量或控制中子的出射方向来获得不同能量的中子。反应堆中子源是利用重核裂变的链式反应或轻核聚变反应释放出大量中子，特点是中子注量率高。

由于中子源通常伴有 γ 辐射，因此中子屏蔽的同时需要考虑 γ 射线的屏蔽。

1. 中子的减弱原理与规律

高能中子（快中子）通过屏蔽物质时与物质发生非弹性散射与弹性散射，使中子慢化后被吸收，而低能中子（如热中子）则可以直接被屏蔽物质吸收。两者在屏蔽物质中减弱规律不同。

快中子更容易与重原子核发生非弹性散射而损失能量。由于中子的质量与质子很接近,所以在弹性散射中,与中子相碰撞的原子核越轻,中子转移给反冲核的能量就越多。中子与氢核发生弹性散射作用时,氢核得到的能量最多,所以氢是 1 MeV 左右的快中子最好的慢化剂。中子的屏蔽通常先采用较重的物质,通过非弹性散射使中子能量很快降低到 1 MeV 以下,然后再利用含氢物质,通过弹性散射使中子能量进一步降低到热能区。

在快中子的非弹性散射和热中子被吸收的过程中都会产生次级 γ 射线。在实际的屏蔽设计中,用来慢化快中子的屏蔽层中需添加中等重量以上的材料,可以同时对次级 γ 射线进行屏蔽。在选择吸收热中子的材料时应选择对热中子吸收截面大、俘获 γ 射线截面低的材料,此外可在屏蔽层中加入适量的 ^{10}B 和 ^{6}Li。

窄束中子束与 γ 射线在屏蔽体中的减弱规律相似,同样遵循简单的指数规律:

$$\varphi_n(d) = \varphi_{n_0} e^{-\Sigma d} \tag{2.8}$$

式中,φ_{n_0}、$\varphi_n(d)$ 分别为屏蔽层设置前、设置后的中子注量率,单位为 $m^{-2} \cdot s^{-1}$;d 为屏蔽层的厚度,单位为 m;Σ 是屏蔽材料对入射中子的宏观总截面,单位为 m^{-1}。

同样,宽束中子束在屏蔽层内的减弱规律可写为

$$\varphi_n(d) = \varphi_{n_0} B_n e^{-\Sigma d} \tag{2.9}$$

式中,B_n 为宽束照射情况下中子的积累因子,用来表征屏蔽体中产生的多次散射中子使屏蔽体后某点中子注量率增加的比例。

剂量率减弱可用下式计算:

$$\dot{H}(d) = \dot{H}_n B_n e^{-\Sigma_R d} \tag{2.10}$$

式中,$\dot{H}$、$\dot{H}_n$ 分别为屏蔽层设置前、设置后的当量剂量率,单位为 Sv/s;Σ_R 为屏蔽材料对中子的宏观分出截面,单位为 m^{-1};d 为屏蔽层厚度,单位为 m。

2. 中子剂量的计算

中子的剂量计算须考虑中子与组成物质的不同元素的相互作用。在人体组织中,碳、氢、氧、氮四种元素重量占人体总质量的 95% 以上,其中氢原子数占人体原子总数的 60% 以上。

快中子通过与人体组织中碳、氢、氧、氮等原子核发生弹性和非弹性散射,不断地将能量传递给组织而被慢化,慢化后的热中子又通过 ^{14}N(n,p)^{14}C 和 ^{1}H(n,γ)^{2}H 反应被组织吸收。核反应中放出的反冲质子(0.6 MeV)、γ 射线(2.2 MeV)的能量最终也将被机体所吸收。

单能中子剂量当量 H 可按下列公式计算:

$$H = \Phi_n f_{H,n} \tag{2.11}$$

式中,$f_{H,n}$ 为中子注量剂量转换因子,单位为 Sv $\cdot$ m^2。

具有能量分布的辐射场,其中子剂量当量 H 可按下列公式计算:

$$H = \int \Phi_{n,E} f_{H,n}(E) dE \tag{2.12}$$

式中,$\Phi_{n,E}$ 是在辐射场中某点按中子能谱分布的注量,单位为 m^{-2}。

表 2.6 列出了与不同能量中子对应的 $f_{H,n}$ 的数值。

表 2.6　中子注量剂量转换因子 $f_{H,n}$

中子能量(MeV)	中子注量剂量转换因子 $f_{H,n}(\times 10^{-15}\ \text{Sv} \cdot \text{m}^2)$	中子能量(MeV)	中子注量剂量转换因子 $f_{H,n}(\times 10^{-15}\ \text{Sv} \cdot \text{m}^2)$
2.5×10^{-8}	1.068	5	40.65
1×10^{-7}	1.157	10	40.85
1×10^{-6}	1.263	20	42.74
1×10^{-5}	1.208	50	45.54
1×10^{-4}	1.157	^{210}Po-B, $E_n=2.8$	33.1
1×10^{-3}	1.029	^{210}Po-Be, $E_n=4.2$	35.5
1×10^{-2}	0.992	^{226}Ra-Be, $E_n=4.0$	34.5
1×10^{-1}	5.787	^{239}Pu-Be, $E_n=4.1$	35.2
5×10^{-1}	19.84	^{241}Am-Be, $E_n=4.5$	39.5
1	32.68	^{252}Cf, $E_n=2.13$	33.21
2	39.68		

2.3.1.3　带电粒子剂量计算

带电粒子一般可分为轻带电粒子和重带电粒子两大类,前者包括 β 粒子,后者包括 α 粒子、质子、$\pi^{\pm}$ 介子等。

带电粒子同物质相互作用可能产生贯穿能力较强的次级辐射。因此,在带电粒子的屏蔽计算中,除了要考虑对带电粒子本身的屏蔽计算,还要对它们在屏蔽材料中产生的次级辐射进行屏蔽计算。下面重点讨论 β 粒子的剂量计算和屏蔽计算问题。

β 粒子的剂量计算远比 γ 射线复杂得多。主要原因是 β 粒子的能谱是连续谱,虽然它在物质中的减弱近似地遵守指数规律,但物质对它的散射很显著,而且散射情况与辐射源的距离、源周围的散射物的性质以及源的几何形状等因素有关。迄今,还没有一个满意的计算 β 粒子剂量的理论公式。通常都用经验公式来做近似计算。

假设 β 辐射源可视为点源,且点源周围介质是均匀的,则离该点源距离 r 处的吸收剂量率 $\dot{D}$ 的值可用下式作粗略估算:

$$\dot{D} = 8.1 \times 10^{-12} A / r^2 \tag{2.13}$$

式中,A 是 β 点源的活度,单位为 Bq;r 是离 β 点源的距离,单位为 m;$\dot{D}$ 的单位为 Gy/h。

为了简单估算具有较大尺寸的 β 平面源在空气中的吸收剂量率,可用下面的近似公式:

$$\dot{D} = 2.7 \times 10^{-10} A_s \bar{E}_\beta \frac{\omega}{2\pi} \tag{2.14}$$

式中,A_s 是有限薄面源的比活度,单位为 Bq/g;$\bar{E}_\beta$ 是 β 粒子的平均能量,单位为 MeV;ω 是 β 源到计算点所张的立体角。

带电粒子穿过物质时主要通过激发与电离过程损失能量。带电粒子在物质中沿其入射方向所穿过的最大直线距离,称为带电粒子在该物质中的射程。只要物质层的厚度大于等于带电粒子在其中的射程,那么,所有入射的带电粒子都将被吸收。

带电粒子的射程常使用质量射程来表示,单位为 g/cm^2。能量为 E(MeV)的单能电子束,在低 Z 物质中的质量射程 R,可由下列经验公式计算。

$$R = 0.412E^{(1.265-0.095\ln E)} \quad (0.01 < E < 2.5 \text{ MeV}) \quad (2.15)$$

$$R = 0.53E - 1.06 \quad (2.5 \leqslant E < 20 \text{ MeV}) \quad (2.16)$$

尽管屏蔽 β 粒子的常用材料的密度相差很大,但以 g/cm² 为单位的质量射程在数值上很接近。因此,由式(2.15)和式(2.16)算出质量射程后,分别除以有关材料的密度 ρ(g/cm³),就得到相应材料所对应的单能电子或 β 粒子的屏蔽厚度 d,即

$$d = R/\rho \quad (2.17)$$

为了使 β 粒子在吸收过程中产生的韧致辐射尽量减少,屏蔽材料最好选用诸如铝、有机玻璃、混凝土一类的低 Z 物质。β⁺ 粒子的屏蔽计算与 β⁻ 粒子基本相似,但需注意对正、负电子结合时产生的湮没辐射的屏蔽。

屏蔽层厚度只要大于或等于重带电粒子在其中的射程,就可认为所有入射重带电粒子将在该材料中全部被吸收。能量为 E(MeV)的重带电粒子在所用屏蔽物质中的质量射程 $R(E)$,可用下式近似计算:

$$R(E) = \frac{1}{Z^2} \frac{M}{M_p} R_p(E_{eg}) \quad (2.18)$$

式中,质量射程 $R(E)$ 的单位是 kg/m²;Z 是入射的重带电粒子的电荷数,M/M_p 是重带电粒子质量与质子质量之比;$R(E_{eg})$ 是能量 $E_{eg} = (M_p/M)E$ 的质子在同一介质中的质量射程,单位为 kg/m²,E_{eg} 称为等效质子能量。

2.3.2　外照射防护方法

外照射防护的目的是控制辐射对人体的照射,使之保持在可合理达到的最低水平。为了降低受照射人员的外照射个人剂量,通常采用的防护手段有时间防护、距离防护和屏蔽防护。

2.3.2.1　时间防护

时间防护是通过尽量缩短辐射源对人体的照射时间来减少受照剂量。由公式(2.19)可知,在剂量率不变的条件下,受照剂量与受照时间成正比,因此缩短在辐射场中暴露的时间,是减少受照剂量的有效方法。照射时间越长,个人受照的剂量越大(如图 2.10 所示)。

$$D = \dot{D} \cdot t \quad (2.19)$$

式中,$\dot{D}$ 是人体所处工作场所接受到的剂量率,单位为 Gy/s;t 是人体受照时间,单位为 s。

为减少受照时间,应事先培训,反复进行模拟练习,达到操作熟练自如的程度,这样才能有效缩短工作时间。

2.3.2.2　距离防护

距离防护是通过尽量增加人体与辐射源之间距离的方法减小人体受照剂量。如一个点状 γ 源向各个方向均匀地发出 γ 射线,根据公式(2.1)可知,某点的剂量率与该点到源的距离的平方成反比,即随着距离的增加,剂量率将会随距离的平方减弱(如图 2.11 所示)。需要注意的是,平方反比规律仅适用于点状源,而在实际工作场所,几乎所有的辐射源都不是

点状源。不过无论辐射源形状如何,同样符合离源距离越远剂量率越小的规律。

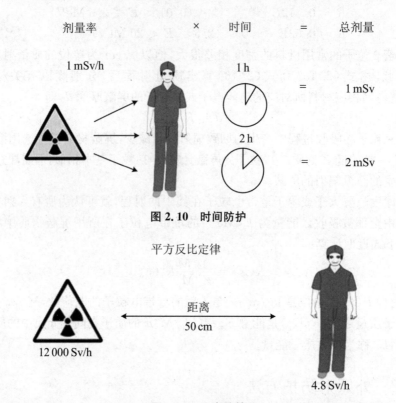

图 2.10　时间防护

图 2.11　距离防护

实际辐射防护工作中常采用长柄工具、机械手或远距离控制装置等尽量增加人与辐射源之间的距离(如图 2.12 所示)。此外,操作时应尽量远离"热点",选择合适的工作位置,从而减少受照剂量。

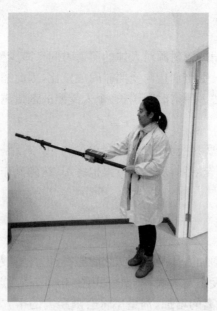

图 2.12　利用长柄剂量仪表测量现场剂量

2.3.2.3　屏蔽防护

屏蔽防护就是通过在人与辐射源之间设置屏蔽物,达到减小人员处剂量率和受照剂量的方法,见图 2.13。根据公式(2.6)可知,一个 γ 点源放出的射线穿过屏蔽物质并与之相互作用后将被减弱或吸收,可有效地降低人体所受到的剂量。

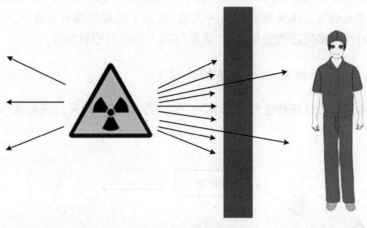

图 2.13　屏蔽防护

射线屏蔽物可分为固定式和移动式两种,固定式屏蔽物主要包括楼板、墙壁、防护门、迷宫和铅玻璃观察窗等;移动屏蔽物包括铅砖、铅玻璃防护眼镜、铅围裙等。屏蔽的效果与辐射源的类型和选用的材料种类、厚度密切相关。

γ 射线的屏蔽材料选择,应根据辐射防护最优化原则,对材料的稳定性、防护性能、结构性能和经济成本等因素进行综合考虑。常用的 γ 射线屏蔽材料有铅、铁、混凝土、水等。

凡中子辐射场均伴有 γ 射线,因此对中子的屏蔽先采用重金属材料,既能把 γ 射线屏蔽掉,又能通过非弹性散射使快中子能量降低到 1 MeV 以下。对 1 MeV 以下的中子多采用含氢量高的介质作为中子慢化剂,如水、石蜡和聚乙烯等,或采用热中子反应截面高的介质,如锂(^{6}Li)和硼(^{10}B)等作为中子吸收剂进行屏蔽。

对带电粒子而言,为了减少韧致辐射,通常先选用低原子序数的材料(如塑料、铝等)屏蔽带电粒子,后选用高原子序数的材料(如铅、铁等)屏蔽带电粒子产生的韧致辐射。

2.4　内照射防护

没有包壳包装、并有可能向周围环境扩散的放射性核素,称为开放型或非密封型放射源。从事开放型放射源的操作,称为开放型放射工作。进行开放型放射工作时,除了防止放射性射线对人体过量外照射外,还应考虑防止放射性核素进入人体所造成的内照射危害。放射性废物向环境的排放、大气层中进行的核武器爆炸和核设施放射性核素泄漏事故等都有可能导致放射性核素通过环境进入体内产生内照射。

放射性核素进入人体后将有相当一部分滞留于体内,不间断地直接对人体组织产生照射,除了放射性衰变和排泄以外,无法通过一般的外照射防护方法来控制照射。因此相对外照射而言,内照射是更危险的照射,其剂量的计算也比外照射更复杂。

2.4.1　内照射剂量计算

内照射剂量是指摄入人体内的放射性核素对人体所产生的剂量。为了描述人体摄入放射性核素的活度大小与人体内照射剂量的关系,需要了解放射性核素进入人体的途径以及在人体内的放射性核素代谢的变化规律,从而得到人体的内照射剂量。

2.4.1.1　放射性核素进入人体的途径

放射性核素主要通过三种途径进入体内,包括吸入、食入和通过完好皮肤或伤口摄入,见图 2.14。

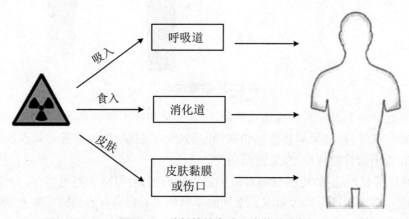

图 2.14　放射性核素进入人体的途径

(1) 吸入。放射性核素通常以气态、气溶胶或微小粉尘的形式存在于空气中。气态放射性核素(氢、碘、氚等)易经呼吸道黏膜或透过肺泡吸收进入血液,粉尘或气溶胶态的放射性核素在呼吸道内的吸收决定于粒径大小及化合物性质,一般粒径愈大吸收率越低,粒径大于 1 μm 者大部分被阻滞在鼻咽部、气管和支气管内,然后通过咳痰排出体外或吞入胃内,仅少部分吸收进入血液。粒径在 0.01~1 μm 者大部分沉积在肺部,因此危害最大。难溶性化合物多被吞噬,而可溶性化合物则易被肺泡吸收进入血液。

(2) 食入。当职业人员用口接触了被放射性核素污染的器具、物品时,会造成职业人员短时间的放射性核素摄入;或是当环境介质受到放射性污染时,则有可能通过食物、饮用水等导致居民和职业人员长时间摄入放射性核素。

(3) 完好皮肤或伤口摄入。完好的皮肤提供了一个有效防止放射性核素进入体内的天然屏障。但是,有些放射性蒸气或液体(如氧化氚蒸气、碘及其化合物溶液)能通过完好的皮肤被吸收。当皮肤破裂时,放射性核素可以通过皮下组织吸收进入体液。

放射性核素进入人体后,会在体内留存或通过代谢进行转移,最终对人体产生内照射。图 2.15 概括了放射性核素在人体内的代谢过程。

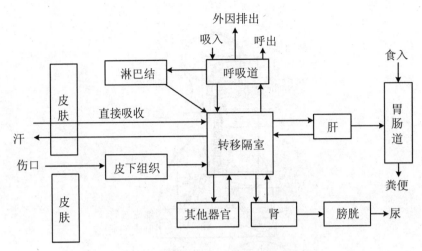

图 2.15 核素的摄入、转移和排泄途径

2.4.1.2 放射性核素人体代谢模型

从呼吸系统、胃肠道、皮肤侵入人体的物质最终都有一部分进入人体的各个隔室之中。这个隔室可以是一个器官、一群组织、全身或某个排泄途径。由于人体的生理代谢过程,进入隔室的物质是通过体液来转移的,并且随着时间的推移,以一定数量排泄,它在体内滞留的数量将不断地减少。为了更好地用数学形式说明人体的代谢过程,需要有适当的模型描述各器官、组织和全身对该核素的吸收率以及该核素从各器官、组织和全身排出的速率。下面将通过呼吸道模型和胃肠道模型来具体描述放射性核素进入人体呼吸道系统、胃肠道系统的途径和分布。

1. 呼吸道模型

ICRP 第 66 号出版物公布的用于辐射防护的人呼吸道模型可以用来估算内照射剂量。该模型将呼吸道分为 4 个解剖区(见图 2.16):胸腔外区,包括前鼻通道(ET$_1$)、后鼻通道、口腔、咽、喉(ET$_2$);支气管区(BB),包括气管和支气管;细支气管区(bb),包括细支气管和终末细支气管;肺泡间质区(AI)包括呼吸细支气管,肺泡小管。带有小泡的小囊和间质结缔组织在所有四个区都含有淋巴组织(LN):胸腔外区的淋巴组织 LN$_{ET}$ 负责排出 ET 区物质,胸区(包括 BB,bb 和 AI)的淋巴组织 LN$_{TH}$ 负责排出胸区(TH)的物质。

物质由呼吸道向胃肠道的转移以及在淋巴结和呼吸道中由一部分向另一部分转移的过程称为粒子转移。粒子转移与吸收入血是相互竞争的两个过程。描述粒子转移的时间依赖模型由图 2.17 给出,不同物质被血液吸收的速率差别很大。根据化合物被血液吸收的速率可以将其划分为 F(快速被血液吸收)、M(中等吸收速度)和 S(相对难溶)三类物质。需要特别注意的是,沉积在 ET$_1$ 区的粒子需要借助外来手段排出,其他区内的粒子向胃肠道和淋巴结转移的速率相同。

2. 胃肠道模型

ICRP 第 100 号出版物中提出新的胃肠道模型,说明了放射性核素经食入、吸入、静脉注入或皮肤、伤口吸收后,向胃肠道转移可能涉及的各种途径(见图 2.18)。新模型在旧模型基础上,考虑了小肠以外的其他隔室的吸收,还将有关物质通过胃肠道向各部分转移的新的研究内容考虑了进去。

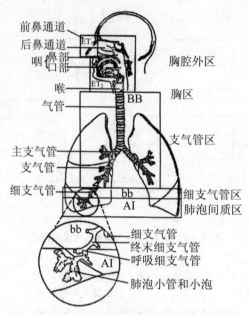

图 2.16　呼吸道解剖学分区

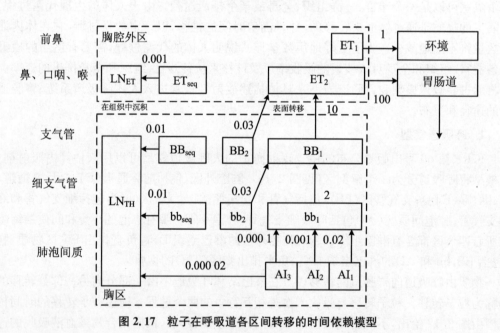

图 2.17　粒子在呼吸道各区间转移的时间依赖模型

2.4.1.3　放射性核素人体代谢函数描述

放射性核素在人体代谢过程中,每一个隔室内的放射性含量及变化主要受滞留函数和排泄函数的影响,下面将详细介绍这两个函数的概念和计算过程。

1. 滞留函数

根据推荐的器官或组织代谢模型,就可以算出体内各隔室中放射性核素的活度。任何一个器官或组织可以含有一个或几个隔室,隔室中放射性核素的代谢服从一阶动力学规律。因此,通常可用一个指数函数项或若干个指数项之和来描述一种核素在任何器官或组织中的滞留。

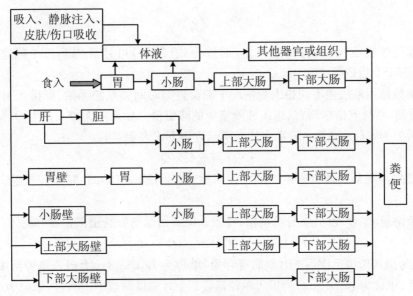

图 2.18　胃肠道转移途径

在介绍滞留函数之前,先对其相关的几个物理量进行介绍。

(1) 周身含量是指吸收进入体液的放射性核素的量,不包括呼吸道和胃肠道内的含量。全身含量是指周身含量、呼吸道及胃肠道内放射性核素的含量之和。

(2) 摄入量是指放射性核素通过吸入、食入、皮肤或伤口等途径摄入到人体内的活度的大小;或指由于某一事件,或者在某一时间段内摄入体内的活度。吸收量是指放射性核素进入人体系统循环的量,或者可以说放射性核素从人体某部位转移进入细胞外体液的量。

(3) 基本速率常数是指代谢过程所引起的隔室中放射性核素含量的瞬时百分转移速率。

(4) 有效半减期是指进入体内或某一特定器官的放射性核素,由于生物学代谢过程和自发核转变而减少到初始摄入量的一半所需要的时间,即

$$T = \frac{T_r T_b}{T_r + T_b} \tag{2.20}$$

式中,T_r 是放射性核素的半衰期,单位为 s;T_b 是生物隔室的半廓清期,单位为 s。

滞留量是指在某个给定时刻,摄入、沉积或吸收后某一隔室、器官内以及全身放射性核素的量。

假定物质从各个隔室中的廓清服从一阶动力学方程,核素从某一隔室廓清出去,沿着各转移链可能进入另一器官或组织的隔室,该过程可用公式表示为

$$\frac{\mathrm{d}q_i(t)}{\mathrm{d}t} = \dot{I}_i(t) + \sum_{\substack{j=1 \\ j \neq i}}^{N} \lambda_{ji} q_j(t) - \left(\lambda_R + \sum_{\substack{j=1 \\ j \neq i}}^{N} \lambda_{ij}\right) q_i(t) \tag{2.21}$$

式中,$q_i(t)$ 是核素在 t 时刻在 i 隔室的滞留量,单位为 Bq;$\dot{I}_i(t)$ 是核素在 t 时刻 i 隔室摄入速

率,单位为 Bq/s;λ_{ji} 是核素从 j 隔室向 i 隔室的廓清速率常数;N 是人体包括的总隔室;λ_R 是核素的衰变常数;λ_{ij} 是核素从 i 隔室向 j 隔室的廓清速率常数,对 λ_{ij} 相对 j 求和得到 i 隔室总的廓清速率常数,即

$$\lambda_i = \sum_{\substack{j=1 \\ j\neq i}}^{N} \lambda_{ij} \tag{2.22}$$

利用前述呼吸道模型、胃肠道模型,通过公式(2.21)可计算得到各个隔室的滞留量 $q_i(t)$,解是若干个指数项之和。

滞留函数是用来描述不同摄入量情况下滞留量与时间关系的函数,即摄入 1 Bq 放射性核素后 t 时刻,全身或指定器官、组织或隔室中的滞留量。如果单次摄入量为 Q 条件下,第 i 隔室中的活度为 $q_i(t)$,则第 i 隔室中的滞留函数用下式表示:

$$r^i(t) = q_i(t)/Q \tag{2.23}$$

如果要想得到某一器官或组织的滞留函数,则利用公式(2.23)对器官或组织的各个隔室求积分。

全身滞留量 $r_{wb}^i(t)$ 包括周身滞留量、呼吸系统滞留量与胃肠道滞留量,即

$$r_{wb}^i(t) = r_s^i(t) + r_{lung}^i(t) + r_{GIT}^i(t) \tag{2.24}$$

式中,$r_s^i(t)$ 为摄入单位活度后 t 时刻周身含量,单位为 Bq;$r_{lung}^i(t)$ 为摄入单位活度后 t 时刻肺中的活度,单位为 Bq;$r_{GIT}^i(t)$ 为摄入单位活度后 t 时刻胃肠道中的活度,单位为 Bq。

2. 排泄函数

假如摄入 1 Bq 放射性核素后,每天经由尿或粪便排出放射性物质的量与时间关系的函数定义为排泄函数。不计放射性衰变而单纯从生物排泄考虑,则排泄函数等于每天减少的滞留函数。经尿排出体外的放射性核素的量为尿排泄量;粪便排泄量包括吸收后物质经胆及胃肠道排出体外的周身性粪便排泄量和胃肠道中未被吸收物质的直接粪便排泄量两项。

日尿(或粪)排泄速率通常是根据在摄入后 t 时刻内排泄的测量值估计的。t 时刻的尿(或粪)排泄量由下式给出:

$$e_u^i(t) = \int_{t-1}^{t} e_u^i(\tau) e^{-\lambda_R(t-\tau)} d\tau \tag{2.25}$$

$$e_f^i(t) = \int_{t-1}^{t} e_f^i(\tau) e^{-\lambda_R(t-\tau)} d\tau \tag{2.26}$$

式中,λ_R 为放射性衰变常数;i 表示第 i 隔室;$e_u^i(t)$ 为尿排泄量,单位为 Bq;$e_f^i(t)$ 为粪排泄量,单位为 Bq。

2.4.1.4　内照射剂量计算方法

内照射剂量计算主要通过比有效能、待积当量剂量、待积有效剂量、剂量系数几个参数来反映。下面将对这些参数的计算过程进行详细描述。

1. 比有效能

为了满足内照射剂量计算需要,ICRP 第 30 号出版物引入比有效能 SEE(T←S)的概念。比有效能 SEE(T←S)是指源器官 S 每次发生核转变时对靶器官 T 产生的单位质量有效能量之和。进入人体内的放射性核素可分布到身体的不同组织和器官,其中含有大

量该放射性核素的组织或器官称为"源组织"或"源器官";吸收辐射能量的组织或器官称为"靶组织"或"靶器官"。源器官本身有时也是一个靶器官,靶器官本身有时也是一个源器官。

源器官中的放射性核素每一次核转变过程中产生的第 i 种辐射施予每克靶器官辐射能量,并且用相应的品质因数 Q_i 和吸收分数 $AF(T\leftarrow S)_i$ 作了修正。对于 j 种核素的衰变,比有效能表达式为

$$SEE(T\leftarrow S)_j = \sum_i SEE(T\leftarrow S)_{i,j} = \sum_i \frac{Y_{i,j}E_{i,j}AF(T\leftarrow S)_{i,j}Q_{i,j}}{M_T} \qquad (2.27)$$

式中,$Y_{i,j}$ 是放射性核素 j 每次核转变中发射第 i 种辐射的产额;$E_{i,j}$ 是第 i 种辐射的平均能量或单一能,单位为 MeV;$Q_{i,j}$ 是第 i 种辐射的品质因数;M_T 是靶器官的质量,单位为 g;$AF(T\leftarrow S)_{i,j}$ 是源器官 S 中每发射一次第 i 种辐射被靶器官 T 吸收的能量份额。如果源器官 S 中有多种放射性核素,则对靶器官 T 的 $SEE(T\leftarrow S)$ 为

$$SEE(T\leftarrow S) = \sum_j \sum_i \frac{Y_{i,j}E_{i,j}AF(T\leftarrow S)_{i,j}Q_{i,j}}{M_T} \qquad (2.28)$$

2. 待积当量剂量

U_S 为源器官 S 中的放射性核素在摄入后 50 年期间的核变化总数。体内任一器官或组织中的放射性核素在任一段时间内的核变化数,是该器官或组织中的放射性核素的活度对该段时间的积分。在计算待积当量剂量时,职业人员积分时间取 50 年。U_S 由下式给出:

$$U_S = \int_0^{50} R_S(t)\,\mathrm{d}t \qquad (2.29)$$

式中,$R_S(t)$ 为 t 时刻放射性核素在源器官 S 中滞留的活度,单位为 Bq。

对于源器官 S 中放射性核素 j 发出的某一种辐射类型 i 来说,它对靶器官 T 产生的待积当量剂量 $H_{50}(T\leftarrow S)_j$ 由下式给出:

$$H_{50}(T\leftarrow S)_j = 1.6\times 10^{-10} U_{S,j}\sum_i SEE(T\leftarrow S)_{i,j} \qquad (2.30)$$

式中,$U_{S,j}$ 为摄入放射性核素后 50 年期间源器官 S 中放射性核素 j 的核变化总数;1.6×10^{-10} 是从 MeV 转换为 J 的换算系数 1.6×10^{-13} 和从 J/g 到 J/kg 换算系数 10^3 之积;待积当量剂量 $H_{50}(T\leftarrow S)_j$ 的单位是 Sv。

当靶器官 T 受到来自几个不同源器官 S 的几种放射性核素的照射时,靶器官 T 中总的待积当量剂量用公式表示为

$$H_{50,T} = 1.6\times 10^{-10} \sum_S \sum_j U_{S,j} \times \sum_i SEE(T\leftarrow S)_{i,j} \qquad (2.31)$$

由公式(2.31)可见,待积当量剂量计算是基于比有效能概念,考虑到摄入放射性核素的不同途径,计算靶器官的待积当量剂量。本公式是基于第 1 章中公式(1.24)的一种具体计算方法。在公式(2.31)计算的基础上,将人体各器官的待积当量剂量进行加权,可以得到待积有效剂量。

3. 剂量系数

从放射性核素在人体内的代谢动力学模型来看,要计算人体摄入一种或多种放射性核素的待积当量剂量或待积有效剂量是十分繁琐的。为了估算内照射剂量定义了剂量系数,

它是指在年龄 t_0 时发生的每单位摄入放射性核素量对组织的待积当量剂量,即当量剂量系数 $h_T(\tau)$,或每单位摄入的待积有效剂量,即有效剂量系数 $e(\tau)$。其中,τ 为以年为单位计算剂量的时间,对职业照射为 50 年,$e(\tau)$ 的单位为 Sv/Bq。剂量系数曾称为转换因子或剂量转换系数。因摄入途径不同剂量系数可分为吸入剂量系数或食入剂量系数。

对于职业人员来说,如 $e_{吸入}(50)$ 和 $e_{食入}(50)$ 分别为吸入和食入情况下积分时间为 50 年的有效剂量系数。根据 ICRP 第 60 号和第 66 号出版物推荐的用于辐射防护的人呼吸道模型及新的核素生物动力学数据,ICRP 第 68 号出版物中给出了职业人员摄入放射性核素的吸入和食入情况下有效剂量系数,其与前期(第 30 号出版物)的差别在于,除了年剂量限值外,还采用了新的肺呼吸道模型。我国在《电离辐射防护与辐射源安全基本标准》中也给出了吸入和食入情况下的有效剂量系数。对于公众成员(分 3 个月、1 岁、5 岁、10 岁、15 岁和成人六个年龄组)的某些常见核素的剂量系数见 ICRP 第 67,第 69,第 71 和第 72 号出版物。

2011 年 3 月日本福岛核电站发生事故后,在我国黑龙江省东北部空气中监测到的人工放射性核素 ^{131}I,其浓度 P_{131} 为 4.78×10^{-4} Bq/m^3,为了估算成人和 5 岁小孩在该环境条件下生活一年通过吸入途径所受到的有效剂量,可以通过以下方法进行计算。

假如 5 岁儿童一天吸入的空气量速率为 $v = 8$ m^3/d,根据《电离辐射防护与辐射源安全基本标准》中的附表,可知 ^{131}I 的 F、M 和 S 类型对应的 5 岁儿童有效剂量系数 $e_{131}(70)$ 分别为 3.7×10^{-8} Sv/Bq,8.2×10^{-9} Sv/Bq 和 3.5×10^{-9} Sv/Bq,^{131}I 一年的摄入量 $Q_{131} = vtP_{131} = 8 \times 365 \times 4.78 \times 10^{-4}$ Bq $= 1.40$ Bq,求得:

$$E_{131}(70) = f_{1,F} Q_{131} e_{131,F}(70) + f_{1,M} Q_{131} e_{131,M}(70) + f_{1,S} Q_{131} e_{131,S}(70)$$
$$= \left[f_{1,F} e_{131,F}(70) + f_{1,M} e_{131,M}(70) + f_{1,S} e_{131,S}(70) \right] Q_{131}$$
$$= (1.00 \times 3.7 \times 10^{-8} + 0.1 \times 8.2 \times 10^{-9} + 0.01 \times 3.5 \times 10^{-9}) \times 1.40 (\text{Sv})$$
$$= 5.3 \times 10^{-8} (\text{Sv}) = 0.053 (\mu\text{Sv})$$

假如成人吸入空气的速率 $v = 23$ m^3/d,同理根据《电离辐射防护与辐射源安全基本标准》中的附表可知 ^{131}I 的成人有效剂量系数 $e_{131}(50)$ 分别为 7.4×10^{-9} Sv/Bq,2.4×10^{-9} Sv/Bq 和 1.6×10^{-9} Sv/Bq,^{131}I 的一年的摄入量 $Q_{131} = vtP_{131} = 23 \times 365 \times 4.78 \times 10^{-4} = 4.01$ Bq,求得 $E_{131}(70) = 0.031$ μSv。

2.4.1.5　次级限值

在实际的辐射防护工作中,往往需要根据剂量限值大小,按照不同的摄入方式推算放射性核素的浓度或总量的限值或控制水平,这种限值或控制水平在这里统称为次级限值。下面将对几种常见的次级限值进行介绍。

1. 年摄入量限值

职业人员的放射性核素年摄入量限值(Annual Limit of Intake,ALI)是指一年时间内,单独摄入该量将使具有参考人特征的个人所接受的待积有效剂量等于 ICRP 规定的年有效剂量限值。由《电离辐射防护与辐射源安全基本标准》,ALI 应根据待积有效剂量 0.02 Sv 来计算。任一放射性核素的 ALI 可用年平均有效剂量限值 0.02 Sv 除以该核素的有效剂量

系数 $e(50)$ 的方法求得。即

$$ALI = \frac{0.02}{e(50)} \tag{2.32}$$

2. 导出浓度限值

在摄入速率方面,ICRP 认为不需对短时间内的摄入速率做进一步限制,但孕妇的职业性照射应按月摄入量控制。然而,由于设计和监测中存在一些实际问题,比如只能用测定工作场所空气中放射物质浓度来即时判断工作场所的安全状况,所以认为给出空气中放射性核素的限值仍然是有必要的。这个限值在 ICRP 第 30 号出版物中称为推定空气浓度(Derived Air Concentration,DAC),或称导出空气浓度,它可由年摄入量限值、每年工作量(如:周数、分钟数,劳动时职业人员的呼吸量)推导出。

对于职业人员,按每周工作 40 小时,每年 50 周,每分钟吸入空气量为 0.02 m³ 计;$DAC = ALI/(2.4 \times 10^3)$(Bq/m³)。对于公众成员,每年按 8 760 小时计,其 $DAC = ALI/(1.0512 \times 10^4)$(Bq/m³)。对于饮水和食物,按每天每人食入量 2.2 kg 计算出导出食入浓度值。导出浓度值仅用于防护监测和管理时参考,进行防护评价时仍需以核素年摄入量限值(ALI)为依据。

在内外照射混合的情况下,其每年所受内外照射剂量总和应满足下列不等式:

$$\frac{H_p}{DL} + \sum \frac{I_{j,\text{ing}}}{I_{j,\text{ing},L}} + \sum \frac{I_{j,\text{inh}}}{I_{j,\text{inh},L}} \leqslant 1 \tag{2.33}$$

式中,DL 是有效剂量的年剂量限值,单位为 mSv;$I_{j,\text{ing}}$ 和 $I_{j,\text{inh}}$ 是食入和吸入放射性核素 j 的摄入量,单位为 Bq;$I_{j,\text{ing},L}$ 和 $I_{j,\text{inh},L}$ 是食入和吸入放射性核素 j 的年摄入量限值 ALI(即摄入放射性核素 j 的量所导致的待积有效剂量等于有效剂量的剂量限值),单位为 Bq;H_p 是该年内贯穿辐射照射所致的个人剂量当量,即 $H_p(10)$,单位为 mSv。

3. 表面污染的控制水平

操作开放型放射源时,很容易对职业人员的皮肤、工作服和工作场所设备等表面造成放射性核素沾染。表面污染是职业人员受到的内、外照射的一个重要来源。在对放射性职业人员和工作场所进行安全和卫生评价时,表面污染的控制和监测是不可缺少的一部分。只有了解制定表面污染控制水平的基本原则和计算方法,才能对表面污染监测的结果做出正确的评价,并提出恰当的安全防护措施。

在确定表面污染控制水平时,一般遵循下述原则。一是外照射途径使职业人员受到的总剂量不得超过规定的剂量限值标准,并且还要考虑到,发生污染的场所往往同时还存在着其他来源的照射,故要求由表面污染产生的剂量在剂量限值标准中只占较小的份额。这样可使职业人员既有安全保证,同时又不会因表面污染使职业人员受到了较多剂量后不能再接受其他来源的照射,以致影响了工作。二是要切实可行,不能限制过严,以免在实际工作中难以实现,因此造成很大浪费。事实上,一般制定的表面污染控制水平,估计其对职业人员带来的内照射总剂量,约为职业性照射剂量限值的 2/5。

表面污染进行控制时应注意:当手、皮肤、内衣、工作袜污染时,应尽可能及时清洗至本底水平。根据《电离辐射防护与辐射源安全基本标准》规定,工作场所的放射性表面污染控制水平如表 2.7 所示,当表面污染水平超标时应采取去污措施。如采取适当去污措施后仍超过标准,可视为固定污染,经审管部门检查同意后可适当放宽控制水平,但不得超过标准的 5 倍。

表 2.7 工作场所的放射性表面污染控制水平 (Bq/cm²)

表面类型		α		β
		极毒性	其他	
工作台、设备、墙壁、地面	控制区[(1)]	4	4×10	4×10
	监督区	4×10⁻¹	4	4
工作服、手套、工作袜	控制区 监督区	4×10⁻¹	4×10⁻¹	4
手、皮肤、内衣、工作袜		4×10⁻²	4×10⁻²	4×10⁻¹

注:(1) 该区内的高污染子区除外。

4. 氡及其子体剂量限值

氡对人类辐射剂量贡献很高,其危害主要是由 ^{238}U 和 ^{232}Th 母体衰变过程分别产生的 ^{222}Rn 和 ^{220}Rn 及其子体所致。^{222}Rn 或 ^{220}Rn 的 α 潜能是指该原子衰变到 ^{214}Po 或 ^{212}Po 的过程中所发射的 α 粒子总能量,单位体积的物质的 α 潜能称作 α 潜能浓度,单位 J/m³。历史上还曾使用过单位工作水平(Working Level,WL)这个单位,这里一个 WL 是指 1 升空气中 ^{222}Rn 子体或 ^{220}Rn 子体的任意组合,它们将最终发射出能量总和为 $1.3×10^5$ MeV 的 α 粒子。

人接受氡子体的剂量大小,与 α 潜能浓度成正比,同时与人在含氡子体的气氛中居留的时间成正比。α 潜能浓度的时间积分称作 α 潜能照射量,其专用单位是工作水平小时(WLh)或工作水平月(WLM)。1 WLM 是 ^{222}Rn 子体或 ^{220}Rn 子体的照射量单位,一个 WLM 是 3.54 mJh/m³ 或 170 WLh,它与 α 潜能浓度的关系可参考表 2.8。

表 2.8 氡子体和钍子体的摄入量及照射量限值

量	单位	^{222}Rn 子体值[(1)]	钍子体值[(1)]
5 年以上的年平均值			
α潜能摄入量	J	0.017	0.051
α潜能照射量	J · h/m³	0.014	0.042
	WLM	4.0	12
单年份内的最大值			
α潜能摄入量	J	0.042	0.127
α潜能照射量	J · h/m³	0.035	0.105
	WLM	10.0	30

注:(1) 氡子体:^{222}Rn 的短寿命衰变产物:^{218}Po(RaA)、^{214}Bi(RaC)、^{214}Pb(RaB)和 ^{214}Po(RaC′);(2) 钍子体:^{220}Rn 的短寿命衰变产物:^{216}Po(ThA)、^{212}Pb(ThB)、^{212}Bi(ThC)、^{212}Po(ThC′)和 ^{208}Tl(ThC″)。

由于附壁沉积、通风或过滤作用,空气中氡子体的放射性浓度一般低于氡的放射性浓度,没有达到与氡处于放射性平衡时的状态。为此定义了平衡当量氡浓度(Equilibrium Equivalent radon Concentration,EEC),即空气中短寿命氡子体不平衡混合物的 *EEC*,其平衡子体与指定的不平衡混合物具有相同的 α 潜能浓度 C_p。由此引出平衡因子 *F*,它是氡的

平衡当量浓度与氡的实际浓度之比 F,即

$$F = EEC/C_p \qquad (2.34)$$

通常在自然通风的条件下,在没有对平衡因子的测量时,取 $F=0.4$ 是比较合理的。

2.4.2　内照射防护方法

2.4.2.1　内照射防护一般方法

内照射的防护一般采取包容和隔离等措施,尽可能隔断放射性核素进入体内的各种途径,并通过净化和稀释等方法使摄入量减少到尽可能低的水平。

包容是指在操作过程中,将放射性核素密闭起来,如采用通风橱、手套箱、工作服、鞋、帽、口罩、手套、围裙、气衣等均属于这一类措施。隔离是指根据放射性核素的操作量多少、毒性大小和操作方式等,将工作场所进行分级、分区管理。净化是指采用过滤、吸附、除尘、凝聚沉淀、离子交换、蒸发、贮存衰变、去污等方法,尽量降低空气或水中放射性核素浓度,降低物体表面放射性污染水平。稀释是指不断的排出被污染的空气或水并换以清洁的空气或水,以保证工作场所的空气或水污染浓度满足相关法规要求。

包容和隔离是内照射污染控制中最主要的措施,特别是在放射性毒性高、操作量大的情况下更为重要。虽然稀释是一种消极的办法,但在放射性核素毒性小、寿命短、操作水平低的情况下,还是比较经济和可行的。净化是通过安装净化装置来实现,装置在正常情况下一般不启动。

在开放型放射操作中,"包容、隔离"和"净化、稀释"往往联合使用。如高毒性放射操作应在密闭手套箱中进行,把放射性核素包容在一定范围内,以限制可能被污染的体积和表面。同时要对操作的场所进行通风,把工作场所中可能被污染的空气通过过滤净化经烟囱排放到大气中,从而将工作场所空气中的放射性浓度控制在一定水平以下。这两种方法配合使用,可以得到良好的效果。

2.4.2.2　内照射防护具体要求

无论是从技术方面还是从经济方面考虑,在操作非密封放射源过程中期望完全彻底地包容和隔离放射源是不实际的,因此在开放源的操作过程中还需要采取辅助性防护措施,主要包括个人要求、场所要求和操作规范三方面。

在个人方面,进入开放型场所工作时首先要穿戴个人防护衣具,包括工作帽、防护口罩、工作服、工作鞋和防护手套等,必要时附加个人防护衣具,包括气衣、个人呼吸器、塑料套袖、塑料围裙、橡胶铅围裙、橡胶手套、纸质鞋套和防护眼镜等。个人防护用品要保持清洁和完整,被放射性污染的防护用具,不得带入放射性工作场所。此外,应佩戴个人剂量计,进行个人剂量监测。

由于开放型放射性操作容易引起表面污染而产生内照射危害,因此对放射性实验室提出了一些特殊要求。例如,地板应光滑、无缝隙、无破损、耐腐蚀,易去除放射性污染;实验室的地面与墙面或墙面与天花板交接处应做成圆角,实验室距地面 $1.5\sim2$ m 以下的墙壁应刷上浅色油漆;整个实验室要有良好的通风,气流方向只能从清洁区到污染区,从低放射性区

到高放射性区;规模较大的放射性单位,应根据操作性质和特点,合理安排通风系统,严防污染气体倒流;排水方面,实验室放射性下水道和非放射性下水道应分开,且放射性下水池应有明显的标志;实验室内应分别设置放射性污物桶和非放射性污物桶;当操作的放射性活度达到 2×10^7 Bq 以上时,应配备相应的 α、β 和 γ 手套箱以及用于增加操作距离的可靠性高、易去污的各种器械。

在操作方面,工作人员应在操作前准备充分,拟定出周密的工作计划和步骤,检查仪器是否正常、通风是否良好、个人防护用品是否齐全以及是否已制定事故应急预案。对于难度较大的操作,要预先用非放射性物质作空白实验(也叫冷实验),经反复练习熟练后再开始工作,必要时还需有关负责人审批。凡开瓶、分装及煮沸、蒸发等产生放射性气体、气溶胶和粉尘的操作,必须在通风橱或操作箱内进行,同时应采取预防污染的措施。操作 2×10^7 Bq 以上的 β、γ 核素,应佩戴防护眼镜。凡装有放射性核素的容器,均应贴上标签,注明放射性核素的名称、活度等信息,以免与其他非放射性试剂混淆。操作时应避免使用容易导致皮肤破损的容器和玻璃器具。手若有小伤,要清洗干净,妥善包扎,戴上乳胶手套后才能进行水平较低的放射性操作。如伤口较大或患有严重伤风感冒,需停止工作。操作完毕后要保持场所的清洁,清扫时要避免灰尘飞扬,应用吸尘器或用湿拖把清除灰尘。场所内的设备和操作工具,使用后应进行清洗,不得随意携带出去。在甲级放射性工作场所操作完毕后,要更衣、洗手、淋浴、进行污染检查,合格后方能离开。应经常检查人体和工作环境的污染情况,发现超限值水平的污染时应及时妥善处理。

操作放射性物质的过程中往往不可避免地会使建筑物、设备、工具以及人体表面沾染上放射性物质,这个现象统称为表面的放射性污染。这些污染常常是工作场所放射性气溶胶浓度和外照射剂量升高的重要原因之一。表面的放射性污染一般分为固定性的和非固定性的两类。固定性污染是指不易从表面上被清除的污染。非固定性的污染是指当两个表面接触时,能从一个表面转移到另一个表面上的污染。固定性的和非固定性的污染两者是相对而言的,因为可转移的程度往往与污染核素的特性、污染时间的长短、两个接触面的性质、接触的方式以及媒介物质的化学和物理性质等许多因素有关。

采用适当的方法从表面上消除放射性污染物,称为去除表面放射性污染物,简称表面去污。这里可能是设备、构件、墙壁和地表等的表面,也可以是个人防护衣具或人体皮肤表面。污染物可能是松散的放射性固体,也可能是含放射性物质的液体、蒸气或挥发物。去除放射性污染一般按照以下原则开展:要尽早去污;要选择合适的去污方法,如浸泡、冲刷、淋洗和擦拭等,要配合合适的去污试剂使用;在去污过程中要防止交叉和扩大污染,一般从污染较弱处开始,逐渐向污染较强处开展去污;同时去污时应当做好安全防护;对于去污过程中产生的废物和废液也应当妥善处理,应注意防止因废物处理不当而扩大污染。

设备表面主要是通过化学去污法和机械去污法两种方法进行去污。针对设备材料种类、形状大小、光洁程度、可否拆卸、放置状况和设备的经济价值等情况不同,选用的去污试剂和方法也有所不同。

体表去污首先要脱掉污染的衣服,按照从身体上部到下部,先头发后躯干,先脚部最后手部的顺序进行清洗。当头发污染时,可用洗发香波或 3% 柠檬酸水等溶液洗头,必要时要剃去头发。眼睛污染时,可用洗涤水冲洗。当皮肤受到污染时,要注意及时进行去污,并要采用正确的方法。皮肤上的污染可用肥皂、温水和浴巾有效地去除。一般可用软毛刷清洗,操作要轻柔,防止损伤皮肤。若伤口污染应根据情况用橡皮管或绷带像普通急救一样先予以止血,再用生理盐水或 3‰双氧水冲洗伤口。在一般方法无效时就应马上就医,特别是所受的污染很强时,要做外科切除手术,这须由有经验的防护人员与医生共同研究确定。

参 考 文 献

[1] 王建龙,何仕均,等. 辐射防护基础教程[M]. 北京:清华大学出版社,2012.

[2] 夏益华. 电离辐射防护基础与实践[M]. 北京:中国原子能出版社,2011.

[3] ONU. Scientific Committee on the Effects of Atomic Radiation. Sources and effects of Ionizing radiation[R], UNSCEAR 1994 Report to the General Assembly, New York, United Nations,1994.

[4] Luckey T D. Nurture with ionizing radiation: a provocative hypothesis[J]. Nutrition and Cancer, 1999,34(1):1-11.

[5] Keller R H, Calvanico N J, Stevens J O. Hypersensitivity pneumonitis in nonhuman primates. I. Studies on the relationship of immunoregulation and disease activity[J]. Journal of Immunology, 1982,128(1):116-122.

[6] Hashimoto S, Shirato H, Hosokawa M, et al. The suppression of metastases and the change in host immune response after low-dose total-body irradiation in tumor bearing rats[J]. Radiation Research, 1999,151(6):717-724.

[7] Youngblom J H, Wiencke J K, Wolff S. Inhibition of the adaptive response of human lymphocytes to very low doses of ionizing radiation by the protein synthesis inhibitor cycloheximide [J]. Mutation Research Letters, 1989, 227(4): 257-261.

[8] Nagasawa H, Little J B. Unexpected sensitivity to the induction of mutations by very low doses of alpha-particle radiation: evidence for a bystander effect[J]. Radiation research, 1999,152(5):552-557.

[9] 夏寿萱,陈家佩,金璀珍,等. 放射生物学[M]. 北京:军事医学科学出版社,1998.

[10] 赵郁森. 核电厂辐射防护基础[M]. 北京:原子能出版社,2010.

[11] 潘自强. 辐射安全手册[M]. 北京:科学出版社,2011.

[12] ICRP. ICRP publication 66. human respiratory tract model for radiological protection [R]. Pergamon Press,1994.

[13] ICRP. ICRP publication 100. human alimentary tract model for radiological protection [R]. Pergamon Press,2006.

[14] 电离辐射防护与辐射源安全基本标准:GB 18871—2002[S]. 北京:中国标准出版社,2003.

[15] 方杰. 辐射防护导论[M]. 北京:原子能出版社,1991.

第3章 辐射防护体系概况

辐射防护体系是人类在从事各种电离辐射实践过程中，为限制电离辐射危害而建立起的辐射防护知识、规章、安全文化和辐射防护实践活动的总和。其宗旨是保护职业人员、公众以及子孙后代的健康与安全，并提高辐射防护实践活动的效益，促进核技术应用及核能利用事业的发展。本章主要介绍辐射防护体系发展的概况、辐射防护原则、我国现行的辐射防护法律法规和安全文化建设情况。

3.1 辐射防护体系发展概况

电离辐射被发现后，人们逐渐将其应用于工业、农业和医学等多个领域。但早期对电离辐射的性质、特点和危害认识不足，给人们带来了巨大的伤害。随着对电离辐射的认识不断提高和科学技术的发展，人们逐渐了解和重视辐射的防护问题，随之建立并完善了辐射防护体系，力求在促进辐射事业发展的同时保障人类的健康。

3.1.1 国际辐射防护体系发展概况

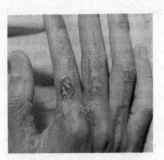

图3.1 放射性皮肤损伤

1895年伦琴发现X射线，第二年就发现从事X射线实验的人员中有发生皮炎（见图3.1，后来称为放射性皮肤损伤）、眼痛和脱发的疾患。1898年玛丽·居里和她的丈夫皮埃尔·居里发现了放射性核素镭，因长期与镭物质的接触而使他们也受到辐射伤害，但仍未引起人们的重视。直到1922年有100多位早期放射工作者死于皮肤癌、再生障碍性贫血或白血病等，这才引起人们的重视，开始限制X射线操作人员的受照量，提出将"皮肤红斑剂量"作为X射线职业人员的照射剂量限值。

1925年辐射防护界提出以"皮肤红斑剂量"的1/100作为人体的耐受剂量（Tolerance Dose，TD），要求人体在一个月内受到的累积剂量小于该值，这是世界上最早提出的剂量限值。1928年第二届国际放射学大会定义了照射量单位伦琴（R），"耐受剂量"相当于受照剂量为0.2 R/d。1934年国际X射线与镭防护委员会正式采纳以每日0.2 R作为"耐受剂量"，相当于每年50 R。

二战期间，西方国家在放射物理学和放射生物学领域开展了广泛研究，逐渐认识到辐射的远期效应，比如遗传效应、致癌效应、白内障效应等。1950年国际X射线与镭防护委员会改名为国际放射防护委员会（ICRP），并提出以"最大容许剂量"（Maximum Permissible

Dose，MPD)取代"耐受剂量"，同时将剂量限值降低到每周 0.3 R(即每年 15 R)，将剂量限制的适用范围由过去的 X 和 γ 射线扩展到包括 α、β 射线和中子等，并且由外照射扩大到内照射。1958 年 ICRP 建议将职业人员全身均匀照射的年剂量当量限值定为50 mSv(相当于每周 1 mSv)，建议非职业人员(或公众)受照的剂量限值为职业人员最大容许剂量的十分之一。同时，ICRP 开始对遗传效应、致癌效应的危险加以重视，并重新解释了"最大容许剂量"概念。容许剂量不是有害无害的分界线，而是表明此界限以上是不可接受的、不可容忍的，这个概念综合了辐射生物效应与危险、可行性、付出代价等多种因素。

1977 年 ICRP 将辐射生物效应明确地分为随机性效应和非随机性效应(后来称为确定性效应)，认为防护的目的在于防止有害的确定性效应的发生并限制随机性效应的发生概率，废除了"最大容许剂量"和"关键器官"等概念，引进了危险度、相对危险度权重因子和有效剂量当量等新概念，建立了一套剂量限制体系。1990 年 ICRP 基于新的研究成果发表了第 60 号出版物，建议将放射职业人员年剂量当量限值由每年 50 mSv 降为每年 20 mSv。

1991 年国际原子能机构(IAEA)组织联合 6 个国际机构，多个国家参与，制定出了《国际电离辐射防护和辐射源安全的基本安全标准》(Safety Series No. 115)。2014 年 7 月，由 IAEA 等国际机构联合组织制定的新版基本安全标准正式出版，标准采纳了 ICRP 第 118 号出版物关于辐射防护新的建议，比如将职业照射眼晶体当量剂量限值从 150 mSv/a 调整为连续 5 年内平均不得超过 20 mSv/a，且任一年内不得超过 50 mSv。

国际基本安全标准凝聚了各个时期核技术应用和核能利用领域的经验和进展，是辐射剂量学、放射卫生学、放射生物学、放射毒理学、放射生态学、放射损伤诊断与治疗、辐射防护管理学、核安全等诸多学科研究成果的结晶与升华，是指导辐射实践达到辐射安全防护目标的依据和指南。世界各国根据自己的实际需要制定及完善本国的辐射防护基本标准及配套的辐射安全标准体系，健全安全防护法制，理顺电离辐射防护与安全监管体制，为电离辐射防护工作打好基础。辐射安全法规、标准的制定及贯彻执行状况，集中体现了一个国家辐射防护体系的发展水平。

在国际基本安全标准中，已将安全文化素养的培育和保持作为杜绝辐射安全事故的重要措施之一，要求核技术应用和核能利用单位培育并保持良好的安全文化素养，鼓励单位和个人对辐射安全事故采取深思、探究和虚心学习的态度，反对固步自封，努力提高相关人员对规则、程序以及安全规定的理解和执行的自觉性。辐射防护监管法规及标准体系的完善以及职业人员辐射安全文化素养的提高，标志着该国辐射防护体系的完善。

3.1.2　我国辐射防护体系发展及完善

1950 年 5 月，中国科学院成立了近代物理研究所，后更名为中国原子能科学研究院。中国原子能科学研究院是我国最早建立的专门发展原子能科学技术的科学研究基地，是我国核科学技术事业开创的标志。在《1956—1967 年科学技术发展远景规划》中，我国把"原子能和平利用"列为十二个优先发展研究重点的第一项。从此以后，我国核科学技术的新时代正式开创，而辐射防护学科、辐射防护体系也同步孕育、逐步发展并不断完善。

我国核技术应用和核能利用事业的不断发展，日益凸显了辐射防护学科建设的重要性和紧迫性。于是我国陆续建设了一批与辐射防护密切相关的专业科研机构和专业人才培养基地,培养出了大批专业人才,促进了辐射防护学科发展。20世纪50年代在北京大学等高校开展的核物理、放射化学、辐射防护等专业知识的教学和培训工作,解决了当时我国创办核科学技术事业人才短缺问题。1962年成立了中国辐射防护研究院,专门从事辐射防护科学研究。之后一批知名高校陆续设立核科学技术学院,开设了辐射防护及核安全等专业,加速了辐射防护与安全研究的发展和专业人才的培养。2011年成立了中国科学院核能安全技术研究所,开展核安全与辐射安全相关的研究和人才培养工作。2014年,成立了二十多年的中国核学会辐射防护分会升级为一级学会——中国辐射防护学会。辐射防护专业人员频繁技术交流,辐射防护学术期刊层出不穷,从不同侧面反映了我国辐射防护事业发展日新月异的局面。

伴随辐射防护事业发展的需要,国家对辐射防护安全管理体制和监管机构也做出了适时的调整及变革。1956年11月,国务院批准成立第三机械工业部,1958年改称为第二机械工业部(简称二机部),1982年二机部改为核工业部。核工业部负责核工业(含核武器制造)的发展建设。1988年机构改革撤销了核工业部,其政府职能划入新建的能源部,同时组建了中国核工业总公司。1982年到2013年期间我国共进行了7次较大的政府机构改革,环保、卫生系统的辐射防护体制逐步健全。

我国辐射安全相关的法律法规以及技术标准的健全也集中体现了我国辐射防护事业的发展水平。数百项辐射安全相关的法律法规及标准的成立,标志着我国辐射防护体系全面发展并趋于健全,为我国的辐射安全提供了制度和技术的保证,是实施辐射防护的依据。在辐射防护体系中,处于核心位置的就是辐射安全基本标准,它是辐射安全监管法律法规及配套标准确立的主要参考依据。我国的辐射安全基本标准经历了四代的演变,已日臻完善。

我国辐射安全标准的创立,始于《放射性工作卫生防护暂行规定》(以下简称《暂行规定》),《暂行规定》由1960年2月27日国务院第93次会议批准并由卫生部和国家科委联合下达执行。同时卫生部和国家科委组织制定了三项技术文件,与暂行规定同时发布试行,即《电离辐射的最大容许量标准》《放射性同位素工作的卫生防护细则》和《放射性职业人员的健康检查须知》。暂行规定及其三项配套文件构成了我国最早具有权威性的电离辐射防护法规与标准,可以视为我国第一代辐射安全基本标准,为我国的电离辐射防护事业奠定了法治基础。受历史条件局限,第一代辐射安全基本标准采用"标法"混合的"规定"形式,尚不够完善。

1973年,《放射防护规定》正式列为国家标准,由全国环境保护会议筹备小组办公室组织编制,其相当于国际安全标准第三阶段水平,仍然将辐射安全标准与行政规定融为一体。这可以称为我国第二代辐射安全基本标准。

1977年,ICRP变革了辐射防护的根本指导思想,这对我国产生相当大的影响。在"改革开放"的形势下,我国与ICRP的学术交流以及工作联系日益密切,标志着我国辐射安全工作进入了与国际接轨的新时期。1984年,《放射卫生防护基本标准》(GB 4792—84)批准发布,1988年,国家环境保护局又批准发布《辐射防护规定》(GB 8703—88)。这两个标准是我国第三代辐射安全基本标准,均以ICRP第26号出版物为主要依据。两个第三代辐射安全基本标准中尚有若干不一致的地方,给各地各有关单位在贯彻执行中带来一些困难,这是第三代辐射安全基本标准存在的不足。

1991年,国际原子能机构牵头制定出新的国际辐射安全基本标准。以此为契机,我国政府于1995年初正式开始制定第四代基本标准的工作。《电离辐射防护与辐射源安全基本标准》，以下简称《基本标准》，由国家质量监督检验检疫总局批准发布，自 2003 年 4 月 1 日起实施，这项明确"全部技术内容均为强制性"的标准，是我国现行有效的各领域所有辐射防护实践的总指南。毋庸置疑，这是我国辐射防护基础结构建设和辐射安全标准化事业的重大进展，结束了我国自 20 世纪 80 年代起两个第三代辐射安全基本标准并存的不正常状态。

我国的第四代辐射安全基本标准的使用已经有十几年的时间了，为了及时吸收国际辐射安全基本标准新的变化，我国除了需要尽快组织对第四代辐射安全基本标准的修订更新外，还需要更新修订和补充制定一大批各类次级专项辐射安全标准，从而构成我国完整的辐射安全标准体系。同时加大辐射安全文化的宣传力度，将决策层、管理层和执行层人员的辐射安全责任心和安全意识的提高作为其中重要一环，这样辐射防护体系才会臻于完善。

3.2　辐射防护原则与限值

人类生活的环境既有天然本底辐射，也有人工辐射，为规范人们的辐射实践活动，杜绝辐射事故发生并尽可能降低对人员的辐射危害，应落实辐射防护基本原则，同时规定职业人员和公众受照的个人剂量限值。

3.2.1　辐射防护基本原则

辐射防护基本原则是辐射防护体系的基石，由三个基本要素组成。

(1) 实践的正当化。辐射实践正当化是指在施行伴有辐射照射的任何实践之前都要经过充分论证，进行正当性判断，衡量利益和代价。当该项实践所带来的社会总利益大于为其所付出的代价的时候，才认为该项实践是正当的。引入新的实践不仅需要做正当性判断，对已经存在的实践活动，当其利益和代价有了新的变化时也应当重新审查正当性。应当注意，个人与社会获得的净利益可能是不一致的。

(2) 防护的最优化。人们在对多个实践活动方案进行选择时，应当选用最优化程序，也就是考虑了经济和社会等因素后，应当将一切辐射照射保持在可以达到的最低的水平。优化过程应当受到限制个人剂量的约束（剂量约束），对潜在照射则应受到限制个人危险的约束（危险约束）。该原则俗称 ALARA(As Low As Reasonably Achievable)原则。

辐射防护的最优化是一个事前预防措施选择的反复过程，旨在防止或降低即将发生的照射危险，充分考虑各种可能影响照射的因素，相关单位要积极参与，并不断进行更新寻找最佳方案，辐射防护最优化的流程参见图 3.2。防护最优化不等于剂量最小化，最优化的防护是对辐射危害以及保护个人的可利用资源进行权衡评估的结果。

(3) 限制个人剂量。剂量限值是"不可接受"和"可忍受"之间的分界线，也是辐射防护最优化的约束条件的上限。剂量约束限制的本意在于群体中利益和代价的分布具有不均匀性，虽然辐射实践满足了正当化的要求，也做到了最优化，但还不一定能对每个人提供足够的防护，因此，对于给定的某项辐射实践，不论代价与利益的分析结果如何，都必须用此限值对个人所受照射加以限制。

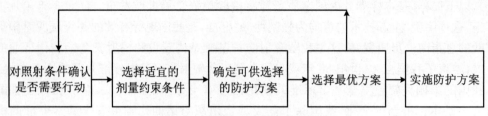

图 3.2　辐射防护最优化过程流程

剂量限值用于辐射实践控制的目的,仅适用于计划照射情况(不包括患者的医疗照射),它不适用于应急照射和潜在照射情况。

3.2.2　我国个人剂量限值

限制个人受到的辐射剂量是辐射防护三原则之一,是为了保护个人辐射安全而制定的限制措施。《基本标准》中规定的我国个人剂量限值与 ICRP 2007 年建议书推荐的限值相同。为了便于理解个人剂量限值的内涵,首先介绍一下职业危险度的概念。

对辐射危害而言,危险度即指单位剂量当量引起某种随机性有害效应的发生概率。人类的一切活动都伴随有一定概率的危险性,国际上公认的比较安全的工业活动的危险度为 10^{-4},目前人们可以接受的职业危险度范围为 $10^{-4} \sim 10^{-3}$,其中从事农业活动的危险度为 10^{-5},煤炭行业的危险度为 10^{-3}。

我国现行的职业有效剂量限值为 20 mSv/a,见表 3.1,对应的职业危险度是 10^{-3}。它可以理解为:对于从 18 岁到 65 岁整个工作期间,如果以剂量限值 20 mSv/a 方式工作,职业照射所导致患癌的有利益概率为千分之一。该剂量限值不是安全与危险的剂量界线,而是可以接受的辐射水平的上限。然而在实际工作中,职业人员实际受照剂量水平,绝大多数远低于职业年剂量限值。

表 3.1　我国个人剂量限值

限值类型		职业照射	公众照射
有效剂量(mSv/a)		20(5 年内平均)[1]	1
年当量剂量(mSv/a)	眼晶体	150	15
	皮肤	500	50
	手足	500	—

注:(1) 另有在任一年内有效剂量不得超过 50 mSv 的附加条件。对孕妇、未成年人职业照射施加进一步限制。

3.2.2.1　职业照射

1. 职业照射剂量限值

职业照射剂量限值是其他很多标准的基础,常被称为基本限值,它是对职业人员进行剂量评价时的依据,在最优化分析时应该将职业照射的剂量限值作为约束重要条件。如表 3.1 所示,职业照射的剂量限值规定如下:

（1）连续 5 年内的年平均有效剂量不超过 20 mSv；

（2）任何一年中的有效剂量不超过 50 mSv；

（3）眼晶体的年当量剂量不超过 150 mSv；

（4）四肢(手和足)或皮肤的年当量剂量不超过 500 mSv。

2. 育龄妇女、孕妇和未成年人的剂量限值

本小节所针对人员是指从事放射性工作的孕妇、授乳妇和接触放射性的 16～18 岁实习人员。职业人员中有生育能力的女性,应严格按职业照射的剂量限值予以控制照射剂量。

对孕妇的受照剂量加以控制是以保护胎儿为目的而提出的。在孕期内,应控制腹部外照射的当量剂量值不超过 2 mSv。对于内照射,放射性核素摄入量大约为年摄入量限值的二十分之一。根据目前实验资料和对人的观察材料,这项规定是慎重的。

对于授乳期的妇女,外照射活动控制没有特殊规定,但为了限制通过乳汁转移到婴儿体内的放射性物质数量,对内照射活动应有所控制。放射性物质进入授乳妇女体内,会通过乳汁转移到婴儿体内滞留起来,但这个量比授乳妇女体内的积存量小得多。所以执行上述规定,婴儿所受的剂量是很小的。

16～18 岁青少年如果在学习过程中需接触放射性物质,由于他们正处在生长发育阶段,因此他们的受照剂量须低于成年人。其剂量限值规定如下:

（1）年有效剂量不超过 6 mSv；

（2）眼晶体的年当量剂量不超过 50 mSv；

（3）四肢(手和足)或皮肤的年当量剂量不超过 150 mSv。

3. 应急照射

对于职业人员,一般情况下,工作场所的辐射场强度是比较稳定的,受照剂量在时间分布上比较均匀,此时职业人员所受的剂量可按月剂量当量控制。在事故情况下,为了抢救人员或国家财产,或为了防止事故蔓延扩大,有时需要部分人在辐射场剂量较高的情况下工作,一次接受较大剂量的照射,这种照射一般称为应急照射。

在将接受应急照射时,需要经过事先周密计划,选择身体健康、对现场情况清楚、技术熟练和有一定防护知识的人员去执行,而且必须经过事先批准。事故应急的职业人员一次性最多接受 50 mSv 的全身照射,且在此之后所接受的照射应适当减少,以使这次受照的前 5 年和后 5 年的 10 年平均年有效剂量不应超过 20 mSv,后 5 年所接受的剂量累计达到 100 mSv时,应进行健康审查。考虑到一次接受 50 mSv 的照射是不会影响职业人员工作能力的,所以一般不必将其调离原本的放射性工作岗位。为了限制照射,应禁止随意采用"应急照射"措施。

3.2.2.2　公众照射

核技术应用和核能利用过程中产生的辐射可能对周围的公众造成一定的辐射剂量,辐射实践活动中关键人群所有成员的平均剂量值不应超过下述限值:

（1）年有效剂量不超过 1 mSv；

（2）如果 5 个连续年的年平均有效剂量不超过 1 mSv,某一单一年份的有效剂量可提高到 5 mSv；

（3）眼晶体的年当量剂量不超过 15 mSv；

（4）皮肤的年当量剂量不超过 50 mSv。

公众成员的年有效剂量,等于一年内来自外照射的有效剂量与该年内来自放射性核素摄入所产生的待积有效剂量之和。该剂量不是通过对个人照射的直接测量得到的,而主要是由流出物和环境测量、生活习性资料以及"三关键"原则(关键人群组、关键核素和关键照射途径等)来确定的。关键人群组的概念是 ICRP 第 7 号出版物为评价公众照射是否符合要求而提供的方法,一般根据居住位置、人数和主要特征(如年龄)等对关键人群组进行识别,在给定辐射源和给定照射途径的情况下,关键人群组应该代表所受有效剂量或当量剂量最高的一组公众人员。

3.2.2.3　医疗照射

医疗照射是指在医学检查和治疗过程中被检者与患者受到电离辐射的照射。随着 X 射线诊断、放射治疗和核医学等医用辐射日益普及,医疗照射已成为最大的人工电离辐照射来源。因此,医疗照射的防护备受关注。在《基本标准》中,医疗照射占有相当重要的地位,除了提出一般要求和防护原则外,还系统和详细地规定了医疗照射的控制,制定了放射诊断和核医学诊断的治疗照射指导水平。

医疗照射的正当性判断是避免不必要照射、纠正滥用医用辐射的重要手段。由于医疗照射往往易偏重于医疗目的而忽视受检查者和患者的防护,因此,医疗照射的防护最优化工作亟待切实加强。针对我国医用辐射应用实际情况,我国辐射防护基本标准体系中的医疗标准从设备和操作方面的要求、医疗照射的质量保证等三方面概括出医疗照射一般原则,针对 X 射线诊断、放射治疗、核医学等不同类型医疗照射,分别提出了最优化的具体要求,既合理降低患者受照剂量、避免不必要照射,又确保诊断与治疗质量的重要措施。

鉴于医疗照射防护的特殊性,剂量限值不适用于医疗照射,其控制原则只能遵循实践的正当性和防护的最优化两条原则,而建立医疗照射指导水平,降低放射诊断和核医学检查的受检者剂量,是加强医疗照射防护的有效措施。

3.3　辐射安全法律法规

3.3.1　法律法规体系

完善的法律法规体系是辐射安全与防护的制度保障,目前我国已经建立了一套与国际接轨的辐射安全监督管理体制和相关法律法规体系。辐射安全法律法规体系分四个层次:国家法律、国务院行政法规、国务院各部门规章、导则及标准文件等,见图 3.3。属于国家法律级的法律法规,由全国人大常委会批准,国家主席令发布,如《中华人民共和国放射性污染防治法》(主席令第 6 号,以下简称《放污法》);属于国务院行政法规级的法律法规,由国务院批准,国务院令发布,如《放射性同位素与射线装置安全和防护条例》(国务院令第 449 号)等;属于国务院部门规章的法律法规,由国务院各部门批准和发布,如《放射性同位素与射线装置安全许可管理办法》等;导则、技术文件及标准文件等低于国务院条例和部门规章,属于第四层次,如《基本标准》等。以上法律法规的层次特点是下层法律法规必须依据上层法律法规制定,一些参考性、推荐性技术文件可以参照执行,也可以参考其他同类文件。

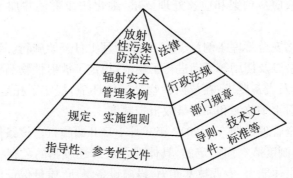

图 3.3　辐射安全法规层次

3.3.1.1　国家法律

在辐射安全领域,《放污法》属于第一层次的国家法律,它是我国辐射安全领域主要的国家法律。

《放污法》于 2003 年 10 月 1 日正式施行。法律中明确规定,国家放射性污染的防治的基本方针是:预防为主、防治结合、严格管理、安全第一,其基本目的是保护环境、保护人民健康、促进核能及核技术的开发与和平利用。

该法的主要内容是对核设施、核技术利用、核燃料循环、放射性废物管理等可能产生辐射危害的活动,通过放射性污染监测制度、环境影响评价制度以及许可证制度来进行严格的全程监督以及规范管理。该法规定核技术利用单位、核设施营运单位、铀(钍)矿和伴生放射性矿开发单位接受环境保护部门以及其他有关部门的监督管理。对放射源和射线装置的监督涵盖了生产、销售、使用、转让、进出口、运输、贮存、处理处置各个环节。为了加强对违法行为的处罚,该法还明确规定了具体处罚种类和幅度。

辐射安全有关的国家法律还有《中华人民共和国环境保护法》(主席令第 9 号)、《中华人民共和国职业病防治法》(主席令第 48 号)、《中华人民共和国核安全法》(主席令第 73 号)等,在此不予详述。

3.3.1.2　行政法规

行政法规主要指国务院颁布的条例,属于法律法规体系的第二层次,是国家法律在某一领域的细化,辐射安全相关的行政法规主要有《放射性同位素与射线装置安全和防护条例》《放射性物品运输安全管理条例》(国务院令第 562 号)和《放射性废物安全管理条例》(国务院令第 612 号)等。针对核安全领域国务院也颁布了一系列条例,如《民用核安全设备监督管理条例》(国务院令第 500 号)等。

《放射性同位素与射线装置安全和防护条例》,于 2002 年 5 月开始施行。该条例规定生产、销售和使用放射性同位素和射线装置的单位应当取得许可证,并详细规定了办理许可证的要求和办理方法。放射性同位素转入转出等要及时备案并严格落实备案制度。在安全和防护的具体规定中,要求落实"台账"制度,所有放射源统一编码管理。规定国务院环境保护主管部门统一监督管理,公安、卫生等部门按照职责分工参与管理。该条例还详细规定了违反条例行为的处罚幅度。该法规强调对放射源要加强生产和进口两个源头管理,加强转让活动的监管,强化事故应急预案和应急处理要求,细化法律责任并加大对违反条例的处罚力度。

《放射性物品运输安全管理条例》,于2010年1月1日开始施行。该条例对放射性物品运输容器的设计、制造以及使用等活动进行了规范;规定了放射性物品道路运输经营企业的资质要求和运输工具及设备要求;在放射性物品运输环节,规定了托运人、承运人的责任要求以及表面污染、辐射水平监测和辐射事故报告制度。

《放射性废物安全管理条例》,于2012年3月1日开始施行。该条例是为了加强放射性废物安全管理和保障制度落实而制定的,具体涉及放射性废物的贮存、处理和处置、监督管理等内容,并从单位主体能力、专业技术能力、设施设备场所、质量保证体系和财务能力等方面进行了规定。本条例还明确许可的条件和程序,进一步细化违法行为的法律责任。

3.3.1.3 部门规章

辐射安全方面主要的部门规章有《放射性同位素与射线装置安全许可管理办法》《放射性物品运输安全许可管理办法》和《放射性同位素与射线装置安全和防护管理办法》等。

《放射性同位素与射线装置安全许可管理办法》是根据《放射性同位素与射线装置安全和防护条例》中规定的辐射安全许可制度制定的,是对辐射安全许可制度的完善。此管理办法规定了如何进行辐射安全许可证的分类审批以及进出口审批,规定了如何进行运输容器设计、制造、运输的批准与备案。《放射性同位素与射线装置安全和防护管理办法》主要细化了对放射性同位素与射线装置的使用场所、人员防护、废旧放射源和污染物的管理,同时对监督检查进行了规定,阐述了应急报告以及应急处理的方法程序。

其他常用的部门规章有:《放射性物品道路运输管理规定》《放射工作人员职业健康管理办法》和《放射诊疗机构许可管理办法》等。

3.3.1.4 辐射安全标准

此外,辐射安全法律法规体系还包括低于国务院条例和部门规章的指导性及参考性文件,如辐射安全标准(含辐射卫生标准和辐射防护标准)、核安全导则及相关技术文件等。辐射安全标准主要有国家标准(缩写为GB)和核工业行业标准(缩写为EJ)。其中,标准编号以"GB"标示的为强制执行的,以"GB/T"标示的为推荐性质的,以"GB/Z"标示的为指导性质的。这些低于部门规章的文件、标准等可以理解为法律法规的第四层次。本节主要阐述辐射防护的标准体系。

我国辐射安全标准体系包括《基本标准》以及依据该基本标准相继制定的多项放射卫生专业标准及相关的防护管理标准,是开展辐射防护监测与评价的科学依据。本节就现行的部分辐射安全标准进行概括性介绍。

2003年颁布的我国第四代基本安全标准《基本标准》与1996年国际原子能机构发布的《国际电离辐射防护与辐射源安全的基本安全标准》等效,同时替代《放射卫生防护基本标准》和《辐射防护规定》,适用于核技术应用及核能利用领域所有涉及或可能涉及辐射或放射性物质的活动(含监管部门的审管活动)。基本安全标准的主要内容和特点简述如下:

(1) 强调对"辐射源"的控制。基本安全标准将"辐射源安全"提升到"辐射防护"等同的位置,强调对辐射源安全的重视,加强对潜在照射的控制,基本安全标准特别安排一章来论述辐射源的安全问题及有关的管理要求。

(2) 加强对医疗照射的控制。为了更好地控制因医疗照射导致的剂量水平,基本安全标准明确了医疗照射中各方的责任,分门别类地列出医疗照射正当性的判断原则,详细阐述了医疗照射的防护问题、剂量约束以及事故性医疗照射的预防等。

(3) 强调防护可控天然辐射照射。天然辐射是我国职业人员和公众所受辐射的最大来源,大部分为可控制的天然辐射,它所产生的照射剂量水平远大于人工辐射,应该累加到职业照射中。例如地下矿工和工作人员所受的照射大部分就是天然辐射照射。

(4) 修改了剂量限值。基本安全标准关于职业照射个人剂量限值采纳了 ICRP 60 号出版物的建议,降低了职业照射个人剂量限值,并对孕妇和未成年人加强了保护措施。

我国的放射卫生专业标准及相关的防护管理标准,按不同的行业特点将辐射防护标准分为 6 类,第一类的是医用辐射防护标准,医用辐射防护标准又分如下 4 个子类别:

(1) 医用辐射防护基础通用标准,包括《医疗照射放射防护名词术语》(GBZ/T 146—2002)等共 7 项国家标准;

(2) 放射学放射防护标准,如《医用 X 射线诊断放射防护要求》(GBZ 130—2013)、《X 射线诊断中受检者器官剂量的估算方法》(GB/T 16137—1995)、《育龄妇女和孕妇的 X 线检查放射卫生防护标准》(GB 16349—1996)等 13 项国家标准;

(3) 核医学放射防护标准,包括《临床核医学放射卫生防护标准》(GBZ 120—2006)等 6 项国家标准;

(4) 放射肿瘤学放射防护标准,包括《医用电子加速器卫生防护标准》(GBZ 126—2002)等 8 项安全标准。

辐照装置防护相关标准共 5 项,主要有:《γ 射线和电子束辐照装置防护检测规范》(GBZ 141—2002)、《钴-60 辐照装置的辐射防护与安全标准》(GB 10252—1996)等。

非医用职业照射防护相关标准共 10 项,主要有:《X 射线衍射仪和荧光分析仪卫生防护标准》(GBZ 115—2002)、《含密封源仪表的放射卫生防护要求》(GBZ 125—2009)等。

辐射源安全与潜在照射防护相关标准共 10 项,主要有:《使用密封放射源卫生防护标准》(GBZ 114—2002)、《密封 γ 放射源容器卫生防护标准》(GBZ 135—2002)等。

公众照射防护相关标准共 11 项,主要有:《住房内氡浓度控制标准》(GB/T 16146—1995)、《建筑材料放射性核素限量》(GB 6566—2010)等。

辐射监测方法及监测仪表相关标准共 8 项,主要有:《职业性外照射个人监测规范》(GBZ 128—2016)、《职业性内照射个人监测规范》(GBZ 129—2016)等。

此外,针对核工业也制定了辐射防护行业标准,比如《核动力厂环境辐射防护规定》(GB 6249—2011)、《核燃料后处理厂退役辐射防护规定》(EJ 588—1991)等。

3.3.2　许可证制度

许可证制度是国家为加强环境管理而采用的一种行政管理制度。凡是对环境有影响的开发、建设、排污活动以及各种设施的建立和经营,均需由经营者向主管机关申请,经批准获得许可证后方可从事该项活动。

3.3.2.1　辐射安全许可证制度

核技术应用项目存在对环境的潜在辐射影响,《放射性同位素与射线装置安全和防护条例》规定生产、销售、使用放射性同位素和射线装置的单位,应当依照规定取得辐射安全许可证。《放射性同位素与射线装置安全许可管理办法》对许可证的审批部门和辐射工作单位职责、许可证申请、颁发、变更、延续、注销、补发等均作了详细规定。

许可证包含申请单位的基本信息(单位名称、注册地址、法定代表人等);申请单位的许可信息(许可证编号、发证日期与有效期、活动种类与范围、放射源的核素名称与活度、非密封放射性物质的核素名称与日最大等效操作量、射线装置的名称与数量及有效期限等)。国务院环保主管部门颁发的许可证有:生产放射性同位素的单位;销售和使用Ⅰ类放射源和Ⅰ类射线装置的单位。除此之外单位的许可证,由省、自治区、直辖市环保部门颁发。辐射安全许可证审批的种类有核发、重新核发、变更、延续和注销等。

办理辐射安全许可证的条件与程序如下:

(1) 核技术应用单位编制核技术应用项目环境影响报告书(报告表或登记表)并报有审批权的环保部门审批;

(2) 开展项目的基本建设,核技术应用单位组织人员参加培训,购置个人剂量报警仪或辐射环境巡测仪,制定辐射事故应急预案、辐射安全管理制度等规章;

(3) 以上工作完成后,提交许可证申领材料至有审批权的环保部门审批;

(4) 审批部门对申领材料进行审查,对符合要求的单位或企业发放证书,不符合要求的书面说明不予审批的原因。

初次申请辐射安全许可证需要准备的材料清单如下:

(1) 辐射安全许可证申请表(含电子版);

(2) 企业法人营业执照正、副本或事业单位法人证书正、副本及法定代表人身份证原件及其复印件,审验后留存复印件;

(3) 经审批的环境影响评价文件及市级环保部门初审意见;

(4) 单位成立辐射安全与环境保护管理机构的正式文件;

(5) 基本规章制度:操作规程、岗位职责、辐射防护和安全保卫制度、设备检修维护制度、放射性同位素或射线装置使用登记、台账管理制度;

(6) 辐射安全负责人与辐射工作人员培训证书复印件及人员培训计划;个人剂量监测方案及委托监测合同;

(7) 辐射环境监测方案及监测设备采购证明;

(8) 辐射事故应急措施;

(9) 现有及拟增加的放射性同位素源与射线装置详细清单。

重新申领许可证需要注意的问题:新增的操作人员和管理人员在申领前须完成辐射安全与防护培训工作;因活动种类或(和)范围变化时,提交的申请材料应体现这种变化;辐射安全许可证申请表中应将原有和拟新增的放射源和射线装置分别列出并备注;重新申领辐射安全许可证的单位须完成原购入放射源或(和)射线装置的备案工作;

变更、延续以及注销辐射安全许可证的具体办法和初次申请程序有所不同,具体参照《放射性同位素与射线装置安全许可管理办法》的规定。

辐射安全许可证审批中常见问题主要有:新申请的单位申报材料缺失或信息不实;许可

证申请地点、规模与环评批复不符;辐射安全负责人、辐射工作人员未经培训;操作规程、应急预案抄袭现象严重,没有可操作性;延续许可证单位申报资料信息不全,五年工作总结内容过于简单,敷衍了事,监测报告没有包含所有的辐射工作场所和放射工作人员或者监测结果超过标准;制度未落实,管理人员、工作人员对制度不熟悉。

3.3.2.2 核设施许可制度

民用核设施建造与运行前必须取得安全许可,核设施安全许可证件由"核设施建造许可证"以及"核设施运行许可证"组成,由国家核安全局颁发。在装料、退役等活动前必须进行审批手续。

核设施动工前需要取得"核设施建造许可证",建造后运行前需要取得"核设施运行许可证",基本监管要求如下:

(1) 核设施建造前向核安全局递交《核设施建造申请书》《初步安全分析报告》等资料,审批后获得"核设施建造许可证"方可动工;

(2) 在核设施运行前,必须向国家核安全局提交《核设施运行申请书》《最终安全分析报告》等资料,审核批准后可以开始调试工作并试运行。

其中,核设施建造许可证申请条件如下:

(1) 所申请的项目已经得到政府计划部门的批准;

(2) 所申请的设施符合国家法律以及核安全法规的规定;

(3) 申请单位具有营运核设施的能力;

(4) 操纵员已取得"操纵员执照"。

3.3.3 辐射安全监管制度

辐射安全监管是各级环保部门的职责之一,根据谁许可谁监管的基本原则,国务院环保部联合卫生部、公安部等部门实施辐射安全监管。"十三五"期间我国将进一步加强辐射安全监管能力,确保我国核技术利用的可持续发展。

3.3.3.1 监管依据

《放污法》第八条规定"国务院环境保护行政主管部门对全国放射性污染防治工作依法实行统一监督管理","国务院卫生行政部门和其他有关部门依据国务院规定的职责,对有关的放射性污染防治工作依法进行监督管理"。《放射性同位素与射线装置安全和防护条例》第三条规定:"国务院环境保护主管部门对全国放射性同位素、射线装置的安全和防护工作实施统一监督管理","国务院公安、卫生等部门按照职责分工和本条例的规定,对有关放射性同位素、射线装置的安全和防护工作实施监督管理","县级以上地方人民政府环境保护主管部门和其他有关部门,按照职责分工和本条例的规定,对本行政区域内放射性同位素、射线装置的安全和防护工作实施监督管理"。

3.3.3.2 监管部门及其职能

环保部门(核安全主管部门)负责放射源的生产、进出口、销售、使用、运输、贮存和废弃处置安全的统一监管。制定和组织实施放射源安全的法律法规和技术标准;建立并实施放射源登记管理制度;根据辐射工作单位提供的环境影响评价报告书(表)或登记表、辐射安全评价报告书和职业病危害评价报告书等核发放射源安全许可证,并通报同级公安部门;负责放射源的生产、进出口、销售、使用、运输、贮存和废弃处置领域从事辐射安全关键岗位工作的专业技术人员的资格管理;负责放射源的放射性污染事故的应急、调查处理和定级定性工作,并将有关情况通报国家核事故应急协调委员会;协助公安部门监控追缴丢失、被盗的放射源;组织开展放射源安全技术研究。

卫生部门负责放射源的职业病危害评价管理工作;负责放射源诊疗技术和医用辐射机构的准入管理;参与放射源的放射性污染事故应急工作,负责放射源的放射性污染事故的医疗应急。

公安部门负责对放射源的安全保卫和道路运输安全的监管;负责丢失和被盗放射源的立案、侦察和追缴;参与放射源的放射性污染事故应急工作。

商务部门会同环保部门(核安全主管部门)公布放射源进出口管理目录。

海关根据放射源进出口管理目录,验凭环保部门(核安全主管部门)核发的放射源安全许可文件办理海关进出口手续。

铁路、交通、民航部门分别负责放射源铁路、水运、航空运输和放射源铁路、公路、水运、民航运输单位及运输工具、人员的监管。

邮政部门负责邮寄放射源的安全监督检查。

国家核事故应急协调委员会根据环保部门(核安全主管部门)确定的放射源的放射性污染事故的性质和级别,负责有关国际信息通报工作。

3.3.3.3　环保部门具体监管内容

辐射环境安全监管涉及核技术应用与核能利用相关的所有单位,环保部门依据其职能分工对其进行监管,主要监管内容如下。

在许可证监管方面,主要监管是否持有许可证;所从事的活动(生产、销售、使用)是否与许可证相符;许可证变更是否及时向环保主管部门申请办理许可证变更手续;部分终止或全部终止的是否及时注销许可证。

在建设项目方面,主要监管是否履行相关环评手续;是否取得建设项目环境影响评价的批复;是否履行了“三同时”,即辐射防护设施与主体工程同时设计、同时施工、同时投入使用;是否取得建设项目竣工环境保护验收审批文件;开放工作场所退役是否环评、批复。

审核年度评估报告。核技术应用与核能利用单位每年1月31日前必须向环保部门提交年度评估报告,年度评估报告应该包括台账、设施运行维护记录、制度建立与落实、事故应急文件、档案管理等。

对于使用γ源开展探伤(移动和固定)的单位,安全要求方面更加严格。从事移动探伤作业的单位应拥有5台以上探伤装置;每台探伤装置须配备2名以上操作人员,操作人员应参加辐射安全与防护培训,并考核合格;探伤装置的安全使用期限为10年,禁止使用超过10年的探伤装置;2名以上工作人员专职负责放射源库的保管工作。放射源库设置红外和监视器等安保设施,源库门应为双人双锁;制定探伤装置的领取、归还和登记制度;制定放射源台账和定期清点检查制度。

单位辐射管理检查内容主要包括:单位辐射防护组织情况;操作人员及辐射管理人员的

辐射安全培训情况；辐射防护用品配备情况；辐射剂量监测情况；安保措施落实情况；放射性废物以及废旧放射源管理情况；制度的完善情况等。

对监管执法者的要求包括：依法行政，文明执法；每次执法 2 人以上，持证，不得钓鱼执法；不得泄露被检查者的秘密；不得包庇违法单位；执法人员不得直接收缴罚款；制作执法笔录。

3.3.4　职业人员要求和权利

对于核技术利用单位的职业人员，因为工作中有潜在辐射危险，防护或操作不当可能发生健康损害，因此职业人员首先要获得资质才能上岗，如获得"大型设备上岗证""放疗医师证""放疗物理师证"和"操作员证"等等。职业人员除严格遵守操作规程并且具备责任意识与安全意识外，还应该参加单位组织的培训、体检，并配合个人剂量检测工作，这也是职业人员的权利。

3.3.4.1　安全培训

培训的主要目的是为辐射防护和辐射源的安全使用提供基本知识和技能、更新已有知识、补充新知识，并培养良好的辐射安全意识。

《放污法》和《基本标准》等法律法规都对辐射防护知识培训做了相关规定。生产、销售、使用放射性同位素与射线装置的单位，应当对直接从事生产、销售、使用活动的操作人员以及辐射防护负责人进行辐射安全和有关法律知识培训，并进行考核；注册者、许可证持有者和用人单位应安排相应的健康监护人。

对职业人员进行辐射防护与安全教育培训至少应包括：了解本岗位工作中的辐射防护与安全问题以及潜在危险，并树立正确的态度；了解有关辐射防护法规和标准的主要内容以及本岗位有关的安全规程；了解与掌握减少受照剂量的原理和方法以及有关防护器具、衣具的正确使用方法；促进工作人员提高技术熟练程度，避免一切不必要的照射；了解与掌握在操作中避免或减少事故的发生或减轻事故后果的原理和方法；懂得有关事故应急的对策和措施。

对于辐射安全许可证办理过程中的人员培训要求，具体如下：

使用Ⅰ类、Ⅱ类、Ⅲ类放射源，使用Ⅰ类、Ⅱ类射线装置，拥有医用短寿命甲级非密封放射性物质工作场所和其他乙级、丙级非密封放射性物质工作场所的单位，应当设有专门的辐射安全与环境保护管理机构，或至少有 1 名具有理工类本科及以上学历的技术人员专职负责辐射安全与环境保护管理工作，并应有文件明确其管理职责。

另外，国家为进一步规范核技术领域关键岗位人员管理，对一些重点单位，如生产放射性同位素的单位、甲级非密封源工作场所，应纳入《注册核安全工程师执业资格关键岗位名录》管理，名录中规定应当设立辐射安全关键岗位的，该岗位应当由注册核安全工程师担任。例如Ⅰ类射线装置生产使用单位，注册核安全工程师在岗人数最少 2 人（综合管理 1 人、辐射防护 1 人）。

使用Ⅳ类、Ⅴ类放射源以及Ⅲ类射线装置的单位应当有 1 名具有大专及以上学历的技术人员专职或兼职负责辐射安全与环境保护管理工作。

直接从事放射源和射线装置使用活动的工作人员和辐射安全与防护负责人必须经辐射

安全和防护专业知识及相关法律法规的培训和考核,持有相应的培训合格证书且在有效期内。

3.3.4.2　职业人员健康体检

《中华人民共和国职业病防治法》规定了职业人员应享有的体检权利,此项规定是为了规范职业健康管理并保护辐射工作人员的健康。职业健康体检包括岗前、岗中(体检间隔不超过 2 年)、离岗时以及事故应急情况下的体检。

体检必须在经过省级卫生部门批准、具备辐射健康体检资质的医院进行,出具的健康检查报告应该客观真实,并对体检结果负责。体检结果应在一个月内报送参检者工作单位,对于有可能因放射性因素导致健康损害的应及时告知参检人员;若发现疑似职业放射性疾病病例,应及时报告参检者的工作单位及当地卫生行政部门报告。

核技术应用和核能利用单位应当在收到职工职业健康体检报告的 7 日内,如实告知工作人员,并记录在"放射工作人员证"中。工作单位应当将体检中发现的不宜继续从事辐射岗位的人员及时调离辐射工作岗位,并妥善安置。对需要复查的人员及时给予安排。核技术应用及核能利用单位应当为工作人员建立职业健康监测档案。

3.3.4.3　个人剂量监测

《放射性同位素与射线装置安全和防护条例》规定,应当对直接从事生产、销售、使用放射性同位素和射线装置的职业人员进行个人剂量监测,并建立个人剂量档案和职业健康监护档案。单位应当将职业人员个人剂量异常情况及时告知辐射安全许可证发证机关(环保部门)。外照射个人剂量监测周期一般为 30 天,最长不能超过 90 天。

个人剂量档案应当包括个人基本信息、工作岗位、剂量监测结果等材料,档案应当保存至工作人员年满 75 周岁,或者停止辐射工作岗位 30 年。职业人员有权复制、查阅个人的剂量档案。

3.4　安　全　文　化

随着核技术应用和核能利用的发展,我国建立了一套完整的核工业体系,并健全了一套适合我国国情、与国际接轨的辐射安全法律法规体系。然而,在辐射实践当中仍然存在管理松懈、责任心不强、安全意识薄弱等问题,辐射事故时有发生,给人民群众的生命健康和环境安全造成了很大危害。为此需要加强安全文化建设以及相关配套制度建设,通过在生产和生活实践中安全文化的培养和熏陶,不断提高自身的安全文化素质,预防事故发生,保障生活、工作更加安全和健康。近几年环保部不断开展的安全文化教育活动,对整个辐射工作范围内职业性的安全意识形成有重要作用,同时有力推动了安全文化的公众普及。

3.4.1　安全文化内涵与要求

实现辐射防护的目标仅靠法律、标准、操作规程和其他行政手段是不够的,关键还要依靠职业人员的态度和行为,这种态度和行为就属于安全文化(Safety Culture)。

IAEA 的国际核安全咨询组(International Nuclear Safety Advisory Group,INSAG)在 1986 年首次提出安全文化的概念。1991 年,IAEA 出版了《安全文化》的报告(INSAG-4),给出了关于安全文化的定义:存在于单位和个人中的种种特性和态度的总和,它建立一种安全第一的观念。《国际电离辐射防护与辐射源安全的基本安全标准》将安全文化扩展到辐射防护领域,定义安全文化为"存在于单位和人员中的种种特性和态度的总和,它确立安全第一的观念,使防护与安全问题由于其重要性而保证得到应有的重视"。安全文化是独立于法律法规和规章制度之外,确保单位和个人辐射安全的一种观念或意识形态,它无时无刻不在有形的、具体的事物中表现出来。

ICRP 第 64 号出版物指出,安全文化素养要求辐射工作人员及管理人员应具有正确的思维、丰富的知识、准确的判断和强烈的责任心,严格完成与安全有关的任务,此外它还包含所有相关组织的学习态度。安全文化涉及一个单位的决策层、管理层和执行层三个层次。针对职能与职责的不同,安全文化的建设对各层次具有不同的要求,除遵守规定的法规、章程和程序外,还必须按照安全文化的要求来做每一件工作。

无论是政府层面还是单位层面,决策层推行的政策创造了工作的环境,支配着每个人的行为。决策层应该做到公布安全政策、建立管理体制、提供人力物力资源以及自我完善。

管理层的责任就是负责本单位的安全政策和目标的具体实践活动。应该明确责任分工、合理安排与管理安全工作、加强人员资格审查和培训、实施奖励和惩罚措施并以身作则。

执行层主要包括基层管理干部和执行人员。他们是直接从事和完成具体项目任务的,特别是与辐射安全相关的工作,执行层的个体需要有把防护与安全视为高于一切的安全意识。采取深思、探究和虚心学习的态度并反对固步自封,提高执行层对规则、程序和防护与安全规定的理解和执行的自觉性。

3.4.2　安全文化建设

建设安全文化是安全的本质要求。安全文化建设的总体要求是培养"认真严谨、质疑求真、保守决策、沟通交流、公开透明"的理念、态度和作风,加强安全文化的教育和培训,形成对辐射安全重要性的共识以及倡导安全文化的氛围;制定切实可行的安全文化建设规划,建立一套以安全和质量保证为核心的管理体系,完善规章制度并认真贯彻落实,为安全文化的建设和推进提供足够的资源,形成辐射安全文化建设、评估和改进的有效机制。将辐射安全文化内化于心、外化于形,形成全员持续改进、追求卓越的自觉行为。

安全文化建设是一个逐步提高的发展过程,其发展要经历三个过程,包括初级阶段、中级阶段、高级阶段,即从开始的被动约束,到根据单位的要求自觉执行,再到自律自强主动完善。

在初级阶段,安全文化是以法规条例的规定和要求为基础的安全意识。人们将辐射安全视为来自政府、主管机构和监管部门的要求,为求得核技术应用及核能利用单位生存与发展,就必须抓安全,而安全很大程度上仅仅被视为技术安全问题,单位也要依据各项法律法规制定各种制度。很显然这是一种被动的、置于管理压力下的辐射安全。单位也许会存在一定的抵触情绪,没有将安全放在第一位,制定的制度不能落实到位,仍存在安全管理方面的漏洞；员工也会认为安全并不是自己所实际需要的，是他人强加于自己的。

在中级阶段，良好的安全绩效成为单位努力实现的一个目标。没有来自外部的要求和压力，单位主动将安全绩效列为实现的重要目标之一。但是在实现目标的安全管理中，只是把技术和规程作为解决的办法，虽然也逐渐认识到人的行为与安全的重要性，但安全管理主要是积极采用技术和规程，人的行为往往被忽视。尽管也能主动地达到较好的安全绩效，但人的积极性和主观能动性尚未得到较好的发挥，因此达到一定的安全绩效后会出现停滞的现象。经过初级阶段的长期磨合过程，单位已清醒地认识到安全的重要性，该阶段已经能将监管部门的要求完全理解，并能自觉主动地去完成。

在高级阶段，单位自觉且不间断地加以改善，提高安全绩效。单位特别重视交流、培训、管理模式以及提高工作的效率和有效性，在实现安全目标的安全管理中，充分认识到人的行为对安全影响的重要性，把人的行为问题列入其中。而且单位不断采取各种相应的措施，主动改进人的行为，提高人们的安全文化素养，并以此来不停顿的改善和提高安全绩效。

在核技术应用和核能利用领域，技术措施只能实现低层次的基本安全目标，管理和组织措施才能实现较高层次的安全目标，但是从根本上保障安全，最终还要依赖安全文化的建设。只有提高职业人员对安全文化的认识和理解，不断更新观念，倡导"以人为本，安全第一"的理念，才能确保核技术更好地为人类服务。

核技术应用和核能利用单位贯彻安全文化，体现在制度建设上，就是要根据国家辐射安全法规的要求，建立完善的质量保证体系，并严格按照程序要求从事各种活动。在执行具体制度中，要建立内部监督机制，保障制度执行的有效性。虽然我国辐射防护体系正逐步健全，但是辐射防护领域的制度仍然存在一些亟待解决的问题。

就辐射安全监管而言，法律法规体系仍然存在有待完善之处，需要不断吸纳基础研究新成果并保持同国际标准和导则接轨，实现监管领域的"全覆盖、无死角"，同时监管部门分工有待进一步明确，减少职能交叉，提高监管效率，还需不断提升监管部门职业素质和执法能力，充分考虑地区间差异性，另外要重视安全文化建设以及公众沟通的有效性。

为了更好地完成辐射安全监管工作，应进一步完善辐射安全法律法规体系，明确权利和义务；逐步改善监管体制，明确职责和任务；强化安全监管体系和监管机构的能力建设，加强人才队伍、评审与监督硬件支撑条件的建设，减少监管盲区；制定具体的安全文化绩效评价体系，细化、量化监督内容；编制国家层面的辐射安全与防护宣传规划，建立和完善辐射防护公共宣传和公众参与体系。

对于运营单位而言，部分单位辐射安全制度有待完善，执行情况参差不齐；辐射防护措施不到位，不够重视人员培训；工作人员对辐射防护知识缺乏了解，防护意识淡薄。因此，应建立健全辐射安全管理的各项规章制度，如使用权限规定、操作规程、值班制度、应急设备定期检查保养制度；建立健全岗位职责制度，明确辐射管理人员和工作人员的岗位职责；严格按照国家规定对职业人员进行个人剂量监测和职业健康检查，建立完善的个人健康档案；加强对职业人员辐射防护知识、操作技能和法律法规的教育与培训，提高职业人员的业务素质；建立场所防护有效性定期评价制度，按要求对设备开展辐射监测；建立辐射防护与安全工作目标和适当的奖惩制度，定期对人员的安全行为与意识进行评价，将安全理念转化为自觉行为。

参 考 文 献

［1］　夏益华. 高等电离辐射防护教程［M］. 哈尔滨：哈尔滨工程大学出版社，2010.

［2］　潘自强. 辐射防护的现状和未来［M］. 北京：原子能出版社，1997.

［3］　范深根. 我国放射事故概况与原因分析［J］. 辐射防护，2002，22(5)：277-281.

［4］　国际放射防护委员会(ICRP). 潜在照射的防护：概念框架. ICRP 第 64 号出版物［M］. 北京：原子能出版社，1997.

［5］　陈金元，杨孟琢. 浅谈核安全文化［J］. 核安全，2003(2)：1-5.

［6］　唐波，涂彧，徐国千. 辐射安全文化素养探析［J］. 辐射防护通讯，2008，28(3)：26-30.

［7］　张志刚，范育茂. 辐射安全文化的建立与培育［J］. 核安全，2010(3)：22-26.

［8］　张巍. 医疗机构辐射安全文化评价指标体系及综合评价模型研究［D］. 济南：山东大学，2013.

［9］　苏佰礼，唐厚全，谢勇. 核技术利用项目安全文化培养［J］. 中国辐射卫生，2014，23(4)：350-351.

［10］　刘长安，贾廷珍，王文学. 培育健康的辐射安全文化［J］. 中华放射医学与防护杂志，2002，22(6)：457-459.

［11］　从慧玲，李玉成，张金涛，等. 倡导核安全文化建设［J］. 辐射防护通讯，2002，22(2)：27-29.

［12］　吴晓明，何顺升，于凤海，等. 倡导安全文化素养，深化放射卫生管理［J］. 中国辐射卫生，2004，13(4)：260-261.

［13］　卢伟强，那福利. 浅谈核安全文化体系的建立与完善［J］. 核安全，2009(2)：58-61.

［14］　柴建设. 核安全文化与核安全监管［J］. 核安全，2013，12(3)：5-9.

第4章　辐射安全管理

在核技术与核能利用不断发展的形势下,各种放射性同位素、射线装置和核燃料的使用频度、数量、范围和放射性强度都有很大的增长,由此引起的核技术应用领域和核工业领域职业人员和普通公众所受到的剂量水平和辐射风险也在增加。为了加强对放射性同位素与射线装置的安全管理,保障人体健康,保护环境,促进核能、核技术的开发与和平利用,国务院根据《中华人民共和国放射性污染防治法》,制定了《放射性同位素与射线装置安全和防护条例》等,规定了在生产、销售、使用放射性同位素与射线装置的场所、人员的安全和防护,废旧放射源与被放射性污染的物品等的管理要求和放射性物品运输等的管理规定等。本章以辐射防护基本法规为基础,从辐射源分类、辐射环境影响评价、运输安全管理、运行安全管理、放射性废物管理和辐射事故应急等方面对辐射安全管理展开叙述。

4.1　辐　射　源

辐射源是指能发射电离辐射的物质或装置。本节将对放射性同位素源、射线装置和非密封源工作场所的分类进行重点介绍。

4.1.1　放射性同位素源

放射性同位素源(简称放射源)的分类方法有很多。按照放射源的封闭方式可分为密封源和非密封源,密封源是将放射性物质密封在足以防止其泄漏的容器内的放射源;非密封源(又称开放性放射源)通常以气态、液态或粉末状直接应用于工业、农业、科研和医疗等领域。根据放射源对人体健康和环境的潜在危害程度,我国《放射源分类办法》从高到低将放射源分为Ⅰ类、Ⅱ类、Ⅲ类、Ⅳ类、Ⅴ类,Ⅴ类源的下限活度值为该种核素的豁免活度。

(1) Ⅰ类放射源为极高危险源。在没有防护的情况下,接触这类源几分钟到1小时就可致人死亡。以 ^{60}Co 为例,Ⅰ类放射源活度 $A \geqslant 3 \times 10^{13}$ Bq。

(2) Ⅱ类放射源为高危险源。在没有防护的情况下,接触这类源几小时至几天可致人死亡。以 ^{60}Co 为例,Ⅱ类放射源活度 A 为 $3 \times 10^{11} \sim 3 \times 10^{13}$ Bq。

(3) Ⅲ类放射源为危险源。在没有防护的情况下,接触这类源几小时就可对人造成永久性损伤,接触几天至几周也可致人死亡。以 ^{60}Co 为例,Ⅲ类放射源活度 A 为 $3 \times 10^{10} \sim 3 \times 10^{11}$ Bq。

(4) Ⅳ类放射源为低危险源。基本不会对人造成永久性损伤,但对长时间、近距离接触这些放射源的人员可能造成可恢复的临时性损伤。以 ^{60}Co 为例,Ⅳ类放射源活度 A 为 $3 \times$

$10^8 \sim 3 \times 10^{10}$ Bq。

（5）Ⅴ类放射源为极低危险源。不会对人造成永久性损伤。以^{60}Co 为例，Ⅴ类放射源活度 A 为 $1 \times 10^5 \sim 3 \times 10^8$ Bq。

上述放射源分类原则对密封源适用。密封源的使用主要是放置在放射源装置中，因此对放射源装置的分类主要依据密封源分类来进行，但还要考虑一些其他的风险因素，比如放射源可能布置在无人监管的远程位置等，这时需要提高其分类级别，放射源装置分类见表 4.1。

表 4.1　放射源装置分类表

装置类别	实践分类
Ⅰ类放射源装置	辐照装置
	远距放射治疗仪
	固定多束远距放射治疗仪（伽马刀）
	放射性同位素热电发生器（RTGs）
Ⅱ类放射源装置	工业伽马照相
	高剂量率短距放射治疗仪
	中剂量率短距放射治疗仪
Ⅲ类放射源装置	固定工业探测仪
	料位计
	挖泥机测量仪
	装有高活度源的传送带测量仪
	螺旋管道测量仪
	测井仪
Ⅳ类放射源装置	低剂量率短距放射治疗仪（永久植入源除外）
	厚度/料位测量仪
	可携式测量仪（湿度/密度计）
	骨密度仪
	静电消除仪
Ⅴ类放射源装置	低剂量率短距放射治疗仪（永久植入源）
	X 射线荧光分析仪
	电子俘获装置
	穆斯堡尔谱仪
	正电子发射断层摄影术（PET）检查仪

4.1.2　射线装置

射线装置按照使用用途分医用射线装置和非医用射线装置。根据射线装置对人体健康和环境可能造成危害的程度，我国《射线装置分类办法》从高到低将射线装置分为Ⅰ类、Ⅱ类、Ⅲ类。具体常用的射线装置分类可参考表 4.2。

（1）Ⅰ类为高危险射线装置，事故时可以短时间使受照射人员产生严重放射损伤，甚至死亡，或对环境造成严重影响；

（2）Ⅱ类为中危险射线装置，事故时可以使受照人员产生较严重放射损伤，大剂量照射甚至导致死亡；

（3）Ⅲ类为低危险射线装置，事故时一般不会使受照人员产生放射损伤。

表 4.2　射线装置分类表

装置类别	医用射线装置	非医用射线装置
Ⅰ类 射线装置	质子治疗装置	生产放射性同位素用加速器（不含制备正电子发射计算机断层显像装置（PET）用放射性药物的加速器）
	重离子治疗装置	粒子能量大于等于 100 兆电子伏的非医用加速器
	其他粒子能量大于等于 100 兆电子伏的医用加速器	/
Ⅱ类 射线装置	粒子能量小于 100 兆电子伏的医用加速器	粒子能量小于 100 兆电子伏的非医用加速器
	制备正电子发射计算机断层显像装置（PET）放射性药物的加速器	工业辐照用加速器
	X 射线治疗机（深部、浅部）	工业探伤用加速器
	术中放射治疗装置	安全检查用加速器
	血管造影用 X 射线装置[1]	车辆检查用 X 射线装置
	/	工业用 X 射线计算机断层扫描（CT）装置
	/	工业用 X 射线探伤装置[5,6]
	/	中子发生器
Ⅲ类 射线装置	医用 X 射线计算机断层扫描（CT）装置[2]	人体安全检查用 X 射线装置
	医用诊断 X 射线装置[3]	X 射线行李包检查装置[7]
	口腔（牙科）X 射线装置[4]	X 射线衍射仪
	放射治疗模拟定位装置	X 射线荧光仪
	X 射线血液辐照仪	其他各类 X 射线检测装置（测厚、称重、测孔径、测密度等）
	/	离子注（植）入装置
	/.	兽用 X 射线装置
	/	电子束焊机[8]
	其他不能被豁免的 X 射线装置	

标注说明：

1. 血管造影用 X 射线装置包括用于心血管介入术、外周血管介入术、神经介入术等的 X 射线装置，以及含具备数字减影（DSA）血管造影功能的设备。

2. 医用 X 射线计算机断层扫描（CT）装置包括医学影像用 CT 机、放疗 CT 模拟定位机、核医学 SPECT/CT 和 PET/CT 等。

3. 医用诊断 X 射线装置包括 X 射线摄影装置、床旁 X 射线摄影装置、X 射线透视装置、移动 X 射线 C 臂机、移动 X 射线 G 臂机、手术用 X 射线机、X 射线碎石机、乳腺 X 射线装置、胃肠 X 射线机、X 射线骨密度仪等常见 X 射线诊断设备和开展非血管造影用 X 射线装置。

4. 口腔（牙科）X 射线装置包括口腔内 X 射线装置（牙片机）、口腔外 X 射线装置（含全景机和口腔 CT 机）。

5. 工业用 X 射线探伤装置分为自屏蔽式 X 射线探伤装置和其他工业用 X 射线探伤装置，后者包括固定式 X 射线探伤系统、便携式 X 射线探伤机、移动式 X 射线探伤装置和 X 射线照相仪等利用 X 射线进行无损探伤检测的装置。

6. 对自屏蔽式 X 射线探伤装置的生产、销售活动按Ⅱ类射线装置管理；使用活动按Ⅲ类射线装置管理。

7. 对公共场所柜式 X 射线行李包检查装置的生产、销售活动按Ⅲ类射线装置管理；对其设备的用户单位实行豁免管理。

8. 对电子束焊机的生产、销售活动按Ⅲ类射线装置管理；对其设备使用用户单位实行豁免管理。

4.1.3　非密封源工作场所

根据《电离辐射防护与辐射源安全基本标准》的规定,非密封源工作场所按放射性核素日等效最大操作量的大小分为甲、乙、丙三级,见表4.3。甲级非密封源工作场所的安全管理参照Ⅰ类放射源,乙级和丙级非密封源工作场所的安全管理参照Ⅱ、Ⅲ类放射源。不同级别的工作场所的辐射安全风险有重大区别,所以必须采取不同的安全防护措施。如对于具有贯穿辐射的工作场所,不仅要有足够的屏蔽措施,而且对于防止工作场所空气和表面污染,环境的密封与监测、流出物排放控制等措施要进行特别设计。以甲级工作场所为例,除应满足外照射防护的要求外,一般还应采用能提供包容能力强的密闭系统,如手套箱和热室等,其内负压应达到196 帕(Pa),以防止强污染气体外逸。

表 4.3　非密封源工作场所的分级

级别	日等效最大操作量(Bq)
甲	$>4\times10^9$
乙	$2\times10^7\sim4\times10^9$
丙	豁免活度值以上$\sim2\times10^7$

4.2　环境影响评价

环境影响评价是对环境质量的预测性评估,是在进行某项决议或人为活动之前对实施该行动可能给环境质量造成的影响进行调查、预测和评估,并提出预防或减轻不良环境影响的对策和措施,从而使人类活动更具有环境相容性。开展辐射环境影响评价是辐射安全管理的重要手段之一。

我国通过法律法规对辐射环境影响评价的对象、范围、内容、程序等进行了规定,建立了较完善的评价制度体系。本节将重点介绍核技术应用和核设施辐射环境影响评价的相关要求及技术方法。

4.2.1　辐射环境影响评价的管理要求

本小节介绍了我国环境影响评价法律法规中对辐射环境影响评价的主要管理要求,含评价时段、评价分类、评价文件的格式内容、评价资质要求、监督管理部门、审批时间等。

4.2.1.1　评价时段

生产、销售、使用放射性同位素与射线装置的单位在申请领取许可证前,应当组织编制或者填报环境影响评价文件,并依据国家规定程序报环境保护主管部门审批。

对于核设施,在办理选址审批手续前,在申请领取核设施建造、运行许可证和办理退役审批手续前编制环境影响报告书,报国务院环境保护行政主管部门审查批准。

未经批准,有关部门不得颁发许可证和办理批准文件。

4.2.1.2 评价分类

国家根据建设项目对环境的影响程度,对建设项目的环境影响评价实行分类管理:

(1) 可能造成重大环境影响的,应当编制环境影响报告书,对产生的环境影响进行全面评价;

(2) 可能造成轻度环境影响的,应当编制环境影响报告表,对产生的环境影响进行分析或者专项评价;

(3) 对环境影响很小、不需要进行环境影响评价的,应当填报环境影响登记表。

环境影响报告书、环境影响报告表或者环境影响登记表统称为环境影响评价文件。根据各类放射性同位素与射线装置的安全和防护要求及其对环境的影响程度,对环境影响评价文件实行分类管理,如表 4.4 所示。

表 4.4 放射源和射线装置的环境影响评价文件分类

应当组织编制环境影响报告书	生产放射性同位素的(制备 PET 用放射性药物的除外); 使用 Ⅰ 类放射源的(医疗使用的除外); 销售(含建造)、使用 Ⅰ 类射线装置的
应当组织编制环境影响报告表	制备 PET 用放射性药物的; 销售 Ⅰ 类、Ⅱ 类、Ⅲ 类放射源的; 医疗使用 Ⅰ 类放射源的; 使用 Ⅱ 类、Ⅲ 类放射源的; 生产、销售、使用 Ⅱ 类射线装置的
应当填报环境影响登记表	销售、使用Ⅳ类、Ⅴ类放射源的; 生产、销售、使用Ⅲ类射线装置的

辐射环境保护管理导则《核技术利用建设项目环境影响评价文件的内容和格式》(HJ 10.1—2016)规定了核技术利用建设项目环境影响评价文件的内容与格式,适用于从事核技术应用(包括生产、销售、使用放射性同位素和射线装置)的单位在项目新建(含搬迁)、改建、扩建时编制环境影响评价文件。该文件分别给出环境影响报告书、环境影响报告表、环境影响登记表的内容和格式。

核设施需要编制环境影响报告书。核设施环境保护管理导则《研究堆环境影响报告书的格式与内容》(HJ/T 5.1—1993)适用于各种堆型的陆上固定式研究堆,规定了营运单位提交的拟建研究堆环境影响报告书所应包括的基本内容和标准格式;规定了按照审批程序,研究堆营运单位分别在申请审批厂址、建造许可证和反应堆首次装料三个阶段提交报告书;同时规定了各阶段报告书的侧重内容,并给出环境影响报告书的格式与内容。环境影响评价技术导则《核电厂环境影响报告书的格式和内容》(HJ 808—2016)规定了中华人民共和国境内的陆地固定式核电厂(大于 300 MW 电功率)建设项目在选址阶段、建造阶段和运行阶段环境影响报告书的编制要求,并给出报告书的格式和内容;给出了选址阶段、建造阶段和运行阶段的不同评价技术要求。

4.2.1.3 评价资质

环境影响评价文件中的环境影响报告书或者环境影响报告表,应当由具有相应环境影响评价资质的机构编制。为建设项目环境影响评价提供技术服务的机构的资质条件和管理办法,由国务院环境保护行政主管部门制定。国务院环境保护行政主管部门对已取得资质证书的、为建设项目环境影响评价提供技术服务的机构的名单,应当予以公布。

为建设项目环境影响评价提供技术服务的机构,不得与负责审批建设项目环境影响评价文件的环境保护行政主管部门或者其他有关审批部门存在任何利益关系。接受委托为建设项目环境影响评价提供技术服务的机构,应当经国务院环境保护行政主管部门考核,审查合格后颁发资质证书,按照资质证书规定的等级和评价范围从事环境影响评价服务,并对评价结论负责。

4.2.1.4 监管与审批

国务院环境保护行政主管部门对全国放射性污染防治工作依法实施统一监督管理。国务院卫生行政部门和其他有关部门依据国务院规定的职责,对有关的放射性污染防治工作依法实施监督管理。预审、审核、审批建设项目环境影响评价文件,不得收取任何费用。

国务院环境保护行政主管部门负责审批下列建设项目的环境影响评价文件:(1) 核设施、绝密工程等特殊性质的建设项目;(2) 跨省、自治区、直辖市行政区域的建设项目;(3) 由国务院审批的或者由国务院授权有关部门审批的建设项目。

上述规定以外的建设项目的环境影响评价文件的审批权限,由省、自治区、直辖市人民政府规定。

生产、销售、使用放射性同位素、加速器、中子发生器和含放射源的射线装置的单位,原则上应当在申请领取许可证前编制环境影响评价文件,报省、自治区、直辖市人民政府环境保护行政主管部门审查批准。核设施应当在办理选址审批手续、申请领取核设施建造和运行许可证以及办理退役审批手续前编制环境影响报告书,应该报国务院环境保护行政主管部门审查批准。

建设项目可能造成跨行政区域不良环境影响的,或有关环境保护行政主管部门对该项目的环境影响评价结论有争议的,其环境影响评价文件由共同的上一级环境保护行政主管部门审批。

对环境影响评价文件的审批时间,《中华人民共和国环境影响评价法》(主席令第 48 号)第二十二条做了规定:审批部门应当自收到环境影响报告书之日起六十日内,收到环境影响报告表之日起三十日内,收到环境影响登记表之日起十五日内,分别做出审批决定并书面通知建设单位。

4.2.2 辐射环境影响评价的技术方法

本小节简单介绍如何定量估计放射性核素释放到环境中对人及其周围环境的影响和辐射后果。辐射环境影响评价涉及的内容和流程主要包括:源项分析、放射性核素随环境的迁移、内外照射剂量计算及评价等,具体见图 4.1。

4.2.2.1 源项分析

源项是环境评价模式的重要输入项,也是辐射环境剂量估算整体模式中灵敏度最大的参数项。源项分析是指确定释放到环境中的放射性物质的形态与数量,具体指:

(1) 正常工况下气载流出物和放射性粒子的含量、成分、物理化学形态、年产量、年排放量;事故工况下气载流出物和放射性粒子的成分、释放方式、持续时间和释放量;

(2) 正常工况下液态流出物的流量、浓度、成分、年产量、年排放量;事故工况下液态流出物的成分、释放方式、持续时间和释放量;

(3) 固态放射性废物的种类、数量、活度和比活度;固体废物库或贮存场所与生物圈的隔离程度,可能的渗漏情况、成分及释放途径。

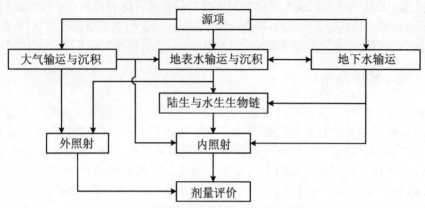

图 4.1 环境辐射影响评价方法学框图

4.2.2.2 迁移途径

迁移途径是指释放物进入环境后通过输运、弥散、沉积、食物链迁移等最终对人形成照射的途径网络。流出物中的放射性核素在环境中迁移,可能导致空气、水、土壤等非生物环境物质的污染。这些非生物环境物质中的放射性物质会伴随着生态系统内植物-动物-人生物链中的各种复杂物质能量转移过程而向人转移。

排入大气的放射性物质因大气弥散作用而扩散并沿下风向运动;另一方面由于与地面碰撞、雨水冲洗或重力作用等而沉积到地面或地表水中,沉积到地面的放射性物质,也可能因机械扰动等原因而再悬浮进入空气中,影响因素主要有近地面的机械湍流的混合作用,以及因太阳辐射能加热地表而产生的热浮力作用。

当地公众会因吸入空气中的放射性物质而受到内照射,并受到来自放射性烟羽中射线引起的外照射;烟羽与它所通过的下垫面发生碰撞、吸附、重力作用,或因下雨被冲洗引起的沉降,沉积在地面的放射性核素衰变会产生外照射,而再悬浮起来的放射性物质会对人造成内照射;放射性物质还会通过食物链转移使人受到内照射,如图 4.2 所示。

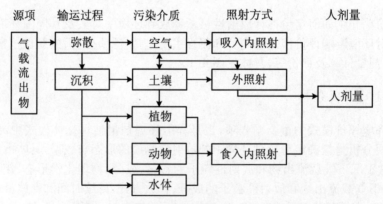

图 4.2 气载流出物释放与照射途径示意图

进入地表水的放射性物质,在水体中的物理化学过程非常复杂,影响因素较多。进入水体的放射性物质可能呈离子态,也可能是化合物,在水中进行弥散,或是形成沉淀或絮状物。在一些条件下,吸附或沉积的放射性物质又可能解析出来再悬浮到水中,还有些放射性物质可以随水蒸气一起蒸发到空气中。进入受纳水体的放射性物质,会通过直接饮用或食物链而对人产生内照射,也可通过在受纳水体中游泳、水上作业和在受纳水体的岸边活动等途径对人产生外照射。图 4.3 是液态流出物释放照射途径的示意图。

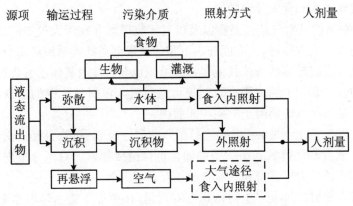

源项　　　输运过程　　　污染介质　　　　照射方式　　　　　人剂量

图 4.3　液态流出物释放与照射途径示意图

地下水与地表水共同构成地球上的天然水系统。对于进入地下水中的放射性物质,一旦出漏到地表水系统,则其对人的照射途径与液态流出物释放的照射途径相同,另外一个照射途径是直接饮用这些地下水而对人产生的内照射。

4.2.2.3　剂量评估

在确定了放射性源项及其输运和迁移模式后,可采用剂量估算模式对放射性物质对人和环境产生的辐射影响进行评估。剂量估算模式是指针对不同的辐射和辐射源,对受照几何条件做出必要的简化假设,引入适量的剂量转换因子,估算各种途径造成的剂量。

1. 外照射剂量的估算

外照射含空气浸没外照射、水浸没外照射、地表沉积外照射、岸边放射性沉积物外照射等。

(1) 空气浸没外照射。放射性气载流出物常规连续排放而弥散于空气中,可将空气视为污染浓度恒定且均匀分布的无限大半球形的辐射体源,对位于地面上的人造成浸没外照射。空气浸没外照射剂量可通过烟羽中放射性核素活度、公众成员在室外停留的时间以及建筑物屏蔽产生的剂量减弱因子的乘积而获得。其中,位于某点的放射性核素活度的计算方法,可参见第 2 章的相关介绍。

(2) 水浸没外照射。水体中的放射性物质可对进行游泳、划船(或捕捞)等活动的公众造成水浸没外照射。水浸没外照射的剂量通过水体中放射性活度、个人游泳或水上作业的年时间份额、水浸没的外照射剂量转换因子、源和接受体几何形状校正因子的乘积得到。

(3) 地表沉积外照射。放射性气载流出物常规连续排放而沉积于地面上。可将地面视为核素污染浓度恒定、且呈均匀分布的无限大平面的放射性辐射源对人造成外照射。由于电子在空气中的射程很短,通常可不考虑其外照射剂量的贡献。地面沉积外照射剂量可通过放射性物质在地表面的沉积活度、沉积放射性核素的外照射剂量转换因子、公众成员在沉积地面停留的时间以及屏蔽产生的剂量减弱因子的乘积得到。

(4) 岸边放射性沉积物外照射。类同于地面沉积外照射的剂量估算,放射性废水向受纳水体的排放造成的岸边放射性沉积物的外照射剂量可表示为岸边沉积物的有效表面污染、个人在岸边活动的年时间份额和沉积放射性核素的外照射剂量转换因子的乘积。

2. 内照射剂量的估算

内照射主要含吸入和食入导致的照射。

（1）吸入。放射性核素气载流出物以及以气溶胶形态存在于大气中的放射性液体或固体可通过呼吸对人造成内照射，一方面肺内沉积的核素会对呼吸系统各部分造成照射，另一方面吸入物质从呼吸道转移到身体其他器官或组织也会对体内其他器官或组织造成照射。

年吸入放射性核素产生的待积有效剂量可通过吸入放射性核素的空气浓度、个人的年空气摄入量以及吸入剂量转换因子的乘积而获得。

（2）食入。公众成员经饮水和食物途径摄入放射性核素后，除胃肠道受到照射外，由肠道进入体液而导致在其他器官或组织中的滞留也会造成照射。对于 γ 放射性核素，胃肠道与其他器官或组织还互为靶器官和源器官而相互造成照射。

饮水途径摄入放射性核素产生的待积有效剂量，在考虑了由水体取水至被人消费的时间内放射性衰变后，通过饮用水中放射性核素的浓度、个人对水的年摄入量和食入剂量转换因子的乘积而获得。

年食入放射性核素产生的待积有效剂量可通过食入产品的年摄入量、食入关心地区的该类食入产品的份额、该类食入产品中放射性核素的比活度或浓度以及食入剂量转换因子的乘积而得到。

3. 剂量评价

对剂量估算与相关剂量限值或约束值进行比较评价，是辐射环境影响评价的主要内容，即根据国家有关法律、法规、标准，评价可能造成的环境影响以及其环境保护措施是否满足相关要求。

核技术利用项目的剂量评价主要关注场所辐照水平和人员受照剂量两方面。对于场所辐照水平，需要根据项目特点，分析运行可能产生的辐射照射途径。根据辐射照射途径、场所屏蔽和污染防治分析的情况，估算工作场所及周围主要关注点的辐射水平，分析其理论计算值能否满足确定的工作场所表面污染、污染物浓度（比活度）、剂量率等控制水平的要求。对于人员受照剂量，需要根据运行时产生的辐射照射途径，结合工艺流程涉源操作环节、工艺操作方式、操作时间、工作人员岗位设置及人员配备等因素，估算辐射工作人员和项目周围关注点人员所受最大年有效剂量，分析所致的辐射剂量能否满足确定的剂量约束值。此外，还需分析运行中可能发生的辐射事故，说明预防措施。

对于核设施，剂量评价须明确指出三关键：关键人群组（有时也称关键居民组——评价区内，当某一人群组的人均受照剂量大于整个受照群体中所有其他人群组时，即成为关键人群组）、关键核素（剂量贡献最大的核素）和关键途径（所致剂量贡献最大的照射途径）。核设施的基本剂量评价指标为关键人群组的人均年有效剂量和评价范围内整个受照群体公众的集体有效剂量。须计算正常运行和事故工况下公众所致最大的有效剂量当量和集体剂量当量并与有关法规和标准比较。

4.3 运输安全管理

随着核技术与核能利用的不断发展,放射性物品的应用日益增多,导致放射性物品的运输频度增高,涉及范围更广,引起运输工作职业人员或普通公众的辐射风险也越大。因此,放射性物品运输安全是整个辐射安全与防护的重要组成部分。本节主要根据《放射性物品运输安全管理条例》《放射性物品运输安全许可管理办法》《放射性物品道路运输管理规定》和《放射性物质安全运输规程》(GB 11806—2004),叙述了放射性物品运输的安全管理问题,包括放射性物品运输单位的资质,放射性物品运输容器的设计、制造与使用,运输工具和设备与安全运输管理等内容。

4.3.1 运输安全概述

为了加强放射性物品运输的安全管理,我国制定了《放射性物品运输安全管理条例》。依据该条例,将放射性物品的运输采取了分类管理的办法,把放射性活度和比活度高于国家规定的豁免值的放射性物品,按照物品特性及其对人体健康和环境潜在危害程度,分为了一类、二类和三类放射性物品:

(1)一类放射性物品,是指Ⅰ类放射源、高水平放射性废物、乏燃料等,释放到环境后会对人体健康和环境产生重大辐射影响;

(2)二类放射性物品,是指Ⅱ类和Ⅲ类放射源、中等水平放射性废物等,释放到环境后会对人体健康和环境产生一般辐射影响;

(3)三类放射性物品,是指Ⅳ类和Ⅴ类放射源、低水平放射性废物、放射性药品等,释放到环境后对人体健康和环境产生较小辐射影响。

在放射性物品的运输过程中,不同类别的放射性物品应使用专用的、符合国家标准的运输容器。放射性物品运输容器与放置其中的放射性物品称为货包,在我国的《放射性物质安全运输规程》中,将货包分为例外货包、工业货包、A 型货包和 B 型货包等。例外货包要求外表面任一点的辐射水平不得超过 $5~\mu\text{Sv/h}$。工业货包装运低比活度放射性物品和表面污染物体,这里的低比活度放射性物品通常指天然放射性矿物和一些放射性比活度低于某一限值的物品,而表面污染物体是指那些本身属于非放射性物品但表面附着超过一定量的放射性物品。A 型货包则用来运输放射性活度有一定限值的放射性物品,如反应堆新燃料等,在放射性物品运输中,A 型货包是最为常见的。B 型货包常用来装运放射性活度极大的放射性物品,如反应堆乏燃料等,其要求比 A 型货包要求更高,且包装经得起运输事故的破坏,B型货包又分为只需发货方主管部门批准的 B(U)型和需运出、运入方等主管部门多方批准的 B(M)型两种。

放射性物品运输又分为非独家使用和独家使用两类。独家使用是指由单个托运人独自使用一件运输工具或一个大型货物集装箱,并遵照托运人或收货人的要求进行的运输,包括起点、中途和终点的装载和卸载。

放射性物品运输时,运输容器和包装、营运单位、托运人、承运人和环保、卫生、公安、交通等部门均要依照国家规定严格依法履行相应职责。

4.3.2　放射性物品运输资质

经营放射性物品道路运输的企业,应当有符合《放射性物品道路运输管理规定》中要求的专用车辆及设备、从业人员和健全的安全生产管理制度。营运单位从事放射性物品道路运输的驾驶人员、装卸管理人员、押运人员需要持有道路运输从业资格证。从事放射性物品道路运输经营的企业具备上述条件后,需要向所在地区的市级道路运输管理机构提出申请,道路运输管理机构应当按照相关法律程序实施行政许可,并向放射性物品道路运输经营申请人发放《道路运输经营许可证》,获取许可证的企业才能进行放射性物品道路运输经营。

此外国家鼓励技术力量雄厚、设备和运输条件好的生产、销售、使用或者处置放射性物品的单位申请从事非经营性放射性物品道路运输,符合相应条件后,该单位可以使用自备专用车辆从事为本单位服务的非经营性放射性物品道路运输活动。

4.3.3　放射性物品运输容器

放射性物品运输容器的设计、制造和使用,需要按照国家相关法律法规进行。容器的设计单位应按照放射性物品运输容器设计相关规范和标准从事设计活动,并为容器制造和使用单位提供必要的技术支持。在容器设计阶段应当明确首次使用前对运输容器的结构、包容、屏蔽、传热和核临界安全功能进行检查的方法和要求。容器制造单位应具备与制造活动相适应的专业技术人员、生产条件和检测手段,采用经设计单位确认的设计图纸和文件。制造开始前要依据设计要求编制制造过程工艺文件,并严格执行,特种工艺还要进行必要的工艺试验或评定。对于一类放射性物品运输容器,设计制造单位需依法取得设计批准书和制造许可证后才能进行相关活动。

1. 放射性物品运输容器设计

设计单位应当建立健全质量保证体系,按照国家放射性物品运输安全标准进行设计,并通过实验验证或者分析论证等方式,对设计的放射性物品运输容器的安全性能进行评价。

一类放射性物品运输容器的设计,应在首次用于制造前报国务院核安全监管部门审查批准。国务院核安全监管部门应当自设计批准申请之日起 45 个工作日内完成审查。对符合国家放射性物品运输安全标准的,颁发一类放射性物品运输容器设计批准书,并公告设计批准编号。设计单位修改已批准的一类放射性物品运输容器设计中有关安全的内容时,应当按照原申请程序重新申请领取设计批准书。

二类放射性物品运输容器的设计,设计单位应当在首次用于制造前,将设计总图及其设计说明书、设计安全评价报告表报国务院核安全监管部门备案。国务院核安全监管部门应当定期公布已备案的二类放射性物品运输容器的设计备案编号。

三类放射性物品运输容器的设计,设计单位应当编制符合国家放射性物品运输安全标准的证明文件并存档备查。

2. 放射性物品运输容器制造

放射性物品运输容器制造单位,应当按照设计要求和国家放射性物品运输安全标准,对制造的放射性物品运输容器进行质量检验,编制质量检验报告。

从事一类放射性物品运输容器制造的单位,应当向国务院核安全监管部门提交申请书,并提交符合规定条件的证明文件。国务院核安全监管部门应当自受理申请之日起 45 个工作日内完成审查,对符合条件的,颁发制造许可证,并予以公告。

从事二类放射性物品运输容器制造的单位,应当在首次制造活动开始 30 日前,将其具备与所从事的制造活动相适应的专业技术人员、生产条件、检测手段以及管理制度和质量保证体系的证明材料上报国务院核安全监管部门备案。国务院核安全监管部门应当定期公布已备案的二类放射性物品运输容器制造单位。

一类、二类放射性物品运输容器制造单位,应按照《放射性物品运输安全监督管理办法》规定的编码规则(图 4.4),对其制造的一类、二类放射性物品运输容器进行统一编码。一类、二类放射性物品运输容器制造单位,应在每年 1 月 31 日前将上一年度制造的运输容器编码清单报国务院核安全监管部门备案。三类放射性物品运输容器制造单位,也要在每年 1 月 31 日前将上一年度制造的运输容器的型号、数量、设计总图报国务院核安全监管部门备案。

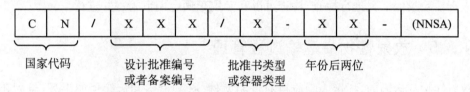

图 4.4　一类、二类放射性物品运输容器编码规则

图 4.4 中,一类放射性物品运输容器设计批准书类型有 AF、B(U)、B(U)F、B(M)、B(M)F、C、H 等类型,其中,AF 对应易裂变材料 A 型运输容器,B(U)对应普通 B(U)型容器,B(U)F 对应易裂变材料 B(U)型运输容器,B(M)对应普通 B(M)型容器,B(M)F 对应易裂变材料 B(M)型运输容器,C 对应 C 型运输容器,H 对应非易裂变物质或除六氟化铀以外的易裂变物质运输容器。二类放射性物品运输容器类型有 A,IP-3 等,对应 A 型运输容器和 3 型工业型运输容器。

3. 放射性物品运输容器使用

放射性物品运输容器使用单位应当对其使用的放射性物品运输容器定期进行保养和维护,并建立保养和维护档案。放射性物品运输容器达到设计使用年限,或者发现放射性物品运输容器存在安全隐患的,应当停止使用并进行处理。一类放射性物品运输容器使用单位还应当对其使用的一类放射性物品运输容器每两年进行一次安全性能评价,并将评价结果上报国务院核安全监管部门备案。

使用境外单位制造的一类放射性物品运输容器的,应当在首次使用前报国务院核安全监管部门审查批准。使用境外单位制造的二类放射性物品运输容器的,应当在首次使用前报国务院核安全监管部门备案。国务院核安全监管部门办理使用境外单位制造的一类、二类放射性物品运输容器审查批准和备案手续时,应当同时为运输容器确定编码。

放射性物品运输时,运输容器上还要按照相关国家标准和规定设置警示标志。

4.3.4　放射性物品运输工具和设备

放射性物品运输的工具包括用于公路或铁路运输的车辆,水路运输的船舶或其货舱、隔舱或限定甲板区以及空中运输的飞机等。货包不得与食品、易燃易爆物品混装在同一车厢(舱)内运输。

用于道路运输的车辆和设备,道路运输单位应当按照有关车辆及设备管理标准和规定,维护、检测、使用和管理专用车辆及设备,确保专用车辆和设备技术状况良好。地级市的市级道路运输管理机构应当按照《道路货物运输及站场管理规定》对专用车辆进行定期审验,每年审验一次。专用车辆不能用于非放射性物品运输,但集装箱运输车(包括牵引车、挂车)、甩挂运输的牵引车和运输放射性药品的专用车辆除外。当采用这些车辆运输非放射性物品时,不得将放射性物品与非放射性物品混装。专用车辆运输放射性物品应当悬挂符合国家标准的警示标志,不得超载、超限运输放射性物品。

地级市的市级道路运输管理机构应当对监测仪器的检定合格证明和专用车辆危险货物承运人责任险投保情况进行检查,检查可以和专用车辆定期审验一并进行。

4.3.5　放射性物品运输过程管理

放射性物品运输前,托运人除应持有证明文件、必要设备和运输说明书外,针对不同类别的放射性物品还应准备不同的材料提交至主管部门备案。放射性物品通过道路、水路、铁路和航空运输时,应按照相关法律法规执行。放射性物品运输过程中发生辐射事故的,应按照托运人提前编制的应急方案采取相应措施并将事故报告至主管部门。

放射性物品道路运输前,物品的托运人应持有的有效证明,包括放射性物品生产、销售、使用或者处置证明。运输应使用与所托运的放射性物品类别相适应的运输容器进行包装,配备必要的辐射监测设备、防护用品、防盗和防破坏设备,并编制运输说明书、辐射事故应急响应指南、装卸作业方法、安全防护指南等。运输说明书应当包括放射性物品的品名、数量、物理化学形态、危害风险等内容。

托运一类放射性物品时,托运人应当委托持有甲级环境影响评价资格证书的单位编制放射性物品运输的辐射安全分析报告书以及委托有资质的辐射监测机构对放射性物品表面污染和辐射水平实施监测,并出具辐射监测报告。一类放射性物品启运前,托运人应当将放射性物品运输的辐射安全分析报告批准书、辐射监测报告,提交至启运地的省、自治区、直辖市人民政府环境保护主管部门备案。收到备案材料的环境保护主管部门应当及时将有关情况通报运输的途经地和抵达地的省、自治区、直辖市人民政府环境保护主管部门。托运二类、三类放射性物品的,托运人应当对放射性物品表面污染和辐射水平实施监测,并编制辐射监测报告。监测结果不符合国家放射性物品运输安全标准的,不得托运。

放射性物品通过道路运输时,应当经公安机关批准,按照指定的时间、路线、速度行驶,并悬挂警示标志,除驾驶人外,还应当在专用车辆上配备押运人员,以确保放射性物品处于押运人员监管之下。通过水路运输放射性物品时,按照水路危险货物运输的法律、行政法规和规章的有关规定执行。通过铁路、航空运输放射性物品时,按照国务院铁路、民航主管部门的有关规定执行。一类、二类放射性物品禁止邮寄,三类放射性物品的邮寄,应按照国务院邮政管理部门的有关规定执行。

放射性物品运输中发生辐射事故时,承运人、托运人应当按照辐射事故应急响应指南的要求,结合本单位安全生产应急预案的有关内容,做好事故应急工作,并立即报告事故发生地的县级以上人民政府环境保护主管部门。

4.4　运行安全管理

辐射源装置(简称"装置")在运行过程中,可能会对职业人员、公众、环境等带来潜在的放射性危害,因此需要进行安全管理,确保辐射源装置和人员的安全,避免辐射事故发生。本节从装置、人员、场所等三方面来介绍运行安全管理。

4.4.1　装置管理

装置管理是在确保装置的运行状态完好的同时,将对人员和环境的放射性危害降低到可以接受的水平。所以营运单位需要完善装置管理的规章制度,使装置和安全联锁等系统处于正常运行状态,确保装置与人员的安全。

4.4.1.1　装置正常运行过程管理

装置投入运营前,拥有辐射源装置的有关单位必须遵守国家颁布的放射性同位素源与射线装置的有关规定和条例,获得辐射安全许可证,工作人员需持证上岗。同时,这些单位还应做好放射性同位素、射线装置的安全和防护工作,并依法承担相关责任;采取安全与防护措施,既可预防可能发生导致意外照射、放射性污染的各类事故,又可避免意外照射、放射性污染危害;建立健全安全保卫制度,指定专人负责,落实安全责任制。

装置运行前,应进行例行检查,确保辐射源装置性能完好、位置正确、监测设备和联锁系统运行正常。

装置运行中,应按照操作手册正确使用与维护,运行过程中若发现意外情况时,应立即上报管理部门,不要擅自进行维修,并在危险区域设立警示牌,防止人员进入。同时,在运行过程中,采取必要的安全防护措施,使用个人防护用具用品,进出辐射源区域需获得授权,对人员接近辐射源的行为进行控制,接近辐射源控制点时进行警报以及对关键过程进行控制等,尽量降低工作人员的剂量水平,以减少健康损害;在考虑到经济的、社会的或者政治的各种因素的条件下,使一切辐射保持在合理可行尽量低的水平。

装置正常运行过程中,所有使用单位需对装置进行管理记录,包括辐射源位置、种类、标定日期及其对应的辐射源活度、序列号或者专门的识别标志、实物形式、使用记录、辐射源的接收转移和处置交接手续等。

同时,所有使用单位还应采取下列措施防止辐射源失控:① 为了防止偷盗,阻止任何人非法接近辐射源或者存放地;② 对非法接近或者偷盗行为提供快速响应。对辐射源装置进行定期或者不定期的检查、记录并及时向审管部门报告发生的各种异常情况,包括辐射源失控、非法接近或者使用辐射源、对授权活动的恶意威胁、含源设备上的安保系统失效、发现任何未登记的辐射源等。

4.4.1.2　装置维修过程管理

为了保证辐射源装置的连续安全运行,必须制定检查和维修计划,并认真实施。定期检查和维修的主要项目包括:控制系统的使用性能、源位置指示器的功能、安全联锁系统的使用功能、产品输运系统、通风系统等,同时还应对周围环境实时监测。其中,对于放射源还应考虑源升降系统的功能和缆绳磨损情况、源罩定位情况、池水补给系统的使用功能、烟雾报警的使用功能等。对于射线装置还应考虑装置的使用性能、真空系统、磁铁系统的使用性能、各辅助测量系统的使用性能等。

在辐射源装置发生故障后,必须做到使射线装置安全停机或放射源安全回到贮存位置;禁止设备带故障运行。辐射源装置的检查和维修应由具有相应技术技能以及资质的专业人员进行。

4.4.1.3　装置安全联锁系统

辐射源装置一般配有辐射防护装置并制定严格的安全操作规程,保障人员和装置的安全。但这并不能完全避免事故的发生,防护装置仍有被打开或拆除的可能,职业人员也可能误操作导致辐射危害,因此需要在防护装置上添加一种与设备开关相关联的装置,即安全联锁系统。

安全联锁系统需要具备在防护装置被打开或拆除的情况下使设备无法启动的功能,且在设备运行中,防护装置一旦被打开,装置就会直接停止。此外装置本身也应具有应对各种突发事故的能力,如遇到突发断电,系统也应能做出正确的响应。一套完整的人机响应系统和设备自身的响应系统构成了装置的安全联锁系统。

安全联锁一般包括以下五个方面的要求:

(1)齐全的联锁系统。必须有功能齐全、性能可靠的安全联锁系统,对出入口、源操作系统、控制区等进行有效的监控和联锁。

(2)钥匙控制。放射源升降机开关以及各处通道门必须采用独立多用途钥匙或者多个钥匙串结在一起,同时还必须与一台辐射监测报警装置相连接。

(3)安全设施。主要包括灯光音响信号装置、紧急降源和开门按钮,辐射源升降和出入口门与光电系统联锁,停电自动降源系统、源架迫降系统、报警与补给系统、防止射线泄漏措施和辐射室与中央控制室系统联锁等。

(4)防火与供电要求。辐照室内和操作区域按照一级防火设计,并应设有火灾报警装置,遇有火灾险情能及时发现、报警、停机。同时辐射源装置必须设有必要的事故电源,当事故停电的时候,对检测仪表和安全联锁装置的供电时间应保证不少于 30 分钟,以确保有足够的时间采取安全补救措施。

(5)抗震及通风要求。在有可能发生严重破坏的地震区域建造辐射源装置,必须设有抗震预防措施,一旦发生严重地震的时候,确保屏蔽体的完整性和保证放射性物质不泄露,对于放射性同位素源来说需要确保其能安全回到储存位置。如果辐射导致隔离区内空气和灰尘发生较强的活化,人员进入该区域前必须通风。因为活化产物多为短寿命放射性核素,为减少对装置周围环境的影响,应将排风系统并入机器运行的联锁系统中。

　　上面的安全联锁要求是针对辐射源装置最起码的要求,对于不同的辐射源装置还将具有不同的要求,譬如说对于加速器型射线装置来说,除了需要考虑以上的安全联锁要求之外,还需进一步考虑:

　　(1)"冗余"要求。在同一位置、为同一目的使用的若干种联锁手段以提高可靠性的原则称之为"冗余"原则。在特别重要的地方,使用多重联锁可进一步提高可靠性。

　　(2)急停要求。有必要在高辐射区内设置"急停开关",以使辐射危险即将或已经出现在该区域时仍留在该区域内的人能够按下该开关,中止加速器装置运行而达到自救目的。为此,此类开关要有醒目的标志并安装在人员易到达的地方。

　　(3)联锁旁路要求。只有确因工作需要时,可以将某些辐射区(而不是高辐射区)的联锁进行旁路。但在设计阶段就应予以考虑可能旁路的地方。旁路应该加锁并首先获得运行负责人同意后才可取得钥匙。此外在联锁显示屏上也要给出明确的显示并在运行记录中进行记录,有条件时可以接入一个计时器或者限时器。一旦工作结束,可以随时拆除旁路。

　　(4)最优切断要求。联锁系统应切断机器的最初运行功能(如离子源触发、离子源的高压等),只有这样才能终止可能发生在任何地方严重的辐照危险。如果只切断后级控制而前级还在运行,则辐射危险仍未消除。

　　安全联锁最主要的作用是在各个安全环节出现紧急情况时发生联锁,因此保证装置正常运行是安全联锁最基本要求。安全联锁系统的正常工作是辐射源装置正常工作不出事故的前提。装置运行前应检查安全联锁系统工作是否正常,包括可能与之联锁的计时器或剂量率监测仪等是否工作正常,如果联锁系统工作不正常则装置不能投入使用;如果运行过程中安全联锁系统出现故障,应停止装置运行,确保装置运行过程中发生的任何意外情况不会对辐射源装置本身及相关人员等造成伤害。

4.4.2　人员管理

　　人员管理的目标是确保人员和装置的安全,避免辐射事故发生。核技术利用单位及核设施营运单位可以从提高辐射工作人员的工作技能、责任心和安全防护意识等方面着手,加强工作人员的管理,预防辐射事故发生。各使用单位应制定辐射源装置管理机构及管理负责人、辐射源装置防护负责人、辐射源装置管理负责人、辐射源装置工作维护人员等岗位职责。

　　辐射源装置管理机构及管理负责人要认真贯彻并执行国家颁布的辐射源装置使用、防护的有关规定和条例,对辐射源装置的安全使用、防护、人员设施的配备负全面管理责任,并按照国家颁布的《放射性同位素与射线装置安全和防护条例》要求,对在用、备用、拆卸的辐射源装置的使用管理、安全防护负责,组织制定辐射源装置防护管理机构、安全防护管理制度及相应的有关规程,确保辐射防护工作符合国家有关规定和标准。

　　辐射源装置防护负责人要对辐射源装置的保管、使用、防护负全面责任。负责管理辐射源装置的使用,达到国家规定的安全防护要求,确保放射防护工作符合国家有关规定;制定辐射源装置的安全防护管理制度及安全操作规程,从技术措施上保证辐射源装置的安全使用;组织有关人员对辐射源装置防护、使用、保管,每季度不少于一次的检查,并做好检查记录。

　　辐射源装置管理负责人要认真贯彻执行国家颁布的辐射源装置使用、防护的有关规定和条例,对本部门辐射源装置的安全使用,防护、人员设施的配备负全面管理责任。负责管理本部门辐射源装置的使用、存放,达到国家规定的安全防护要求,确保辐射防护工作符合国家有关规定;负责管理本部门维护人员的业务学习及专业培训,且维护人员必须持证从事本部门辐射源装置的维护工作。

辐射源装置工作维护人员要遵守辐射源装置安全防护管理制度中的各项规定,并严格按制度执行;遵守辐射源装置的安全操作规程,按规程要求维护好辐射源装置,并保证辐射源装置的正常安全使用;遵守国家制定的放射性同位素和射线装置的各项规定,严格按标准工作;负责对辐射源装置进行安装、调试、校准及日常维护工作。为了确保辐射源装置工作维护人员的素质,单位主管应定期对他们的安全表现进行检查和评议,以保证对法规和许可证条件、操作及事故处理程序的遵守,并经常进行安全教育。

核技术利用单位与核设施营运单位的各类工作人员除了需要履行上述岗位职责之外,还需要进行上岗审批和专业培训,确保其掌握的知识和技能满足岗位需求并及时获得更新。具体如下:

上岗审批管理:生产、销售、使用放射性同位素和射线装置的单位,应当按照环境保护部审定的辐射安全培训和考试大纲,对直接从事生产、销售和使用活动的操作人员和辐射防护负责人进行安全培训,考核不合格者不得上岗。

专业培训管理:辐射安全培训分为高级、中级和初级三个级别。应当接受中级或者高级辐射培训的辐射工作人员,其从事工作主要包括生产、销售、使用Ⅰ类放射源;在甲级非密封放射性工作场所操作放射性同位素;使用Ⅰ类射线装置;使用γ射线移动探伤设备。应当接受初级辐射培训的其他辐射工作人员,主要从事除在甲级非密封放射性工作场所操作放射性同位素和使用Ⅰ类射线装置之外的辐射工作。

取得辐射安全培训合格证书的人员,应当每四年接受一次再培训。辐射安全再培训包括新颁布的相关法律、法规、辐射安全与防护专业标准、技术规范,以及辐射事故案例分析与经验反馈等内容。

4.4.3　场所管理

场所管理是为了落实辐射防护分区管理措施和职业照射控制措施而采取的有效手段。本节主要从场所分区、场所监测和场所标志等三方面进行介绍。

4.4.3.1　场所分区

为了便于辐射安全的监督管理,在早期的核工业系统内,将辐射工作场所的区域分为四区进行管理和控制,即红区、橙区、绿区和白区。当前根据《电离辐射防护与辐射源安全基本标准》的规定,工作场所按照辐射剂量的水平高低将辐射场区分为控制区和监督区。

控制区是指辐射工作场所中需要和可能需要专门防护手段或安全措施的区域。根据辐射水平,控制区可进一步细分为四类子控制区,并以不同颜色作为标示,场所剂量率在 $7.5\sim25\ \mu Sv/h$ 为绿区, $25\sim2\,000\ \mu Sv/h$ 为黄区, $2\sim100\ mSv/h$ 为橙区, $>100\ mSv/h$ 为红区。控制区域的管理需要做到:

(1) 尽可能采用实体边界划定控制区边界。如果对于不能采取实体边界划定的区域则采用临时布置的防护标示物和紧急行政命令等方式来实现对高辐射剂量率区域、高辐射污染水平区域的控制。

（2）在控制区的出入口或者其他适当位置设置醒目的警告标志,并给出当前的辐射水平或者污染水平的指示。

（3）基于实体屏障,运行行政管理程序限制进入控制区的人员类别和人数等。

（4）在控制区的出入口提供防护衣具、监测设备和个人物品存储设施等。

（5）在控制区的出口处,提供皮肤、工作服、工作鞋等表面污染监测装置,提供冲洗和淋浴等设施,提供携出物品的监测设备,提供污染物的分类存储设备等。

（6）根据可能的工作性质和操作对象的不同,应当在控制区内设置并安装固定式现场防护监测报警系统。

监督区是指辐射工作场所中不需要专门的防护手段或者安全措施但需要经常对职业照射条件进行监督和评价的区域。需采取适当的手段划定监督区边界,在监督区入口处的适当位置设置监督区警告标志,并实行监督和评价。

为了保证辐射场所分区管理的有效性,需要建立控制区和监督区防护有效性定期评价制度,以便于确定是否需要改进该区域的防护手段和安全措施、改变该区域的控制边界等。

4.4.3.2　场所标志

存贮放射性同位素源和射线装置的场所,应按照国家有关规定设置明显的放射性标志,见图 4.5。射线装置的生产、调试和使用场所,应当具有防止误操作以及工作人员和公众受到意外照射的标志。放射性同位素源的包装容器以及放射性同位素源的设备和射线装置,应当设置明显的放射性标志和中文警示说明等。

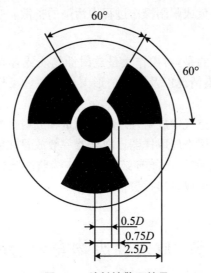

图 4.5　放射性警示符号

D 的尺寸根据现场确定;颜色:底色为橙色,三叶形为黑色。

在辐射源装置工作场所的入口处应该设置红色信号灯,在加速器辐照加工、工业射线探伤和放射治疗等使用强辐射源的作业场所内,应当设置通讯报警装置和剂量报警装置。例如辐射源装置预备运行时,该区域内要有警铃及闪动灯光,运行后保持警告灯为平光状态;附近应设置当区域内出现辐射则转动或闪动的灯光,要求此灯光比平光对人的感官刺激更为强烈,指示灯应为红色或绿色灯,但对有残余放射性的区域,绿灯应改为黄灯。

4.4.3.3　场所监测

为了能够评估工作场所的辐射状况、评价工作人员受到的照射并审查控制区和监督区划分是否适当,工作场所的监测一般包括工作场所辐射剂量水平监测、表面污染监测和空气污染监测等三个方面。

1. 辐射剂量水平监测

辐射剂量水平监测的主要目的是:对任何新的辐射源装置交付使用之前或现有装置发生任何改变以后的工作场所进行综合的外照射辐射场监测,从而为制订常规监测方案提供依据。

常规监测的频度取决于辐射环境的预期变化。若辐射场比较稳定,则基本上不需要对工作场所进行常规监测。假如工作场所的辐射场易发生变化,但变化缓慢,且不甚严重,则只需在预先设置的观察点上进行周期性或临时性的检查,就能充分地反映出辐射水平的变化。若辐射场变化速度较快,而且变化的严重程度又无法预料,那么就需要有一个报警系统,安置在工作场所,或由工作人员佩带。

2. 表面污染监测

工作场所表面污染监测的主要目的是:防止污染进一步扩散;检查污染控制是否失效或是否违反相关操作规程;把表面污染限制在一定的水平内,以防止工作人员受到污染。

对于容易发生放射性污染的场所,为防止工作人员把大量放射性物质带出工作区,必须在更衣室和工作区出口处设置污染监测仪,以便有可能探测出污染事故。在某些情况下,操作过程的监测结果有利于避免或限制操作过程中污染的扩散。

3. 空气污染监测

空气污染监测的主要目的是:对操作大量放射性物质或存在严重污染的场所进行空气污染监测,借以了解空气污染情况以及某些情形下用以估计工作人员可能吸入的放射性物质的总活度。

空气污染监测主要包括空气中放射性气溶胶测量和放射性气体测量两个方面。最普通的空气污染监测的方式是采用空气取样器。取样器一般放置在能代表工作人员呼吸带的位置上。为了探测意外的空气污染,可能有必要设置连续监测装置,连续地进行取样和测量,并且,一旦浓度超过阈值时,可以发出报警信号。

4.5　放射性废物安全管理

放射性废物指废弃的放射性物质或被放射性物质所污染且活度或比活度大于规定的清洁解控水平所引起的照射未被排除的废弃物。放射性废物是一种电离辐射源,对人体健康具有潜在的威胁。

对放射性废物进行有效的管理,可以最大程度上减小对生物圈的影响。放射性废物管理内容包括放射性废物的预处理、处理、整备、运输、贮存和处置在内的所有行政管理和运行活动。通常把有潜在利用价值的放射性污染设备、材料的管理和退役与环境整治也包括在放射性废物管理范围内。

4.5.1　放射性废物管理要求及原则

放射性废物是一种特殊的环境污染源和电离辐射源,放射性废物的安全管理除了遵循电离辐射源的管理要求外,还应该遵循一般有毒、有害物质的管理,并贯彻辐射防护三原则,正当性和最优化要求废物管理活动事由利大于弊,剂量限值是保证放射性工作人员不遭受过量照射。放射性废物的安全管理,应当坚持减量化、无害化和妥善处置、永久安全的原则。

国际原子能机构(IAEA)在 1995 年发布了放射性废物管理九条基本原则,包括保护人体健康、保护环境、超越国界的考虑、保护后代、不能给后代增加不适当的负担、建立国家法律框架、控制废物的产生、废物产生和管理间的相依性、确保寿期内的安全。

我国《电离辐射防护与辐射源安全基本标准》规定在放射性废物管理过程中应遵循的原则:使放射性废物对工作人员与公众健康及环境可能造成的危害降低到可以接受的水平;使放射性废物对后代健康的预计影响不大于当前可接受的水平;不给后代增加不适当的负担。放射性废物以各种形态存在,其种类繁多,放射性活度、生物毒性和半衰期千差万别。放射性废物的危害作用不能通过化学、物理或生物的方法消除,只可通过自身衰变等方式降低放射性水平,因此放射性废物管理有其自身特殊的要求和专门的措施。

放射性废物管理包括分类收集、净化浓缩、减容固化、集中处置、控制排放、加强监测等过程的管理。废物管理应以处置为核心,以安全为目的,充分发挥废物处置(包括排放)对整个废物管理系统的制约作用。废物管理应实施对所有废气、废液和固体废物的整体控制方案的优化和对废物从产生到处置的全过程管理,实现安全处置,保护环境,不给后代带来负担,使核技术的开发和利用能持续发展。

从放射性废物产生开始进行管理控制,达到豁免水平的可直接排放。进行处理/整备后的放射性废物,根据放射性水平的高低进行分类处理,达到国家规定的排放标准的可以进入环境或者再利用;对于短寿命的低、中放射性废物进行近地表处置;高放废物、长寿命的低中放废物需要进行地质处置;达到清洁解控水平的可以进入工艺流程进行再循环或再利用,放射性废物管理流程如图 4.6 所示。

4.5.2　放射性废物的来源和分类

放射性废物应实行分类管理,根据放射性废物的特性及其对人体健康和环境的潜在危害程度,将放射性废物分为高水平放射性废物、中水平放射性废物、低水平放射性废物和极低水平放射性废物。

4.5.2.1　放射性废物的来源

一切生产、使用和操作放射性物质的部门和场所都有可能会产生放射性废物。来源主要有以下几个方面:

(1) 在医疗上使用放射性物质或仪器进行诊断、治疗和研究实践中,被污染的设备、玻璃器皿、手套、擦拭用纸及洗消后的废水,另外还有动物尸体、排泄物和其他生物废弃物等;

（2）工业中使用放射性物质进行工艺过程控制和测量活动以及放射性物质在农业、地质勘测、建筑和其他领域的应用产生的放射性废物，包括废弃的放射源、放射性有机废液（真空泵油、润滑油、闪烁液等）、研究和生产过程中的洗消废水、毛巾、手套、防护服和面罩等；

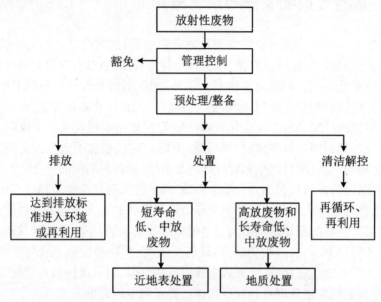

图 4.6 放射性废物管理流程

（3）各种核能生产实践如铀矿开采、燃料元件加工、乏燃料后处理过程、各种类型反应堆及核设施（设备）等均会产生放射性废物；

（4）核武器的试验和爆炸过程。

4.5.2.2 我国放射性废物分类

在一般管理的分类体系中，放射性废物按物理状态分为：气载废物、液体废物和固体废物，也就是常说的"三废"；按比活度分为：高放、中放、低放、豁免废物；固体废物按半衰期长短分为四类。表 4.5～4.7 分别给出了气载废物、液体废物和固体废物的分类。

表 4.5 气载废物的分类

名称	气载放射性废物浓度 A_v（Bq/m³）	
类别	第 I 级（低放）	第 II 级（中放）
限值	排放限值＜A_v≤$4×10^7$	A_v＞$4×10^7$

注：排放限值：审管部门规定的限值和要求。

表 4.6 液体废物的分类

名称	液体放射性废物浓度 A_v（Bq/L）		
类别	第 I 级（低放）	第 II 级（中放）	第 III 级（高放）
限值	排放限值＜A_v≤$4×10^6$	$4×10^6$＜A_v≤$4×10^{10}$	A_v＞$4×10^{10}$

表 4.7　固体废物的分类

名称	固体放射性废物比活度 A_m(Bq/kg)		
类别	第 I 级(低放)	第 II 级(中放)	第 III 级(高放)
$T_{1/2} \leqslant 60$ d(包括核素 ^{125}I)	解控水平 $< A_m \leqslant 4 \times 10^6$	$A_m > 4 \times 10^6$	
60 d$< T_{1/2} \leqslant 5$ a(包括核素 ^{60}Co)	解控水平 $< A_m \leqslant 4 \times 10^6$	$A_m > 4 \times 10^6$	
5 a$< T_{1/2} \leqslant 30$ a(包括核素 ^{137}Cs)	解控水平 $< A_m \leqslant 4 \times 10^6$	$4 \times 10^6 < A_m \leqslant 4 \times 10^{11}$,且释热率小于或等于 2 kW/m^3	释热率大于 2 kW/m^3,或 $A_m > 4 \times 10^{11}$
$T_{1/2} > 30$ a(不包括 α 废物)	解控水平 $< A_m \leqslant 4 \times 10^6$	$4 \times 10^6 < A_m \leqslant 4 \times 10^{10}$,且释热率小于或等于 2 kW/m^3	释热率大于 2 kW/m^3,且 $A_m > 4 \times 10^{10}$
$T_{1/2} > 30$ a(α 废物)	单个货包 α 核素 $A_m > 4 \times 10^6$,平均每个货包 $A_m > 4 \times 10^5$		

注:半衰期为放射性固体废物中所含寿命最长的放射性核素的半衰期。

第二种分类体系是基于放射性废物安全处置的目的,主要适用于固体废物,可将基本废物分为三级:免管废物、低/中放废物(可细分为短寿命和长寿命废物)和高放废物(如表 4.8 所示)。

表 4.8　固体废物的分类及其典型特性

废物级别		典型特性
免管废物		对公众成员的影响可以忽略不计(一般年剂量低于 0.01 mSv)
低/中放废物		对公众成员的年剂量高于 0.01 mSv,释热率低于 2 kW/m^3
	短寿命废物	限制长寿命核素的比活度(长寿命 α 辐射放射性核素,在单个货包中不超过 4×10^6 Bq/kg,平均每个货包不超过 4×10^5 Bq/kg)
	长寿命废物	长寿命放射性核素比活度高于对短寿命废物的限值
高放废物		释热率高于 2 kW/m^3,且长寿命放射性核素的比活度高于对短寿命废物的限值

4.5.3　放射性废物处理

放射性废物处理是为了安全和经济地进行放射性废物最终处置而预先进行的改变放射性废物的物理和化学状态的操作过程,包括收集、浓缩、固化、贮存以及废物的转运等活动,放射性废物的处理效果通常用去污系数和减容比来描述。其中去污系数 $DF = A_0/A_i$,A_0 表示去污前放射性核素的活度,A_i 表示第 i 次去污后的放射性核素的活度,单位均为 Bq。减容比是指放射性废物处理前后的体积缩小系数,是衡量处理方法和处理效果好坏的重要指标。

放射性废物的处理一般按两个基本原则:① 将放射性废液和废气排入开放性水域和大

气,通过稀释和扩散达到无害水平,这一原则主要适用于极低水平的放射性废水和废气的处理。② 将固体放射性废物或浓缩后的废物与人类的生活环境长期隔离,使其自然衰变,这一原则对高、中、低水平放射性废物都适用。例如在医疗上产生的放射性废物、被污染的设备、器皿、排放的洗消废水,需要先经收集、减容、暂存,达到排放标准的可以向环境排放,达不到排放标准的应该送入放射性废物处置库,进行集中存储。

处理液态废物和气载废物的目的在于从液相或气相中分离放射性核素,并将其浓集为固态形式,使在液相或气相中剩余的放射性核素浓度和总量低于国家审管部门规定的排放限值。对浓度超过国家审管部门规定的排放限值的液态和气态放射性废物必须进行处理,以便贮存、运输和处置。对液态和气态放射性废物原则上不进行厂外运输,个别情况必须经过很好的安全分析,并得到审管部门批准之后,才能运出厂外。

常见的放射性废物处理方式有:

(1) 稀释排放:低活度的放射性废水,稀释至排放限值以下进入环境。

(2) 放置衰变:对于短半衰期、低活度放射性废液,放置 10 个半衰期后,作一般废液排放。

(3) 浓缩贮存:对于长半衰期、高活度的废液,以化学沉淀、离子交换、蒸发等方法,将放射性物质浓集,缩小体积,以利长期贮存。

(4) 固化贮存:经浓缩处理后的放射性残渣,可与水泥、沥青等融合成固态废物,再予以贮存。

4.5.3.1　放射性废气的净化处理

放射性废气主要来自工艺系统、厂房、实验室的排风系统,废气的放射性浓度从前往后逐次降低。

放射性废气中可能含有放射性气体、气溶胶、颗粒物和非放射性有害气体。废气中所含的放射性核素随设施各异。例如,铀矿冶厂废气中主要核素是铀(钍)、镭、氡及其衰变子体。

废气中应尤其关注的是释放 α 射线的放射性核素,因其会引起严重的内照射危害,如 ^{239}Pu、^{226}Ra、^{222}Rn 等。^{239}Pu 较多地出现在核燃料循环后处理过程中,如后处理厂、玻璃固化厂和 MOX 燃料制造工厂;^{226}Ra、^{222}Rn 较多地出现在铀(钍)采矿和水冶厂。

废气的净化方法有很多种,常用的有过滤、吸附、洗涤、滞留衰变等。通常,工艺废气需要采用多级净化综合处理流程的废气净化系统来处理,对于厂房和实验室的排风,经过滤后一般可以向环境排放。常见场所中的处理办法有:铀矿开采过程中所产生的废气、粉尘,一般解决方式是改善操作条件和通风系统;实验室废气通常是先进行预过滤,然后经过高效过滤后排出;燃料后处理过程的废气,大部分是一些惰性气体和放射性碘,需要进行碘过滤,称为碘吸附,通常使用 1% 碘化钾浸渍活性炭为介质过滤,即可除去 99.9% 的元素碘。

衰变贮存是废气处理的一种方法,常用于核电站废气处理中。压水堆核电站的含氢废气多用压缩衰变贮存进行处理。废气经过 45～60 天的自然衰变后,分析监测放射性水平,如果达到排放标准,经过处理系统处理后即可排放,若达不到排放标准,需要更长时间的贮存或做其他处理。

4.5.3.2　放射性废液的净化处理

放射性废液通常来源多、数量大,有工艺废水、地面冲洗废水、去污废水、树脂再生液、洗消废水等。各类放射性废水的放射性核素种类、比活度、浓度、酸度和化学物质含量等可能差别很大,处理方法和成本大不相同。处理方法有吸附、絮凝沉淀、离子交换、膜蒸馏、电渗析、反渗透、衰变贮存等,下面重点对离子交换、膜蒸馏两种常用方法进行介绍。

离子交换是借助于离子交换剂中的离子与稀溶液中的离子进行交换,达到提取或去除溶液中某些离子的目的。离子交换是最适宜处理高纯度废水的方法,广泛用于核电厂水溶液处理工艺。

膜蒸馏法将膜技术与蒸馏过程相结合,以疏水微孔膜为介质,在膜两侧蒸气压差的作用下,液料中挥发性组分以蒸气形式透过膜孔,从而实现分离目的。适于处理低放废液,具有分离效率高、操作条件温和、对膜与废液间相互作用及膜的机械性能要求不高等优点。

经过净化处理的废液通过槽式排放,即先贮进一个贮槽,达到排放标准后才允许排入环境,否则返回工艺过程进行再循环。一般放射性实验室的废水容易净化到排放水平。放射性废液净化过程中所产生的泥浆、蒸发残渣、废吸附剂和废离子交换树脂需要进行放射性废物的固化处理。

4.5.3.3 放射性固体废物的处理

废气、废液经过净化处理之后,大多数废气和废液可达到排放标准,在处理过程中会有少部分放射性核素被浓缩在小体积的二次废物中,如过滤器芯、沉淀泥浆、蒸发残渣或废离子交换树脂中。这些二次废物中含有较多的水分,并且容易分散和流失,给运输和贮存带来不便,直接处置是不允许的,需要进行固化后,转变成耐久、稳定的固化体。另外核技术应用及核能生产活动也会产生诸多带放射性的固体废弃物,例如废弃的放射源、医学实践中遭受污染的仪器设备、核能生产中的乏燃料等等。

放射性固体废物常见的处理方法有:

(1) 去污。经放射性沾污的设备、器皿、仪器等,使用适当的洗涤剂、络合剂或其他溶液经过擦拭或浸渍去污,大部分放射性物质可被清洗下来。

(2) 压缩。将可压缩的放射性固体废物装进金属或非金属容器并用压缩机紧压。体积可显著缩小,废纸、破硬纸壳等可缩小到 1/3 至 1/7。玻璃器皿先行破碎,金属物件则先行切割,然后装进容器压缩,也可以缩小体积,便于运输和贮存。

(3) 焚烧。可燃性固体废物如纸、布、塑料、木制品等,经过焚烧,体积一般能缩小到 1/10 至 1/15,最高可达 1/40。焚烧要在焚烧炉内进行。

放射性固体废物的处理应把可燃性与不可燃性、可压缩性与不可压缩性废物分开,实行焚烧或压实减容。焚烧的减容倍数可达 20～100,压实的减容倍数为 2～10。焚烧炉尾气净化要求高,焚烧灰要做固化处理,焚烧炉的建设和运行投资比较高。压实操作简单,投资少,应用比较普遍。

放射性废弃物进行固化后,其固化体是安全处置的第一道屏障,所以要求固化体有足够的机械强度、良好的抗水性、较好的辐照和热稳定性,且不含游离液体。固化的方法有沥青固化、水泥固化、塑料固化、玻璃固化以及陶瓷固化(人造岩石固化)等。目前应用最多的是水泥固化,最为稳定的固化方式是陶瓷固化,它是通过高温固相反应制备热力学稳定的多相钛酸盐矿物固溶体,这种固化方式能把核废物中的放射性核素包容进矿相的晶格位置中,因此可牢固地把放射性核素固定包容起来,尤其适用于包容高毒性、长寿命锕系核素,美国和俄罗斯研究用它来固化钚废物。我国已对水泥固化体、塑料固化体、沥青固化体的性能要求制定了标准。对于低、中放废物主要是水泥固化和沥青固化、塑料固化;而对于高放废物,当前主要的做法是玻璃固化。

4.5.4　放射性废物处置

放射性废物处置是指把废物装置在一个经批准的、专门的设施(例如近地表或地质处置库)里,预期不再取回或者是经批准后将气态和液态流出物直接排放到环境中进行弥散。处置是放射性废物治理的最后的一个环节,放射性废物进行最终处置前需要进行必要的处理,以满足最终处置的要求。

放射性废物进行处理后,为了形成一个适于装卸、运输、贮存或处置的货包而进行的操作,包括把放射性废物转化为固态废物体、把废物封装在容器中和必要时提供外包装,这是放射性废物的整备过程。放射性废物经过处理和整备,达到国家审管部门规定的清洁解控水平而可以有限制或无限制地再循环/再利用,有的可以实行排放,剩下的则需要进行最终处置。

放射性废物处置目前使用过的方法主要包括陆地处置、海洋处置等。陆地处置是现今使用和研究最广泛的处置方式,放射性废物陆地处置包括浅层填埋、近地表处置、中等深度处置、深地质处置四种。

(1) 浅层填埋

浅层填埋主要是针对极低放射性废物的处置方式,其填埋深度在 $10 \sim 15$ m 范围。浅层填埋一般需采用多重屏障结构,即天然的低渗透性地质基础系统、基础封闭系统、废物系统和表面密封系统。其中基础封闭系统和表面密封系统设计为复合衬层,包括低渗性黏土层、隔水层、排水层等,还含有复合防渗结构、防动植物侵扰结构以及防水冲蚀结构。这种多种屏障复合式柔性结构可以阻滞放射性核素向环境迁移,有效地避免污染环境。

(2) 近地表处置

近地表处置是低/中放废物最广泛采用的处置方式。低/中放废物通常是指半衰期小于 30 年的短寿命放射性废物,也包含不超过规定比活度限值的长寿命核素。近地表处置深度在 $15 \sim 30$ m 范围。主要是利用岩土良好的离子交换和吸附性能,并通过设置工程屏障等措施使废物中的放射性核素限制在处置场范围内,防止放射性核素以不可接受的浓度或数量向环境扩散而危及人类安全。

(3) 中等深度处置

中等深度处置是一种较安全的处置方法,主要用于处置含少量长寿命核素的中放废物。中等深度处置方式有以下几种:专门挖掘的岩洞处置、废矿井处置等。

专门挖掘的岩洞处置是将废物处置在地表下人工挖掘出的岩洞中,然后充填空隙,回填并封堵空间。常用的岩洞类型有隧道式、窑室式、筒仓式、竖井式和深井式等。根据岩洞的几何结构可以处置各种类型、数量和体积的废物。

废矿井处置目前使用得比较多,矿井主要包括盐矿、铁矿、铀矿、石灰石矿等。此种方法可以利用现成的地下空间,具有占地面积小,贮存空间大,处置位置深的优点。需要指出的是,矿井是从采矿的角度设计的,水文地质情况复杂,往往有裂隙和地下水。未经改造的废矿井不适于贮藏放射性废物。

(4) 深地质处置

世界各国都已经形成了这样一个共识,高放废物应贮存在永远不能取出的、稳定的深层地质层里。深地质处置就是这样一种在深度 300 米以下的稳定地质层中,采用人工屏障和天然屏障相结合的多种屏障隔离体系,将高放废物与人类生态圈长期安全隔离的处置方式。此种处置方式可以使废物与人彻底隔离,人类将无法有意或无意地接近这些废物。同时彻底隔离废物与地下水流向通道,切断了废物最有可能回到人类环境的通路。深地质处置是目前唯一可实施的高放废物处置方案。

除陆地处置之外,还有其他的一些放射性废物处置方法与设想。海洋处置是将科研、医疗、核燃料循环中产生的各种低水平放射性废物固化并装入金属桶中投入到 4000 m 以下的深海中,由于此种方式对处置的废物无法监控而难以做出准确的安全评估,同时会引起海产品中放射性核素浓集,目前国际上已经禁止采用海洋处置。有人根据地质学的板块构造理论提出过海床处置方法,但因技术复杂和受到国际公约的约束,并未开展实验。此外,还有人提出将放射性固体运至南极,置于冰上,利用废物的衰变热融出一个冰罩矿井封存废物,目前此方案仍处于设想阶段。也有人提出过利用火箭等航天工具将放射性废物运至地球以外的宇宙空间处置,使废物永远脱离地球生态圈,受限于成本和发射系统、推进系统的安全可靠性,此技术也只是一种设想。

4.6　辐射事故应急

核技术的广泛应用,在给人类带来巨大利益的同时,也会因人为因素或技术因素的影响而发生辐射事故。我国每年都会有辐射事故发生,事故的预防和控制是辐射安全管理的重要内容之一。

4.6.1　辐射事故分级

辐射事故是指放射源丢失、被盗、失控,或者放射性同位素与射线装置失控导致人员受到异常照射。对辐射事故进行合理的分级,有利于加强辐射事故的管理和及时有效地控制辐射事故。

根据国务院《放射性同位素与射线装置安全和防护条例》《国家突发环境事件应急预案》,按辐射事故的性质、严重程度、可控性和影响范围等因素,从重到轻将辐射事故分为特别重大辐射事故(Ⅰ级)、重大辐射事故(Ⅱ级)、较大辐射事故(Ⅲ级)和一般辐射事故(Ⅳ级)四个等级;

特别重大辐射事故是指利用放射性物质进行人为破坏事件,或Ⅰ类、Ⅱ类放射源丢失、被盗、失控造成大范围严重辐射污染后果,或者放射性同位素和射线装置失控导致 3 人以上(含 3 人)急性死亡,放射性物质泄漏造成大范围放射性污染事故。

重大辐射事故是指Ⅰ类、Ⅱ类放射源丢失、被盗、失控,或者放射性同位素和射线装置失控导致 2 人以下(含 2 人)急性死亡或者 10 人以上(含 10 人)急性重度放射病、局部器官残疾,放射性物质泄漏,造成局部环境放射性污染事故。

　　较大辐射事故是指Ⅲ类放射源丢失、被盗、失控,或者放射性同位素和射线装置失控导致 9 人以下(含 9 人)急性重度放射病、局部器官残疾,铀(钍)矿尾矿库垮坝事故。

　　一般辐射事故是指Ⅳ类、Ⅴ类放射源丢失、被盗、失控,或者放射性同位素和射线装置失控导致人员受到超过年剂量限值的照射,铀(钍)矿、伴生矿严重超标排放,造成环境放射性污染事故。

　　与辐射事故分级方式不同,核事故一共分为 8 级,其中把对安全没有影响的事故划分为0 级,事故的影响从小到大依次分为 1 到 7 级,较高的级别(4～7 级)被定义为"核事故";较低的级别(1～3 级)为"核事件",不具有安全意义的事件被归类为零级,定义为"偏离",与安全无关的事件被定为"分级表以外"。

4.6.2　辐射事故应急预案

　　为建立、健全辐射事故应急机制,积极防范和及时处置各类辐射事故,提高相应单位应对辐射事故的应急反应能力,最大限度降低辐射事故的危害程度,保护人民群众健康和生态环境安全,促进经济社会全面、协调、可持续发展,相应单位必须建立符合本单位实际情况的应急预案。

　　县级以上人民政府环境保护主管部门应会同同级公安、卫生、财政等部门编制辐射事故应急预案,报本级人民政府批准。辐射事故应急过程包括以下方面:

　　(1) 应急机构的职责;

　　(2) 应急人员的组织、培训以及应急和急救的装备、资金、物资准备;

　　(3) 辐射事故分级与应急响应措施;

　　(4) 辐射事故调查、报告和处理程序。

　　生产、销售、使用放射性同位素和射线装置的单位,应当根据可能发生的辐射事故的风险,制定本单位的应急方案,做好应急准备。

　　应急预案主要包含但不限于以下内容:编制依据、适用范围、辐射事故分级、组织机构及职责、预防事故措施、应急处理措施、辐射事故的报告、善后处理,以下分别对应急预案的几个主要部分进行解读:

　　(1) 主要编制依据:介绍辐射事故应急预案的编制依据,主要是与之相关的法律法规,包括《中华人民共和国突发事件应对法》(主席令第 69 号)、《中华人民共和国放射性污染防治法》《放射性同位素与射线装置安全和防护条例》《电离辐射防护与辐射源安全基本标准》《放射性同位素与射线装置安全许可管理办法》和《放射事故管理规定》等,同时应该结合所在地的规章条例制订应急预案,例如《×××省突发公共事件总体应急预案》等。

　　(2) 适用范围:包含全部与本辖区内对应的可能发生的辐射事故,例如辖区内有一家使用^{60}Co 辐射源进行辐照灭菌的企业,那么预案对应的范围应该包括:放射源、放射性物质丢失、被盗、失控以及造成环境放射性污染事故、γ 射线装置运行失控导致人员超剂量受照事故等。

　　(3) 辐射事故分级:对可能出现的辐射事故进行分级,充分预估可能出现的辐射事故类型、影响范围等,提前部署事故应急,同时应考虑到可能发生的事故的最严重的级别。

　　(4) 组织机构及职责:本部分内容是辐射事故应急预案的重要内容,详细列举各个参与部门的职责,防止在事故出现时手忙脚乱。视情况决定成立辐射事故紧急指挥部、辐射事故应急指挥部办公室、应急工作小组,同时建立现场处置组、医疗救护组、新闻报道组、专家咨询组、应急保障组和技术后援组等。

(5) 预防事故措施:根据各单位实际情况,制定相应预防事故措施,主要包括:

① 做好充分的安全防护措施;

② 建立健全辐射管理的各项规章制度(如使用权限规定、操作规程、值班制度、应急设备定期检查保养制度等);

③ 加强辐射工作人员的安全意识,持证上岗,并定期组织培训,培训合格后上岗;

④ 安装并使用报警联锁装置或应急开关,并定期检查设备状况,使设备处于正常工作状态;

⑤ 运营单位应根据所在区域的实际情况,有计划、有重点地组织辐射事故应急预案演练。演习完毕,总结评估应急预案的可操作性,必要时对应急预案做出修改和完善。

(6) 应急处理措施,以直线加速器放疗为例:

① 立即按下应急开关或切断主控电源,保护好事故现场,第一时间上报;

② 启动应急预案;

③ 控制现场,积极主动调查事故原因;

④ 及时报告当地环保部门和卫生部门,并及时填写《辐射事故初始报告表》;

⑤ 协助环保、卫生部门调查事故原因;

⑥ 协助卫生专业人员对受照射人员进行受照剂量估算,并进行身体检查和医学观察;

⑦ 及时向公众发布消息,消除公众疑虑。

(7) 辐射事故报告:发生辐射事故的单位应第一时间上报事故情况,辐射事故的报告分为初报、续报和终报。初报是在发现事故后立即上报;续报在查清有关基本情况后随时上报;终结报告在事故处理完毕后立即上报。

(8) 善后处理:善后处理包括人员安置补偿、征用物资补偿、受污染环境恢复等事项,并明确善后处理工作的牵头单位及责任;总结经验教训,防止类似事故再次发生。

同时辐射事故应急预案还应包括:事故报告程序和信息发布制度、事故处理和监测流程与方法、放射源或放射性污染物处理方案和对策以及必要的应急车辆、监测仪器和个人防护用品。

对于确定下来的辐射应急预案,各个参与单位应该落实预案中的各个事项,定期进行人员培训与演练(如图 4.7 所示),不断总结经验并修改完善应急预案,使应急响应水平不断提高。

4.6.3　辐射事故应急响应

辐射事故有发展的自然性和即时的破坏性,所以实施事故应急响应是非常必要的。如果不进行救援,其后果是不堪设想的。放射性污染范围的增大、污染途径的增多、污染物质的增加,会使人员伤害范围增大、受照剂量增加,以致事故后果更严重,所以尽快启动辐射事故应急响应是非常有必要的。

在事故情况下,事故主体和政府的应急组织需立即进入应急响应状态,并迅速做出应急响应。应急响应的目标是采取一切可以采取的措施缓解事故的后果、防止工作人员和公众中出现放射性照射引起的确定性效应,并尽可能减少对公众造成的随机性效应,提供及时的医疗救护并处理辐射损伤,保护环境和财产并尽可能减小负面社会效应。

图 4.7　辐射事故应急预案演练

4.6.3.1　应急准备阶段

从应急指挥部接到辐射事故应急响应的报告或消息至实施现场应急,这个阶段为应急准备阶段。

在发生辐射事故时,第一步即启动应急组织及预案,按照《放射性同位素与射线装置安全和防护条例》的要求,实施以下应急措施:

(1) 发生辐射事故时,生产、销售、使用放射性同位素和射线装置的单位应当立即启动本单位的应急方案,采取应急措施,并立即向当地环境保护主管部门、公安部门、卫生主管部门报告。

(2) 环境保护主管部门、公安部门、卫生主管部门接到辐射事故报告后,应当立即派人赶赴现场,进行现场调查,采取有效措施,控制并消除事故影响,同时将辐射事故信息报告本级人民政府和上级人民政府环境保护主管部门、公安部门、卫生主管部门。

(3) 县级以上地方人民政府及其有关部门接到辐射事故报告后,应当按照事故分级报告的规定及时将辐射事故信息报告上级人民政府及其有关部门。发生特别重大辐射事故和重大辐射事故后,事故发生地省、自治区、直辖市人民政府和国务院有关部门应当在 4 小时内报告国务院;特殊情况下,事故发生地人民政府及其有关部门可以直接向国务院报告,并同时报告上级人民政府及其有关部门。

(4) 禁止缓报、瞒报、谎报或者漏报辐射事故。

在应急准备阶段,相关人员与部门应做好一切应急准备工作,包括所有应急人员的到位,交通、通讯器材的准备、监测、防护、医学救助器材的准备,近期天气资料的获取,办公用品、地图、应急预案、法律法规、事故危害预测与评价资料及软件的准备等。尤其要注意:

① 交通、通信保障。交通与通信是辐射事故应急响应的重要条件,是快速响应的前提,直接关系到辐射事故应急响应的质量。一般情况下,辐射事故应急响应单位应该具有专用的应急交通工具,没有条件的单位至少应指定在应急期间的专用交通工具,并保证交通工具

始终处于良好可用状态。应急响应中的通信保障是实现应急快速响应、指挥畅通、信息交流及时的保证。

② 技术、器材保障。辐射事故应急响应工作是一项专业性强、技术难度大、测量分析复杂的救援工作,因此要有较高的专业知识、技术和器材作为保障。辐射事故应急响应工作涉及剂量学、辐射防护、环境保护、气象学、分析化学、放射化学、放射医学和放射性测量等知识,应急指挥人员的综合知识要好,应急专家组成员的水平要高。只有这样才能保障应急工作顺利开展。应急处理工作中,专业器材保障是必需的,如辐射剂量率仪、表面沾污仪、中子剂量仪、个人剂量报警仪等都是首选的器材。

辐射事故应急响应分为两个状态:

第一种状态:放射源或放射性物质确认处于设施内部(或运输容器内部),放射源、放射性物质污染只有轻微的局部弥散。

第二种状态:放射源或放射性物质失控,处于设施外地点不明处;放射源的泄漏或放射性物质污染已波及大面积环境范围。参与辐射事故应急的单位应该根据事故应急响应的不同状态,有针对性地开展应急措施,减小事故影响。

4.6.3.2　现场应急阶段

自应急指挥部下达实施现场应急命令到应急终止前的阶段为现场应急阶段,这个阶段是应急救援的关键阶段,持续时间最长、工作量最大、危险性最高。

在现场应急阶段中,监测人员要携带仪器和设备赶到事故现场实施辐射监测和现场取样,救援人员要指导公众进行自我防护,稳定公众情绪,协助当地政府做好公众撤离、交通管制、污染控制、去污处理、环境保护等工作。

辐射事故造成了地面、道路、农作物、工作场所、物品等放射性污染时,必须对这些被污染的对象进行放射性去污处理。由于放射性自身的特性,用物理和化学的方法无法改变放射性,只能依靠核素的衰变慢慢降低放射性强度,因此非常有必要避免放射性核素二次污染、人员吸入等,对铲除的带有放射性的表面浮土、擦拭用纸、拭布,被减容的带有放射性的植物、作物、衣服等,均要装入专用的放射性废物桶,集中存放入城市放射性废物库,任何人和单位均不能随便带出放射性废弃物。

如果需要,事故危害预测与评价人员要根据气象资料和现场监测数据,对事故危害后果进行预测与评价,划出污染范围及边界,提供公众是否撤离、交通是否管制的建议,供应急指挥部决策。同时应急指挥部应将事故情况和应急情况及时报告上级部门,并通告相关部门,必要时可以通过宣传媒体向社会发布应急响应结果信息或向公众宣传自我救助的知识和方法,稳定公众情绪。

4.6.3.3　应急终止阶段

通过对事故现场应急救缓,确认事故状态得到控制,事故条件已经消除,放射性物质的释放已降低到限值之内、辐射事故中的放射源或放射性物质已经得到控制、放射性污染经去除处理已经达到当地本底水平,或者事故的长期后果可能引起的照射降低至合理的水平。如果满足上述条件,即进入应急终止阶段。

辐射事故应急机构(或组织)在应急终止阶段的工作主要有以下几个方面:一是对事故

及事故危害做出评价,分析事故发生原因及事故发展进程,评价事故每个发展阶段的污染范围,评价事故对公众的危害及对水源、土壤、植物、作物、牛奶等资源的污染程度;二是对事故长期后果做出评价;三是对应急响应行动做出评价,可从应急响应组织指挥、通信联络、现场救助、取样与监测、去污处理、废物收贮、应急人员剂量控制等方面进行详细评价;四是编写应急响应报告。前三个方面为主要内容,全面总结与评价应急响应行动。

　　应急响应行动虽然终止了,但仍要对事故地区的环境质量及群众健康状况给予关心,定期或不定期地对事故地区进行环境质量监测,对人群划分出年龄组,跟踪调查其健康状况,对后续的辐射环境影响做出合理的评价。事故处理流程如图4.8所示。

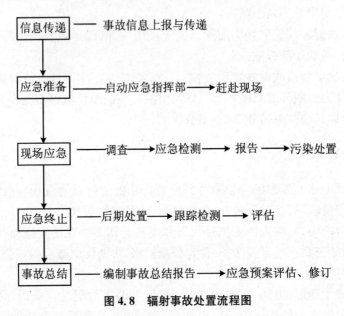

图 4.8　辐射事故处置流程图

4.6.4　辐射事故案例总结

　　本节对2004～2013年间我国内地发生的辐射事故进行简要地分析与总结,发掘辐射事故发生的基本规律,总结经验与教训,以期杜绝类似事故再次发生。

4.6.4.1　2004～2013年辐射事故基本情况

　　2004～2013年期间,共发生各类辐射事故244起,平均每年24.4起,同1988～1998年平均每年30起相比,下降了约19%。在244起事故中,有1起与核医学非密封放射性同位素应用(放射性药物制备)有关,1起为X射线探伤装置失控引起人员受超剂量照射的事故,其余都发生在放射性同位素源应用领域。根据全国核技术利用辐射安全管理系统的统计数据,截至2013年底,在用的放射源约一万枚。以此为基数估算事故发生率,2004～2013年期间,放射源事故平均发生率约为每年2.2起/万枚,比20世纪90年代的6.2起/万枚,下降了约65%。

　　从图4.9事故年度分布来看,事故的发生数量除在个别年份有所波动外,总体呈下降趋势,后5年的数量(72起)要明显低于前5年(172起),尤其是2013年事故数量下降到了10

起以下,体现了我国核技术利用的逐步规范和辐射安全监管力度的逐渐加强。

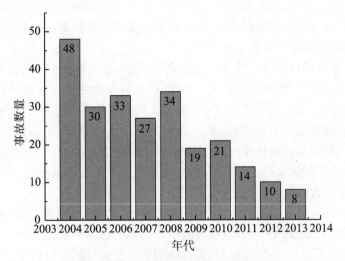

图 4.9　2004～2013 年辐射事故年度分布

2004～2013 年期间,内地 31 个省份发生过辐射事故,分布情况见表 4.9。

表 4.9　内地各省(区、市)辐射事故统计

省份	数量	省份	数量	省份	数量	省份	数量
安徽	14	北京	5	重庆	5	福建	8
甘肃	3	广东	10	广西	15	贵州	12
海南	1	河北	8	黑龙江	4	河南	6
湖北	8	湖南	13	江苏	21	江西	7
吉林	8	辽宁	2	内蒙古	9	宁夏	5
青海	3	陕西	10	山东	25	上海	4
山西	1	四川	10	天津	2	新疆	6
西藏	1	云南	10	浙江	8	—	

10 年间累计发生 21 起以上事故的省份有 2 个,累计发生 11～20 起的省份有 4 个,6～10 起的省份有 13 个,1～5 起的省份有 12 个。

我国幅员辽阔,各省、自治区、直辖市拥有的辐射源数量的差异也非常大,事故多发的省份,其事故的发生率并不一定高。因此,不能单一以辐射事故发生的数量来判定某省的辐射安全监管水平。

4.6.4.2　事故主要特点

按照事故性质,2004～2013 年放射源丢失、被盗、失控但未造成人员超剂量照射或放射性污染的事故,共 227 起,占事故总数的 93%,其中放射源丢失与被盗事故 190 起,发生此类事故的单位多为小型密封源使用单位,放射源多属Ⅳ类或Ⅴ类。放射性同位素或射线装置失控造成人员受超剂量照射的事故有 8 起,占事故总数的 3.3%,分别发生在辐照加工(2

起)、工业探伤(5起)和医用放射性药物制备(1起)领域。放射源密封性被破坏后造成放射性污染的事故9起,占事故总数的3.7%,其中打捞落井放射源过程中出现的放射源破损2起,放射源失控后被当作废旧金属熔炼3起,放射源丢失后被拆解、破碎2起,火灾和工艺设计缺陷导致的放射源熔毁事故各1起。

从事故等级来看,244起事故中有一般事故217起、较大事故18起、重大事故9起,无特别重大级别的辐射事故。89%的事故为一般事故,这些事故主要为放射源丢失、被盗或失控类事故,涉及的放射源基本为Ⅳ类或Ⅴ类;较大级别的事故多为Ⅲ类工业探伤源丢失、被盗事故,或者Ⅱ类放射源落井失控事故;重大级别的事故主要为Ⅱ类工业探伤放射源被盗事故,或者人员受超剂量照射致死事故。较大和重大事故合计占11%,虽然比例较小,但这些事故中有些是引起了职业人员受超剂量照射,造成人员严重损伤或死亡,有些是丢失的放射源活度高,造成了较大的社会影响。

从领域分布来看,事故主要发生在核子仪(169起)领域,占事故总量的69%,其中以料位计应用发生事故最多,共107起,这些事故单位基本上都属于水泥生产行业。放射性测井事故(37起)占事故总量的15%,放射性测井辐射事故主要是测井过程中发生的含源设备卡井或落井。工业探伤(20起)占事故总量的8%,工业探伤事故基本都是工业γ探伤机丢失、被盗或放射源失控后造成的人员超剂量照射事故,只有1起事故是工业X射线探伤机失控造成的。工业辐照事故(2起)占事故总量的1%,但2次事故都造成了人员的受照死亡。医疗应用领域事故(11起)占事故总量的5%,医疗应用领域以敷贴器和校验源丢失或被盗事故为主,分别为5起和3起,另外发生了1起放射性药物制备过程中的人员受超剂量照射事故,1起骨密度仪放射源丢失事故以及1起废旧放射源处置不当导致的丢失事故。科研教学及其他应用(共5起)占事故总量的2%。

事故在各类应用中的分布特点表明,核子仪、放射性测井和工业探伤等应用中发生的事故是近10年来辐射事故的主要组成部分,也是加强辐射安全监管、降低事故发生率应该关注的主要方面。

4.6.4.3 事故经验总结

通过对2004~2013年辐射事故的分析,可以发现事故多数是由人为因素造成的,其中有操作人员的问题,有事故单位管理层的问题,但是大部分事故的直接原因都体现了辐射事故单位存在辐射安全意识薄弱、安全管理不善、安全文化缺失等深层次的问题,解决这些问题,降低辐射事故风险,应在以下方面予以加强:

(1)加强易丢失放射源的安全保卫措施。

2004~2013年,核子仪、工业探伤、放射性测井及医疗应用中都发生了多起安全保卫措施不到位导致的放射源丢失、被盗事故,多见于核子秤、料位计、探伤机等小型易拆卸、可移动的含源设备。放射源使用单位应进一步加强此类设备的安全保卫措施:从建立健全各项安全保卫制度出发,安排专人负责;定期对使用的含源设备进行安全自查,及时排除安全隐患,确保警示标志、警示语句等清晰可见;不用放射源时送到专用的放射源暂存场所安全贮存,保持良好的贮存记录,定期盘查;加强停产、维修、放假等特殊时期的放射源安全管理。

(2)加强闲置、废弃放射源的管理。

2004~2013年,每年都发生多起闲置、废弃放射源的丢失、被盗事故,主要是使用放射源单位未对闲置、废弃放射源及时送贮,且安全管理松懈造成的。加强闲置、废弃放射源的管理,尤其是加强终止和变更相关工作单位对放射源的管理,避免其脱离监管范围流入社会,形成安全隐患,是降低辐射事故发生率、保障社会稳定、降低社会危害的重要手段。放射源使用单位应及时将闲置、废弃的放射源送贮,送贮前应妥善保管。监管部门应关注关停或转类放射源使用单位的辐射安全管理,督促其依法处置闲置、废弃放射源,消除安全隐患。

(3)预防放射性测井中的放射源卡井、落井。

放射性测井应用中发生的辐射事故多为放射源卡井或落井事故,放射源卡井时所处位置较深,一般不会对人员和环境造成危害,但有时会造成较大的社会影响,因此应尽量避免。

放射性测井单位应制定防止探测器具被卡措施和解卡操作规程,加强放射源的安全使用,提升工作人员安全意识和责任心,严格落实放射性测井操作规程,有效防止放射源落井。

(4)加强室外工业探伤的安全管理。

2004～2013 年发生的多起工业探伤类事故表明,工业探伤仍是辐射事故频发的领域,尤其是室外工业探伤。各探伤单位应严格遵守环保部发布的《关于 γ 射线探伤装置的辐射安全要求》,建立健全本单位辐射安全内部管理机构和规章制度,逐级落实探伤作业的辐射安全责任制,认真落实探伤作业各项辐射安全要求,张贴作业公告,优化作业时间并确保及时告知管理者和周围人员,加强工作现场的辐射安全措施,配备必要的辐射监测设备并保持良好的运行状态,减少放射源在临时存贮和运输过程中丢失的可能,对于异地作业还应遵守相关的备案制度。

(5)加强辐照装置的辐射安全管理。

2004～2013 年期间发生的两起人员误入辐照室致死亡事故表明,辐照装置必须严格按照国家规定进行设计、建造、运行和维护,必须具备多道辐射安全联锁装置,配备并使用具有报警功能的辐射剂量巡测仪和个人剂量报警仪,并加强辐射工作人员的培训。对此,我国辐射安全监管部门根据《γ 辐照装置设计建造和使用规范》(GB 17568—2008)、《γ 辐照装置的辐射防护与安全规范》(GB 10252—2009)、《γ 辐照装置退役》(HAD 401/07—2013)、《辐照装置卡源故障专项整治技术要求(试行)》等标准和相关文件,对工业辐照装置的安全设计、行政许可、日常监管和退役处置等方面的技术要求和安全管理都予以了加强,有效降低了辐照装置事故或事件的发生率。

(6)加强对公众辐射知识的宣传教育。

鉴于放射源的丢失、被盗和误用等事件、事故的不断发生以及一些辐射事故发生造成的公众恐慌等不良的社会影响,应加强对公众的正面宣传教育,使其在了解放射源用途的同时,也了解放射源的危害,并掌握安全防护基本技能。另外,废旧金属回收站人员虽然不属于辐射工作人员,但也应给予适当的宣传教育,使之熟悉基本的辐射安全知识,如电离辐射警示标示等,防止流入废旧金属回收渠道的放射源被熔炼。

参 考 文 献

[1]　放射性物质安全运输规程:GB 11806—2004[S].北京:中国标准出版社,2004.

[2]　辐射防护规定:GB 8703—88[S].北京:中国标准出版社,1988.

[3]　何仕均.电离辐射工业应用的防护与安全[M].北京:原子能出版社,2009.

［4］　李德平,潘自强.辐射防护手册.第三分册.辐射安全[M].北京:原子能出版社,1990.

［5］　电离辐射防护与辐射源安全基本标准:GB 18871—2002[S].北京:中国标准出版社,2002.

［6］　李裕熊.关于粒子加速器人身辐射安全联锁系统设计原则的建议[J].辐射防护,1989(1):23-26.

［7］　安装在设备上的同位素仪表的辐射安全性能要求:GB 14052—1993[S].北京:中国标准出版社,1993.

［8］　操作非密封源的辐射防护规定:GB 11930—2010[S].北京:中国标准出版社,2011.

［9］　山西省人民政府办公厅关于印发山西省辐射事故应急预案的通知[N].山西政报,2014-5.

［10］　李祥明,王延.对核事故与辐射事故应急响应的探讨[J].山东环境,2002(6):30-32.

［11］　彭建亮,陈栋梁,王晓涛,等.2009～2011年全国辐射事故调查[J].中国职业医学,2014,41(4):470-471.

［12］　彭建亮,陈栋梁,姜文华,等.我国2004～2013年工业 γ 射线探伤辐射事故回顾与分析[J].辐射防护,2015,35(4):248-252.

第5章 辐 射 监 测

辐射监测是辐射防护的基础,通过辐射监测,我们可以了解辐射种类以及辐射水平大小,从而可以开展有针对性的防护措施。根据监测的对象,辐射监测可分为个人剂量监测、工作场所监测、环境监测。按监测目的,辐射监测可分为常规监测、任务监测和特殊监测。本章首先介绍辐射监测的法规依据,随后介绍各种射线的监测原理与方法,最后按监测对象对个人剂量监测、工作场所监测、环境监测等进行简要介绍。

5.1 监测的法规依据

在国家法律层面,对辐射监测提出具体要求的法律主要有《中华人民共和国放射性污染防治法》和《中华人民共和国职业病防治法》。前者要求核设施运营单位、核技术利用单位、铀(钍)矿和伴生放射性矿开发利用单位对工作场所及环境实施辐射监测,涉及气载或液态放射性流出物的还应当对流出物进行定量监测,确保符合环保单位对排放方式和限值的要求;后者要求在放射性工作场所和放射性同位素运输贮存过程中,用人单位必须配备防护设备并保证接触辐射的职业人员佩戴个人剂量计,实施由专人负责的个人剂量日常监测,建立个人剂量监测和职业健康监护档案。

在国务院条例层面,《中华人民共和国民用核设施安全监督管理条例》《放射性同位素与射线装置安全和防护条例》《放射性废物安全管理条例》和《放射性物品运输安全管理条例》等对相关单位的辐射安全责任提出了明确要求,并要求相关单位开展针对性的辐射监测工作,包括个人剂量、工作场所、环境的监测。根据上述相关条例,国务院各部委部门发布了相关的管理办法,对条例中相关要求提出了具体操作办法,在此不再赘述。

5.2 辐射测量的原理与方法

电离辐射包括 X/γ 射线、中子、α 射线、β 射线等。对不同类型的辐射,其探测原理与方法也有所不同。X/γ 射线为不带电的光子,可以对其与物质发生光电效应等作用产生的带电粒子进行探测。中子不带电,在物质中也不能直接引起电离而被探测,因此中子必须借助其与原子核发生相互作用产生的次级带电粒子来实现探测。α 射线和 β 射线为带电粒子,可以直接探测获得带电粒子的能量和粒子数等信息。本节将分别介绍 X/γ 射线、中子和带电粒子(主要是 α、β 粒子)的监测原理与方法。

5.2.1　X/γ 射线测量

X/γ 射线监测是通过探测其与物质作用产生的次级电子来实现。常用的 X/γ 射线监测仪器有：气体探测器、闪烁体探测器、半导体探测器和热释光探测器等，其中气体探测器包括气体电离室、正比计数器、G-M(盖革-米勒，Geiger-Müller)计数器。

5.2.1.1　气体探测器

气体探测器典型结构如图 5.1 所示。当 X/γ 射线射入灵敏区(充满工作气体的两个电极之间区域)时，与工作气体介质发生相互作用，产生次级电子。这些电子在其运动轨迹上使工作气体中的原子电离，产生一系列电子-离子对。在灵敏区电场作用下，电子、正离子分别向两级漂移，使相应极板的感应电荷量发生变化，形成电离电流。电流信号与 X/γ 射线的剂量或注量近似成正比关系。

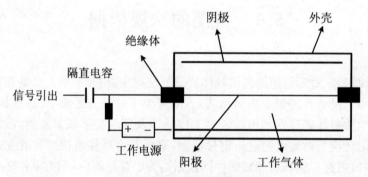

图 5.1　气体探测器结构示意图

当入射 X/γ 射线强度不变时，气体探测器的输出信号随外加工作电压 V 变化的关系，称为气体探测器的饱和特性，如图 5.2 所示。按气体探测器的工作状态，气体探测器分为气体电离室、正比计数器和 G-M 计数器，分别对应图 5.2 中 B、C、E 段。下面分别对其进行简要介绍。

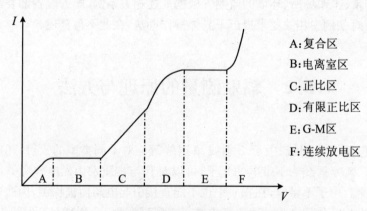

A:复合区

B:电离室区

C:正比区

D:有限正比区

E:G-M区

F:连续放电区

图 5.2　气体探测器输出的信号与外加电压关系

1. 气体电离室

根据空腔电离理论,给定物质的吸收剂量正比于该物质内小的充气空腔中产生的电离量。实际使用过程中要满足该理论要求,空腔尺寸应该比辐射引起的次级带电粒子射程小,固体介质的尺寸应比次级电子的射程大,以便在空腔内建立电子平衡。

对于气体电离室,固体介质即为室壁材料,空腔是电离室内部的充气空间。当室壁材料使用组织等效材料(如聚乙烯、聚丙烯等有机材料)时,气体电离室可用于测量组织等效吸收剂量。气体电离室一般用于 X/γ 射线吸收剂量的绝对测量。

2. 正比计数器

与气体电离室相比,正比计数器在离子收集的过程中会出现气体放大现象,初始电离的电子在电离碰撞中逐次倍增而形成电子雪崩,使收集电极上感生的脉冲幅度变为原电离感生脉冲幅度的数倍。

正比计数器可以看作一种内部具有气体放大作用的电离室,计数器内产生的离子对数量与吸收剂量或注量(粒子数)成正比。该正比关系表明,正比计数器可用于吸收剂量或注量(粒子数)的测量。另外,如果正比计数器内气体和室壁是组织等效材料,正比计数器也可用于组织吸收剂量的测量,通过改变室壁厚度可以给出不同组织深度处的吸收剂量;如果室壁较薄则可用于探测注量(粒子数)。

正比计数器的主要优点是探测器脉冲幅度大、灵敏度高;主要缺点包括两方面,一方面制作工艺和工作条件要求高(工作电压高而且稳定度高,绝缘度高,内充气体纯度高);另一方面,测量时会丢失一部分在计数器甄别阈值以下的脉冲信号(测量不到),使测量精度下降。

3. G-M 计数器

在 G-M 计数器中,电极收集到的电荷数与原电离无关,任何射线只要在灵敏区产生了电离现象,都会引起放电而被记录,且不同能量射线得到的脉冲输出幅度基本相同。此时,空腔电离理论对 G-M 计数器不再适用,G-M 计数器所记录的计数率实际上反映的是 X/γ 射线的强度信息。

如图 5.3 所示,对于铜、铝、铅等阴极材料,在一定能量范围内,G-M 计数器的探测效率与入射射线能量几乎成正比关系,因此 G-M 计数器的计数率与入射射线能注量率成正比关系,利用 X/γ 射线的照射量率与射线能注量率也成正比关系的特点,可以使用 G-M 计数器测量到的计数率反映 X/γ 射线的照射量率信息。

G-M 计数器的主要优点是结构简单、使用方便、价格便宜、灵敏度和稳定性高;主要缺点包括不能鉴别粒子的类型和能量、分辨时间长、计数率不能过高、正常工作的温度范围较小。

5.2.1.2　闪烁体探测器

闪烁体探测器使用光电转换器件将闪烁体与 X/γ 射线相互作用时产生的荧光信号转换成电信号并加以收集处理,从而实现对 X/γ 射线注量和能谱的直接测量。由于其具有较好的能量分辨率,可以用于测量放射性核素的活度、注量率等。此外,根据注量和能谱测量结果计算可得到剂量信息,因此也可以用于 X/γ 射线的剂量测量。

闪烁体探测器主要由闪烁体、光电转换器件和数据获取系统等组成。常用闪烁体有塑料闪烁体、有机晶体（蒽、萘、对联三苯等）、有机液体闪烁体、无机盐晶体（NaI、$Bi_4Ge_3O_{12}$、ZnS 等）和玻璃体等。光电转换器件包括光电倍增管、多通道电子倍增器（又称微通道板）、硅光电倍增管等。数据获取系统通常由甄别器、脉冲成型器和能谱分析器等组成。

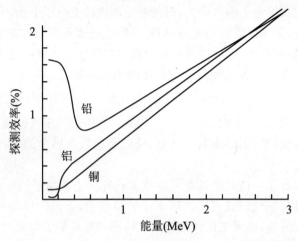

图 5.3　几种典型阴极材料 G-M 计数器探测效率与 X/γ 射线能量的关系曲线

下面以一种常用的 NaI(Tl) 晶体 X/γ 射线能谱仪为例介绍闪烁体探测器工作原理。X/γ 射线与晶体发生相互作用产生次级电子，电子使晶体电离和激发，在退激过程中发射荧光光子。荧光光子与光电倍增管阴极表面的碱金属发生光电效应产生光电子。光电子在电场作用下逐级加速倍增，在阳极上形成电脉冲信号。脉冲信号经线性放大和多道分析器模数转换后得到 X/γ 射线的能谱，如图 5.4 所示。

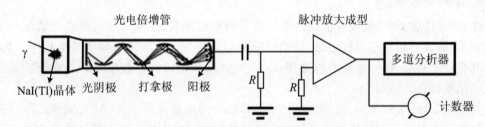

图 5.4　NaI(Tl) 晶体 X/γ 射线能谱仪工作原理示意图

5.2.1.3　半导体探测器

半导体探测器测量 X/γ 射线的原理与气体电离室类似。半导体探测器加有高压，使其 PN 结区（简称结区）内具有较强的电场强度，此时入射的 X/γ 射线在结区与半导体介质发生作用产生次级电子，使结区内产生大量的电子-空穴对。在外加电场作用下，电子、空穴分别向正、负极迅速漂移并被收集，从而在输出回路中形成电信号，如图 5.5 所示，利用该电信号可实现对剂量、射线能量和注量的测量。

由于固体半导体介质和气体介质在密度和电离能方面存在差异，在同样能量的射线作用下，半导体器件单位体积产生的电子-空穴对数要比在气体中产生的离子对数高得多，统计涨落更小，因此半导体探测器具有更好的能量分辨能力。

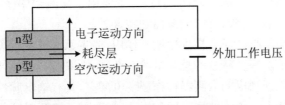

图 5.5　半导体探测器工作原理示意图

5.2.1.4　热释光探测器

射线与晶体作用可产生大量电子-空穴对,电子在晶格内运动过程中会落入深度不同的陷阱,这些落入陷阱而被俘获的电子在晶体被加热时会重新被激发至导带并发光,这一现象称为热释发光。加热晶体放出的总光子数与陷阱中释放出的电子数成正比,而释放出的电子数又与晶体最初吸收的射线能量成正比。因此可通过测量加热释放的总光子数来探测各种核辐射剂量。热释光探测器是一种累积剂量离线测量装置,具有体积小、灵敏度高、量程宽、测量对象广泛等优点,缺点是无法实时在线监测。

辐射探测元件材料,除需具有热释光特性外,还要求晶体具有陷阱密度高、发光效率高、在常温下被俘获的电子能长期贮存(即自行衰退性小)、发光曲线比较简单等特性。然而,上述要求实际上很难全部满足,只能根据不同实验目的选择较为适合的材料。常用的热释光材料有 LiF、CaF_2、Li_3BO_3、BeO、$CaSO_4$ 等,其中最常用的是 LiF,它自行衰退性小、能量响应好,但制备工艺复杂、灵敏度不如 Li_3BO_3 等材料高。

5.2.2　中子测量

相比于 X/γ 射线的测量,中子的测量要困难一些,主要原因在于中子与物质相互作用引起的次级辐射种类多且反应截面随中子能量变化规律复杂;同时中子辐射场中总是伴有 γ 射线,在测量时需排除 γ 射线的干扰。

中子是电中性的,不像带电粒子可以直接引起物质的电离或激发,不能直接被探测;它也不像 γ 射线那样可以与核外电子作用产生电子来进行探测。因此,中子的探测比带电粒子和 γ 射线困难。但也正因为中子不带电,中子可以很容易的接近原子核并与之发生核反应,从而产生 γ 射线或带电粒子,使得对中子的探测成为可能。

根据中子与原子核反应的种类,中子的测量方法主要有四种:核反应法、核反冲法、核裂变法和活化法。根据上述方法,研制出了各种探测器用于中子的测量。

核反应法的基本原理是通过测量中子与原子核反应后放出的带电粒子或 γ 射线等次级粒子来探测中子。常用的核反应有 $^3He(n,p)^3H$、$^6Li(n,t)^4He$ 和 $^{10}B(n,\alpha)^7Li$,对应的常用探测器有 ^3He 正比计数器、锂玻璃闪烁体探测器和硼电离室等。这些核反应通常在中子能量较低时有较大的反应截面,一般用于热中子测量。如要测量快中子,通常将中子慢化到热中子能区进行测量;也可利用 $^{12}C(n,\alpha)^9Be$ 等阈能核反应测量快中子,如金刚石探测器。

核反冲法的基本原理是中子与原子核发生弹性散射时,中子会将部分能量传递给原子核,如果原子核获得的能量足够高,则会使其周围的物质电离或激发产生易被探测的信号,从而达到探测中子的目的。根据动量守恒和能量守恒定律,反冲核的质量越小,获得的能量越大。因此最常用于核反冲法的探测物质是氢，主要用于探测快中子。利用该原理制作的中子探测器主要有：含氢正比管、有机闪烁体和核乳胶等。

核裂变法是利用中子与重原子核发生相互作用，使重原子核发生裂变，通过记录裂变碎片来测量中子。由于单次裂变释放的总能量约 200 MeV，裂变碎片携带有较高的能量，电离能力非常强。根据该原理制成的探测器称作裂变电离室，具有输出脉冲幅度大、抗 γ 本底和电子学噪声能力强等特点。通常使用^{235}U 和^{239}Pu 等重原子核探测热中子，使用^{238}U 和^{237}Np 等重原子核探测快中子。

活化法的基本原理是利用部分原子核与中子发生作用会产生放射性核素的特性，通过测量这些放射性核素的活度得到入射中子的数量和能量信息。根据反应截面的大小，正确选取材料可以实现对各种能量中子的探测。该方法常用的材料有铟、金、铜、镍、铝和铌等，可根据实验需求制作成圆片或条形等各种形状的样品。铟和金具有较大的热中子截面，主要用于热中子注量测量；铜、镍、铝和铌等材料被中子活化时有阈能限制，主要用于快中子注量测量。利用不同材料与中子反应的阈能和截面不同的特点，将各种材料组合在一起可以用来测量中子能谱。

下面以中子能谱分析为例，介绍中子注量率测量方法。实际测量中，一般采用 Bonner 球中子谱仪（又称多球中子谱仪）进行中子注量率测量。多球中子谱仪由多个直径不同的聚乙烯慢化球组成。慢化球的中心放置体积较小的热中子探测元件，主要是^{3}He 正比管或^{6}Li 探测元件，有时也用 BF$_3$ 正比管和对热中子灵敏的活化片。球的个数在 5～18 个之间，慢化球直径一般在 0～35 cm 之间，视测量中子的最高能量而定，直径越大可测量中子能量越高。

在探测器结构和材料确定的情况下，探测器的能量响应函数也可随之确定。在某一特定的中子辐射场中测量时可获得探测器计数（A），探测器计数与已知的响应函数（R）和能谱（Φ）有如下关系：

$$A = \int R \cdot \Phi \, \mathrm{d}E \tag{5.1}$$

通过 R 与 A 可求得能谱 Φ。

多球中子谱仪的中子能量测量范围覆盖热中子区到 200 MeV，主要用于中子辐射防护监测方面。能量分辨率与所采用慢化球的个数及各球效率曲线的准确度有关。在 20 MeV 以上，多球中子谱仪能量响应低，响应特性曲线相近，能量分辨率差，可通过增加重金属方法改善高能量响应，例如在聚乙烯中增加铅、铁或铜材料，通过优化设计获得不同形状响应曲线，改善后的多球中子谱仪可用于中子的宽能谱测量。

5.2.3　带电粒子测量

工作场所与环境中带电粒子辐射主要是 α 射线和 β 射线，辐射途径包括外照射和内照射。由于 α 射线和 β 射线穿透力弱，发射 α、β 射线的物质一般需要沾染在体表才会造成较大的辐射剂量，因此需要对工作场所和职业人员身体及防护用具进行表面污染测量。内照射是指通过呼吸、食入、完好皮肤或伤口等途径摄入人体内的放射性核素对人体产生的剂量，因此需要对空气、饮用水和食物中的 α、β 放射性核素活度进行采样分析。本节将从表面污染监测和放射性活度测量两方面进行介绍。

5.2.3.1　α、β 射线表面污染监测

表面污染测量是个人剂量监测和场所剂量监测中的一个重要监测项目。常用于 α、β 射线表面污染监测的探测器有 G-M 计数器、闪烁探测器、电离室和半导体探测器。

普通 G-M 计数器端窗厚度约 30 mg/cm²，适宜探测最大能量大于 200 keV 的 β 射线。探测 α 射线或 ¹⁴C、³⁵S 等放出的低能 β 射线时，可选用较薄的云母端窗 G-M 计数器。正比计数器也可以用于表面污染测量，通过调整正比计数器的工作电压可区分 α 射线和 β 射线。

闪烁体也是表面污染测量仪的常用探测元件。由塑料闪烁体和 ZnS 组成的双层闪烁体探测器可以同时测量 α 射线和 β 射线。

针对带电粒子测量设计的薄层电离室（浅电离室）也可以用于表面污染测量，薄层电离室在射线入射方向可以做得很薄，可用于 β 射线表面剂量测量，缺点是灵敏度不高。

半导体探测器也可用于表面污染测量。通常选用电阻率高的金硅面垒型半导体，入射窗厚度可以很薄，对低能 β 射线有很好的灵敏度。这类仪器的特点是体积小、功耗低、灵敏度高、便于携带、能测量局部小范围的剂量和准确寻找污染斑点。

5.2.3.2　α、β 射线样品的放射性活度测量

在工作场所与环境辐射监测过程中常需要使用间接方法测量所采集 α、β 射线样品的放射性活度。α、β 射线样品活度测量所使用的探测器与表面污染测量基本一致，但由于 α、β 射线穿透性弱，进行活度定量测量时需排除各种干扰因素，需要根据核素种类和样品类型采用针对性的测量方法，主要测量方法有小立体角法、表面发射计数法、液体闪烁法等。

小立体角法是在距离样品较远的地方布置探测器（常选用闪烁体和半导体探测器），探测空间抽真空，这样探测器对样品所张立体角为确定值，真空条件下探测器对入射的 α、β 射线的探测效率为 100%，根据探测器计数可以直接测量 α、β 射线样品的活度。该方法适合测量直径不大，且薄而均匀的源样品。对于较厚的待测样品，由于无法忽略样品的自吸收，需要进行相对测量，将测量结果与用已知活度标准源制作的标准样品测量结果比对，通过计算得到样品的活度。此方法要求在真空条件下进行，测量较为费时，一般用于 α、β 射线样品活度的绝对测量，在常规辐射监测中使用不多。

表面发射计数法是将样品与探测器尽量靠近，探测器测量结果为样品 2π 立体角范围发射的 α、β 射线计数。由于测量距离近，测量时不需要真空环境，但此时样品托盘的反散射对测量结果的影响不能忽略，需要使用标准源对仪器进行校准。对于较厚的待测样品还需要使用相对测量方法。使用表面发射计数法的仪器通常称为 α、β 计数器。α、β 计数器使用方便，结果较为准确，适合粉末样品或电镀样品的放射性活度测量，是辐射监测中一种常用的 α、β 射线样品活度测量方法。

液体闪烁法是将待测样品制成液体样品与专用闪烁液混合，样品发射的 α、β 射线使周围的闪烁液发射荧光，荧光被光电转换器件（如光电倍增管等）收集后形成脉冲电信号从而被记录。液体闪烁法的优点是避免了几何效应、样品自吸收、探测器窗吸收等一系列影响，探测下限低，特别适合测量发射低能 β 射线的核素（如 ³H、¹⁴C）、低能 γ 射线的核素和低水平 α 放射性。其缺点是制样要求较高，测量时间长。

5.3 个人剂量监测

个人剂量监测主要目的包括两个方面,确认个人所受到的剂量符合剂量限值和审管要求;发现非预期的、可能产生高剂量的事件,以便能够提供相应的运行和医学响应。根据受照方式,个人剂量监测可进一步分为个人外照射监测、体表污染监测和体内污染监测,下面分别进行简要介绍。

5.3.1 个人外照射监测

个人外照射监测的目的是通过测量在一段时间内或一次操作中个人所受外照射的剂量当量,来控制职业人员的个人剂量当量在规定限值以下,并根据测量结果对工作场所的安全状况进行评价。事故情况下的监测目的是通过评估在事故过程中个人可能受到的外照射个人剂量当量,为后续医学处理和防护措施改进提供重要的参考依据。

实际上并不是任何外照射环境下的人员都要进行个人外照射剂量监测。通常只对人员所受剂量达到某一水平或可能会遭受大剂量照射的情况下才进行个人外照射剂量监测。国家标准《电离辐射防护与辐射源安全基本标准》规定,对以下两类人员必须进行个人外照射剂量监测:

(1) 在控制区工作的人员或偶尔进入控制区工作并可能会受到显著职业照射的职业人员。

(2) 职业照射剂量可能大于 5 mSv/a 的职业人员;

对在监督区或偶尔进入控制区的职业人员,如果其职业照射剂量在 $1\sim5$ mSv/a 以内,则应尽可能进行个人外照射剂量监测;对受照剂量不大于 1 mSv/a 的职业人员,一般可不进行个人外照射剂量监测。

个人外照射监测主要通过佩戴个人剂量计实现。对个人剂量计的基本使用要求有:常年佩戴;保持清洁,防止污染;佩戴时间不超过 90 天(每年不少于 4 次监测数据);勿弄虚作假。其中对个人剂量计的佩戴要求如下:在比较均匀的辐射场,个人剂量计应佩戴在与射线的方向一致的躯干适当位置;当受照不均匀且受照剂量可能相当大时,则还需在受照剂量较大部位佩戴局部个人剂量计(如手腕、手指等);对于工作中需穿戴铅围裙的场合,通常应佩戴在围裙内躯干合适位置,当受照剂量可能较大时还应在铅围裙外的适当位置佩戴个人剂量计;对于短期工作和临时进入放射工作场所的人员(包括参观人员和检修人员等),应佩戴有源个人剂量计,并按规定记录和保存他们的剂量资料。

根据测量方式,个人剂量计可分为无源和有源两类。无源个人剂量计是指无需外加电源驱动而自动记录累积剂量的一类剂量计,代表性的剂量计有热释光等。无源个人剂量计具有测量精度高、稳定性好等优点,但不能实时显示所在位置处的剂量率值。有源个人剂量计通常内置一个探测器,使用电池驱动,信号实时读取,使用的探测器包括半导体、闪烁体等,不同的探测器类型和端窗设计分别适用于中子、光子、β 射线等辐射的剂量测量。这类剂量计一般具有剂量率和单次活动累积剂量实时显示和报警功能,报警阈值可根据实际活动灵活设置,主要缺点是测量精度随辐射场性质不同差异较大。

目前个人累积剂量的定期监测一般使用无源个人剂量计,最为广泛使用的是热释光个人剂量计。在工作场所内的辐射场变化剧烈或有不可预见地增大时,一般需要额外佩戴具有实时显示和报警功能的有源个人剂量计,避免出现单次操作超过剂量限值情况。

个人外照射剂量计的选择应考虑工作场所的辐射种类、能量、剂量的大小等因素。以热释光个人剂量计为例,对于高能 X 射线和 γ 射线,剂量计盒无需特殊设计,给出个人剂量当量 $H_p(10)$ 的信息;对于低能 X 射线和 β 射线,需在剂量片布置点处设计薄窗,以便射线能够穿过,剂量片需要设计成薄片形式,给出个人剂量当量 $H_p(0.07)$ 的信息;对于中子,需布置一对 ^{6}Li/^{7}Li 剂量片,^{6}Li 剂量片测量中子和 X/γ 射线剂量,^{7}Li 剂量片测量 X/γ 射线剂量,对两种剂量片测量结果进行比对给出中子个人剂量当量 $H_p(10)$ 的信息。

5.3.2　体表污染监测

体表污染监测的目的是防止职业人员将放射性物质带出控制区,避免放射性物质通过口或皮肤渗透等方式转移到体内。体表污染的主要监测对象是进出开放源应用场所或进出可能存在放射性物质泄漏的控制区的职业人员。这类人员在离开控制区时必须进行体表污染监测,监测内容包括人体暴露部位(如手、足、头发等)、职业人员穿戴的防护用品及内衣等的放射性表面污染。

体表污染监测主要通过利用全身或手脚 α、β、γ 表面污染测量仪对衣着、手、脚等位置处的放射性物质进行监测。对于皮肤及个人防护用品,一般选用有效面积 100 cm² 的表面污染监测仪,每次测量结果为 100 cm² 表面的放射性计数;对于面积较大或分布不均匀的污染表面,可取多个 100 cm² 面积上放射性计数的平均值作为监测结果。监测顺序一般应为先上后下、先前后背。在全面巡测的基础上,重点测量暴露部位(如手、脸、颈、头发等)。测量时,应控制好检测仪器探头与被测表面的距离。测量 α 污染时,距离应不大于 0.5 cm,测量 β 污染时,距离控制在 2.5~5.0 cm 为宜。此外,应避免监测探测器受到污染。

5.3.3　体内污染监测

体内污染监测的目的是评估由摄入体内的放射性核素造成的内照射剂量,以确认内照射剂量水平是否符合管理和审管要求,并为事故情况下启动或支持任何适宜的健康监督和治疗提供有价值的参考。

一般对从事铀、钍等放射性核素操作(如铀矿开采、核燃料制造、乏燃料后处理等)的职业人员,从事开放源操作的职业人员(如核医学药物操作人员、放射化学科研人员等)需开展常规体内污染监测。此外,若工作场所的监测结果表明职业人员已摄入过量的放射性物质或怀疑职业人员摄入了过量放射性物质时,需进行特殊监测。

常规监测的频率主要取决于摄入的放射性物质在体内的时间、半衰期与探测器的灵敏度。监测时间和技术的设计应当能使摄入的重要核素全部或大部分被检测出来。对半衰期较长核素,连续两次测量的时间间隔是由对体内放射性核素的长期积累做出周期性检查后确定。对半衰期较短的核素,应在发生污染事故的 24 小时内进行取样测量。

体内污染监测的测量方法分为直接测量法和间接测量法,测量方法的选择主要取决于待测的辐射类型。直接测量是利用全身计数器或器官(如甲状腺、肝、肺、骨头等)计数器对沉积于体内的放射性核素释放的 X/γ 射线进行测量。直接测量只适用于对能够发射高能光子的放射性核素的测量。为获取较为精确的测量结果,测量时应先清除体表污染,并对计数器进行良好的刻度。

间接测量是测量从体内分离出来的生物物质(如血液、呼出的气体、尿液、粪便等)或工作环境中的实物样品(如空气样品等)中的放射性核素的浓度。间接测量能对不能发射强贯穿辐射或直接测量时不确定度/灵敏度不满足要求的辐射(α、β、低能 γ 射线)进行测量。测量 α 放射性时,一般使用半导体探测器或流气式正比计数器进行总 α 计数,使用半导体探测器时还可获得 α 能谱进而对核素进行鉴别。测量样品的 β 放射性时,一般先将样品制成液体样品,使用液体闪烁计数器进行测量,这适合低能 β 衰变核素(如 ^{3}H 和 ^{14}C),对于高能 β 衰变核素也可以制成粉末样品使用 β 计数器进行测量。测量 γ 放射性,可使用闪烁体或半导体探测器直接对生物灰样进行测量。为保证间接测量的精度,处理样品时应避免处理过程中放射性污染或生物污染的转移,要确保原始样品和分析结果之间具有可追溯性。

5.4　工作场所辐射监测

工作场所监测的目的在于保证该场所的辐射水平和放射性污染水平低于预定的要求,以确保职业人员所处的工作环境满足防护要求,同时能及时发现偏离上述要求的情况,以便采取措施,防止或及时发现超剂量事件的发生。根据监测对象,工作场所辐射监测可分为外照射剂量监测、表面污染监测和空气污染监测,本节将分别进行简要介绍。

5.4.1　外照射剂量监测

工作场所外照射剂量监测的目的是通过测定职业人员所在处或其他位置的辐射水平,判断职业人员所在处的安全程度,检查屏蔽防护的效果,发现屏蔽防护及操作过程中的问题(如屏蔽防护缺陷、事故等)。工作场所外照射剂量监测的内容主要取决于工作场所的辐射源,对于没有中子放出的辐射源,仅需监测光子剂量;对于有中子放出的辐射源,需要评估最大可能中子剂量水平,如有必要还需对中子剂量进行监测。

常规监测的频率主要取决于工作场所辐射环境的变化:若工作场所内用于防护的屏蔽或操作过程不会发生重大改变,则只需偶尔进行出于校核目的常规监测;若工作场所内的辐射场变化缓慢,则只需在预先设置好的位置处进行定期、偶尔的针对性测量或使用个人监测的结果;若工作场所内的辐射场变化剧烈或有不可预见地增大至严重水平时,需使用个人剂量计和报警系统,以避免出现短时间内大剂量累积的风险。

场所外照射剂量监测所用的仪器分为便携式和固定式两类。便携式剂量仪体积小、重量轻,可对一种或两种辐射进行剂量测量,具有合适的量程,便于个人携带使用,主要用于场所 X/γ 剂量巡测。X/γ 便携式剂量仪通常采用闪烁体或 G-M 计数器作为探测元件,G-M 计数器型剂量仪可配备于长杆探测器中实现远距离测量;闪烁体型剂量仪可实时显示剂量、鉴别核素。中子便携式剂量仪重量一般在 3～10 kg,常选用正比计数器作为探测元件。

　　固定式监测仪器一般由安装在监督区的主机和控制区的探测器组成,通常还配备有声光报警装置用于剂量率超限值报警。固定式监测仪器一般选用高气压电离室、G-M 计数器、中子雷姆仪、电子和低能光子正比计数器作为探测元件。

　　为使监测结果能够反映工作场所实际辐射水平,场所外照射剂量监测应根据辐射的种类、能量、强度选择合适的监测仪器和方法。

5.4.2　表面污染监测

　　表面污染监测的目的是利用各类表面污染监测仪对场所各种物体表面的放射性活度进行测量,从而了解放射性物质污染情况,找出污染源,以便及时采取去污措施,保证职业人员免受内照射与外照射。表面污染监测的主要对象是 α、β、γ 射线。

　　需要开展表面污染监测的场所包括开放辐射源应用场所和可能存在放射性物质泄漏的控制区。对于这类工作场所,需要定期对场所地面、墙壁、桌面、设备表面、门把手等位置进行表面污染检查。另外,在密封放射源发生泄漏事故后,也需对放射性物质可能达到的区域进行表面污染巡测。

　　表面污染监测方法分为直接测量法和间接测量法。直接测量法是用仪器直接测量被污染物体表面。间接测量法是对被污染物体表面进行擦拭取样,然后通过定量分析仪器进行测量。当工作场所存在较强辐射干扰或物体表面几何形状不便于直接测量时,可采用间接测量法。

　　直接测量常用的仪器是各类 α、β 表面污染仪。测量时需将表面污染仪测量窗口平行靠近被测量物体表面,距离尽量近,如仪器窗口有保护盖,测量前必须打开保护盖。

　　测量发射低能 β 射线核素(如 ^{3}H、^{14}C)的活度一般采用间接测量法,测量时先将擦拭过被污染物体表面的试纸酸化处理,制成液体样品,然后使用液闪计数器进行测量。对于能够发射高能 β 或 α 射线的核素,可以直接测量,也可以使用间接测量法,间接测量时先将擦拭用纸干燥灰化,然后使用 α、β 计数器测量。

　　为使测量结果准确可靠,进行表面污染监测前,需使用被监测核素同种的标准源对仪器进行校准,然后在相同距离测量。

5.4.3　空气污染监测

　　空气污染监测的目的是评价职业人员可能吸入放射性物质的上限,发现超出预期的空气污染,以便职业人员及时采取补救措施加以防护,并为个人内照射剂量评估提供资料。监测内容包括放射性气体、气溶胶和放射性碘等,具体监测对象根据所从事辐射活动确定。

　　对可能存在放射性气体和放射性碘释放的区域(如反应堆厂房、核燃料后处理厂等)需要进行空气污染连续监测,以评价安全程度和帮助发现意外事故,保障职业人员的辐射安全。常用监测仪器有流气式电离室监测仪、闪烁体监测仪和半导体监测仪等,可实时监测所在区域空气中的放射性活度浓度。

　　对可能存在放射性气溶胶且职业人员需要经常活动的区域,必须进行放射性气溶胶监测。通常使用大流量空气采样器将气溶胶采集到一定规格的专用滤纸上,将滤纸干燥灰化处理后使用 α、β 计数器测量得到总 α 和总 β 放射性浓度。对于放射性同位素生产操作过程中产生的放射性气溶胶(如^{210}Po、^{239}Pu),通常活度浓度很低,如要准确测量,需对不同核素采用衰变法、α能量鉴别法、α/β比值法等方法。

5.5 环境辐射监测

环境监测是环境影响评价的依据,其目的包括检验环境介质是否符合环境标准和其他运行限值;评价流出物排放控制效果,保证排放浓度和总量满足运营单位向环保监管部门申请的排放限制要求;估算环境中辐射和放射性物质对公众真实的照射和可能产生的照射,验证环境评价模式;评估运行引起的环境变化的长期趋势。根据监测介质和对象,环境辐射监测可分为放射性气体和气溶胶监测与水、土壤、农牧产品中放射性物质监测。其中环境中放射性气体和放射性气溶胶监测与工作场所中监测方法和使用仪器基本相同,只是监测的频率较低,本节不再赘述。本节将对水、土壤、农牧产品中放射性物质监测进行简要介绍。

5.5.1 水中放射性物质监测

水中放射性物质监测的目的在于了解生产过程是否正常,尽早发现事故隐患;了解废水治理是否符合规定的要求,控制废水排放;了解对周围环境的水源有无放射性污染,通过监测做出防护评价等。监测范围包括生产用水、放射性废水和周围环境的地表水、地下水等。

监测方式分为连续监测和间断取样监测。连续监测需要在生产用水和废水排放管道中安装监测仪器,监测对象视其开展的放射性活动确定,常用仪器有闪烁体监测仪和半导体监测仪等。间断取样监测的灵敏度较高,但所需时间长、操作复杂,适用于低放射性水的监测。间断取样监测的方法需要参照相关国家标准或行业标准,监测对象包括总α、β放射性活度浓度以及一些常见的放射性核素(如^{90}Sr、^{137}Cs、^{40}K等)活度浓度。对于总α、β放射性活度浓度,先将采集水样进行浓缩、蒸干等处理,然后使用α、β计数器进行测量。对于特定核素(如^{131}I、^{54}Mn、^{210}Po、^{137}Cs等)可以使用电镀、萃取、离子交换等方法制样,然后使用高纯锗γ谱仪或α谱仪进行测量。对于仅有低能β射线放出的^{3}H则必须用液闪计数器进行定量分析。

5.5.2 土壤中放射性物质监测

在核设施、医院核医学科室等涉及放射性物质操作的单位产生的放射性物质在其附近环境扩散、沉降、迁移,使周围土壤可能出现总放射性水平升高或某种放射性核素偏多的现象,需要进行针对性的监测,以减少土壤的长期污染风险和防止环境辐射剂量偏高。

与水中放射性物质活度浓度的监测方法类似,土壤中放射性物质比活度的监测通常采用间断取样监测的方式。土壤中放射性物质比活度的监测需要参照相关国家标准或行业标准操作。监测对象包括总α、β放射性比活度以及一些常见的放射性核素(如^{238}U、^{232}Th、^{226}Ra、^{40}K、^{90}Sr、^{137}Cs、^{131}I等)放射性比活度。总α、β放射性比活度的测量,一般使用标准源混合待测土壤制成标准样品,然后用α、β计数器对待测样品和标准样品进行比对测量。部

分能够发射 γ 射线且比活度相对较高的核素(如 ^{238}U、^{232}Th、^{226}Ra、^{40}K 等)可选用高纯锗 γ 谱仪进行相对测量。对仅发射 β 射线的核素,则需经用化学方法进行核素提取后使用 β 计数器测量。这种使用化学方法对特定核素提取之后进行放射性或化学定量测量的方法具有更高的灵敏度和探测下限,可定量测量放射性核素比活度较低的环境土壤样品,通常适用于环境本底的比活度较低但与人类活动带来的放射性污染直接相关的核素,如 ^{90}Sr、^{137}Cs、^{131}I、^{239}Pu 等。

5.5.3　农牧产品中放射性物质监测

对于核电厂和核燃料后处理设施,在运行期间需要向环境排放一定量的放射性气体和放射性废水,其排放行为虽然已获得环保部门批准,但是即使在符合排放要求的情况下依然存在对环境及生态圈产生辐射影响的可能。对于核电厂,通常要求对主导风下风向的厂外最近的村镇和对照点的陆生农作物、家禽家畜器官及奶制品进行定期监测,对废液排放口下游水域或海域中水生生物和周围陆生农作物进行定期监测,以确保设施周围农牧产品符合辐射安全标准。其中,奶制品的监测对象是 ^{131}I 比活度,其他样本的监测对象为 ^{137}Cs、^{90}Sr 等核素的比活度。

对于奶制品中 ^{131}I 比活度测量,可采用化学方法进行浓集、萃取、还原等一系列操作制成碘化银沉淀源,然后用 β 计数器或 γ 谱仪测量。对于动植物样品,一般需要将样品称重后干燥灰化,对灰化后的样品使用 γ 谱仪直接测量,如果放射性物质含量低于谱仪探测下限,则需要使用化学方法对目标核素进行萃取或浓集等操作后,再使用 β 计数器或 γ 谱仪测量。

参 考 文 献

[1]　安继刚. 电离辐射探测器[M]. 北京:原子能出版社,1995.

[2]　李星洪. 辐射防护基础[M]. 北京:原子能出版社,1982.

[3]　汤彬,葛良全,方方,等. 核辐射测量原理[M]. 哈尔滨:哈尔滨工程大学出版社,2011.

[4]　丁洪林. 半导体探测器及其应用[M]. 北京:原子能出版社,1989.

[5]　赵郁森. 快堆辐射防护[M]. 北京:中国原子能出版传媒有限公司,2011.

[6]　潘自强. 辐射安全手册[M]. 北京:科学出版社,2011.

[7]　王建龙,何仕均. 辐射防护基础教程[M]. 北京:清华大学出版社,2012.

[8]　夏益华. 电离辐射防护基础与实践[M]. 北京:中国原子能出版社,2011.

[9]　赵郁森. 核电厂辐射防护基础[M]. 北京:原子能出版社,2010.

[10]　电离辐射防护与辐射源安全基本标准:GB 18871—2002[S]. 北京:中国标准出版社,2003.

第6章 放射诊断中的辐射安全与防护

X射线的发现,推动了放射诊断学的形成和发展,为人类疾病的诊断和治疗作出了突出贡献。一个多世纪以来,以X射线为主的放射诊断设备在临床诊断和治疗中被广泛应用。在利用X射线进行疾病诊断时,相关人员都有可能受到辐射的照射,因此需要对放射诊断中的辐射安全与防护给予极大的关注。本章首先介绍放射诊断原理及设备分类,然后介绍不同设备的辐射防护、安全操作以及发生事故后的应急措施,最后以两个典型案例为例,分析事故的原因并从中吸取经验教训。

6.1 放射诊断原理与设备分类

6.1.1 放射诊断原理

伦琴在研究阴极射线时发现,在装有真空管电极的两端加上电压后,管内产生一种肉眼看不见、但能穿透物质的射线。当时无法解释它的原理,也不明白它的性质,所以称之为X射线,并一直沿用至今。随着对X射线研究的深入,这种射线的特性也逐步为人所知。X射线实际上是波长比可见光短的电磁波,其波长范围为 $0.006\sim50\,\mathrm{nm}$。X射线还具有穿透性、荧光效应、感光效应、电离和生物学效应。

X射线波长短、能量大,具有很强的穿透力,因此X射线诊断可用于人体内部器官结构和功能的检查。X射线虽然肉眼看不见,但当它照射在某些物质如磷、钨酸钙和硫化锌镉等制成的荧光板上时能产生荧光效应,激发出荧光,X射线透视检查正是利用这种效应。此外X射线与可见光一样,具有感光效应,可使涂有溴化银的胶片感光,经显影、定影处理,溴化银中的银离子被还原成金属银,沉淀于胶片的胶膜内,呈黑色;未感光部分则从胶片上洗掉,显示出胶片的透明本色,该特性是X射线摄影的理论基础。正是由于X射线的这些性质,X射线照射人体组织后可以在荧光屏上或胶片上形成影像。图6.1所示的是伦琴及其拍摄的人类史上第一张X射线照片。然而X射线穿透机体被吸收时,会与机体组织发生相互作用,使机体组织或细胞结构产生生理或病理的改变,对机体造成损伤。因此在利用X射线的同时,需要考虑对X射线的防护,使放射诊断应用更好地造福于民。

X射线形成的影像一般都是灰度图像。而这些影像中的灰度变化显示出人体组织结构的密度变化,根据这些信息可以反映人体组织结构及病理状态。X射线穿过低密度组织时被吸收的少,透过的多,高密度组织则正好相反。如人体组织发生病变,组织密度就会发生变化,反映在图片上就是图像的灰度的变化。

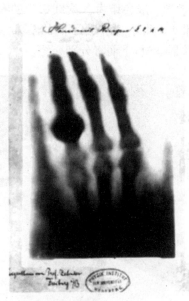

图 6.1　伦琴及其拍摄的 X 射线照片

以 X 射线影像为基础的放射诊断在临床应用的范围不断延伸,在疾病诊断和治疗中的作用也越来越大。与此同时,放射影像与临床治疗融合产生了一门新的学科——介入放射学。介入放射学是在影像设备的引导或监视下,利用穿刺针、导管及其他介入器材,通过人体自然孔道或微小的创口将特定的器械导入人体病变部位进行治疗的一系列技术的总称。因而,在实施介入治疗过程中需要近台同室操作。目前临床应用较多的是借助 X 射线成像引导而施行的介入诊断与治疗,其中以数字减影血管造影设备(Digital Subtraction Angiography,DSA)的使用较多。

介入放射学在发展的过程中不断进步和完善,介入治疗已成为部分疾病的主要治疗手段。例如对部分心脏病患者实行经皮穿刺腔内冠状动脉成形术(Percutaneous Transluminal Coronary Angioplasty,PTCA),甚至可以代替心脏外科手术,图 6.2 显示的是 1987 年阜外心血管医院在国内率先开展冠心病 PTCA 治疗的场景。

6.1.2　设备分类

随着科学技术的进步,放射诊断设备在功能和应用领域上不断发展,各种新型设备层出不穷。以 X 射线为主的放射诊断设备已经成为对疾病诊断或治疗不可或缺的工具。放射诊断设备按照结构可分为便携式、移动式和固定式;按输出功率可分为小型机、中型机和大型机;按功能可分为摄影(如乳腺、牙科等专用)和透视。下面对医院常用放射诊断设备及其应用的放射成像技术进行介绍。

6.1.2.1　基于 X 射线的摄影及透视设备

诊断用 X 射线是利用 X 射线穿透人体得到的影像对疾病进行诊断的设备。当 X 射线透过人体在胶片上成像时称为摄影,在荧光屏上成像时称为透视。一般来说,透视下能看到心腔或肺的动态状态,对诊断有利,而且价格便宜,但是跟 X 射线摄影相比,其接受的剂量较大。因此,透视一般会作为 X 射线摄影的有益补充。不管是摄影还是透视,X 射线机都是设备的关键部分。此外,为满足不同的临床需求还发展了专用 X 射线机,如乳腺钼靶 X 射线机和牙科 X 射线机,下面将分别介绍。

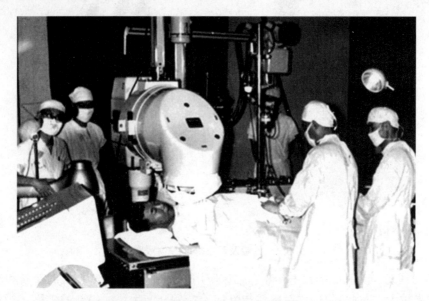

图 6.2　1987 年阜外心血管医院在国内率先开展冠心病 PTCA 治疗

1. X 射线机

　　X 射线机主要由 X 射线管、高压发生器、控制台三部分组成。其中,X 射线管是 X 射线机的“心脏”,图 6.3 给出了 X 射线管的结构示意图。低电压电流通过阴极灯丝,使灯丝发热产生电子。在 X 射线管两端施加高电压,将电子加速并从阴极高速向阳极运动,当高速运动的电子打在阳极处钨靶上时,受阻的电子会产生 X 射线。高压发生器是把输入的交流电变成 X 射线管需要的直流电压的装置。控制台是为职业人员操作 X 射线机而设计的,可以控制 X 射线的质和量。控制台有电源开关、电源电压调节器及电压表、管电压调节器及管电压表、管电流调节器及管电流表、曝光控制器及指示器、容量保护装置及指示器、透射量限制器等。为了对职业人员以及受检者进行保护,一些设备的控制台还增加了 X 射线剂量显示功能。

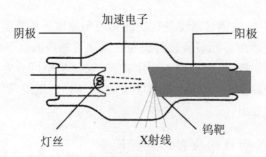

图 6.3　X 射线管结构示意图

2. 乳腺钼靶 X 射线机

　　如图 6.4 所示,乳腺钼靶 X 射线机是专门用于检查妇女乳腺有无病变的摄影用 X 射线设备。乳腺钼靶 X 射线检查是一种低剂量乳腺 X 光拍摄技术,能清晰地显示乳腺各层组织,从而可以发现乳腺病变。

钼靶 X 射线管的阳极使用钼(Mo)材料,由于钼的原子序数较低,受电子轰击后可发出低能 X 射线,该射线能够使密度相差无几的肌肉、脂肪等软组织的对比度大大提高,特别适合软组织的成像。

钼靶 X 射线摄影检查乳腺是一种无创性的检查手段,简便易行,且分辨率高、重复性好,留取的图像可供前后对比,不受年龄、体形的限制,是一种乳腺癌早期筛查的有效手段。在应用过程中需要注意对乳房等软组织的保护。

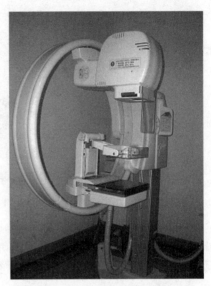

图 6.4　乳腺钼靶 X 射线机

3. 牙科 X 射线机

由于口腔及颌面区域大部分的组织疾病是肉眼无法直接看到,为了适应对牙齿的诊断,发展了专门针对牙齿检查的牙科 X 射线机,这种小型牙科摄影用 X 射线诊断设备能方便快捷地对口腔内牙齿病变做出诊断,以制定适当的治疗方案。图 6.5 为常用牙科 X 射线机与相关的拍片效果图。

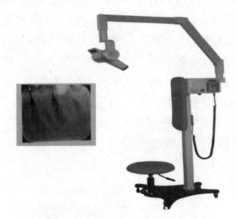

图 6.5　牙科 X 射线机与拍片效果

6.1.2.2　放射断层扫描成像设备

1963 年,美国物理学家柯马克(A. M. Cormack)成功利用 X 射线对物体在不同方向上的投影实现了图像的重建。1972 年,英国工程师豪恩斯菲尔德(G. N. Haunsfield)在这一理论的指导下制造出了世界上第一台 X 射线计算机断层扫描(Computed Tomography,CT)成像设备。一般临床上所说的 CT 机是以 X 射线为放射源进行断层成像的设备,故称为 X-CT。第一台 X-CT 的问世,使医学影像质量得到显著的提高,成为 X 射线被发现以来医学影像技术史上的里程碑。放射诊断用的 X-CT 的两位研制者,即美国物理学家柯马克和英国工程师豪恩斯菲尔德也因此获得了 1979 年的诺贝尔医学和生理学奖(图 6.6)。普通 X 射线影像是 X 射线穿过不同密度和厚度的组织后投影的总和,因此影像容易在深度方向上造成信息重叠,此外,对软组织的分辨能力低,容易造成诊断上的混淆。X-CT 成像则能有效解决这些问题。

图 6.6   1979 年的诺贝尔医学和生理学奖者豪恩斯菲尔德(左)和柯马克(右)

近年来,电子束 CT 以及质子 CT 也逐渐被应用。除此之外,还有单光子发射断层扫描(Single Photon Emission Computed Tomography,SPECT)以及正电子发射计算机断层扫描(Positron Emission Computed Tomography,PET)等。其中,X-CT、电子束 CT 和质子 CT 属于放射诊断成像设备,将在本节进行简单介绍,而 SPECT 和 PET 则属于核医学显像技术,将在第 8 章介绍。

1. X-CT

X-CT 的成像原理是用 X 射线对人体某部位一定厚度的层面进行扫描,由探测器接收透过该层面的 X 射线,转变为可见光后,由光电转换器转换为电信号,再经模/数转换器(Analog/Digital Converter,ADC)转为数字信号,经计算机处理后成像。原始的 X-CT 采用来回旋转的方式进行扫描,为了缩短扫描时间,1987 年,西门子推出了世界上第一台螺旋CT,将 CT 技术推上了一个新的台阶。螺旋 CT 采用滑环技术,在进行 CT 扫描时,管球的旋转和扫描床的直线移动同时进行,如图 6.7 所示。这种扫描方式使得原始数据获取的时间大大缩短。此外还发展了采用电子枪发射高能电子束轰击靶环产生旋转 X 射线的电子束CT,其工作原理与 X-CT 大致相同。随着各种 CT 技术的发展与进步,CT 扫描在提高效率的同时,也大大提升了诊断的水平。

图 6.7   螺旋 X-CT 扫描

2. 质子 CT

近年来,利用高能质子治疗肿瘤成为医学上的热点。质子在穿透人体组织时,可形成布拉格峰,这种特性使得质子在治疗靶区内能达到很高的能量,可以实现对肿瘤的"立体定向爆破",同时最大限度避开周围正常组织,因而特别适合治疗儿童肿瘤及难以治疗的头颈部肿瘤。

用与治疗相同类型辐射产生的图像来确定质子在组织内的剂量分布,对制定精确的计划来说是非常有必要的。质子 CT 成像是专为质子治疗而建立的一种独特的医学影像平台。这一医学影像平台作为肿瘤治疗计划过程的一部分,将进一步提高质子治疗的准确性。2015 年底,以林肯大学为首的科研团队第一次制作出了质子 CT 的 3D 解剖图像,如图 6.8所示,但质子 CT 距临床应用尚有一段距离。质子 CT 防护的关键是对低能质子产生过程中的辐射进行防护。

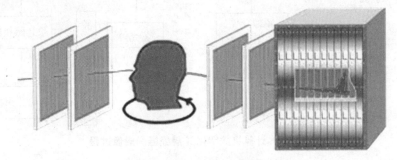

图 6.8　质子 CT 扫描成像过程

6.1.2.3　数字化 X 射线成像设备

20 世纪 80 年代,数字化 X 射线成像设备在电子技术、计算机、网络通讯和全球数字化浪潮推动下应运而生。数字化 X 射线成像设备通过对传统 X 射线机配备外围装置来实现对图像的处理和储存,使得图片的分辨率提高,为后续的数据分析提供可靠的依据。

根据成像原理的不同,数字化 X 射线成像设备可分为计算机数字化 X 射线摄影(Computed Radiography,CR)、直接数字化 X 射线摄影(Digital Radiography,DR)和 X 射线荧光透视(Digital Fluorography,DF)。其中,DSA 是 DF 的典型代表,也是医院介入治疗中常用的一种 X 射线检查技术。

1. 计算机数字化 X 射线摄影(CR)

CR 是 20 世纪 80 年代发展起来的一种成像技术。CR 设备由 X 射线发生器、感光板、激光扫描器、图像读取装置等部分组成,它将常规 X 射线摄影信息数字化,通过一个反复读取的成像板(Imaging Plate,IP)来替代胶片,采用激光对 IP 板进行扫描,将读取的信息转化成数字影像,如图 6.9 所示。相对于传统的 X 射线机成像,CR 改变了图像的存储方式,提高了图像的分辨和显示能力,便于数据库管理与资料共享。临床上,对头部、颈椎、四肢等需要采用角度摄影的一些部位多采用 CR 摄影。

2. 直接数字化 X 射线摄影(DR)

DR 是 20 世纪 90 年代发展起来的一种 X 射线成像技术。由 X 射线发生器、探测器、影像处理器、图像显示器等组成。DR 的成像过程也是数字化过程,同 CR 相比,X 射线的信号由探测器探测后直接转化为数字影像信息,最终将人体各部分组织的数字影像信息通过收集、转化、处理后显示成图片,如图 6.10 所示。在实际操作过程中,对时间较短的检查如尿路造影采用 DR 摄影来提高性价比。DR 作为目前最先进的数字化 X 射线摄影方式,由于操作简单、成像快已经成为大部分医院的首选。

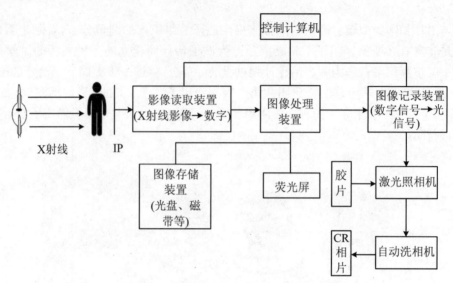

图 6.9　计算机数字化 X 射线摄影成像过程

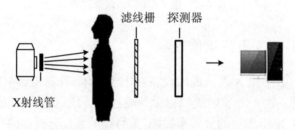

图 6.10　直接数字化 X 射线摄影成像过程

3. 数字减影血管造影(DSA)

DSA 是介入放射治疗中最常用的一种影像导向设备。这也是 20 世纪 80 年代兴起的将计算机与常规 X 射线血管造影术相结合的一种检查方法。因血管与骨骼及软组织影像重叠,血管显影不清,所以在操作中加入造影剂加强血管的显像。在注入造影剂之前,进行一次成像,并用计算机将图像转换成数字信号储存起来。沿血管注入造影剂后,再次成像并转换为数字信号。两次数字信号相减,消除相同的部分,得到只有造影剂的血管图像,这种图像可以经显示器显示出来。通过 DSA 处理的图像,血管的影像更为清晰。图 6.11 中从左到右依次是未加造影剂,加造影剂以及最后经过数字减影的血管成像。

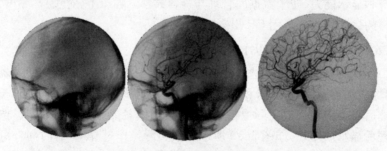

图 6.11　DSA 设备血管成像

DSA 基本部件包括 X 射线发生器、影像增强器、电视摄像机、模/数转换器（ADC）、计算机中央处理器和图像存储器等。DSA 成像过程如图 6.12 所示。

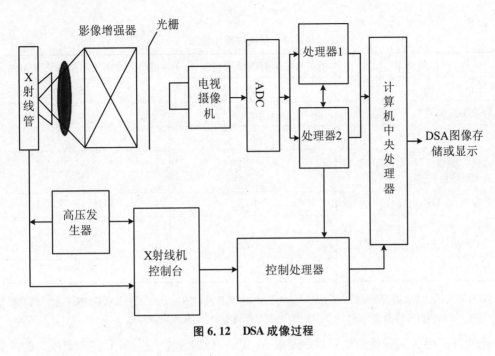

图 6.12　DSA 成像过程

6.2　辐射安全要求与防护措施

目前，放射诊断技术仍处于高速发展阶段，放射诊断使用的射线装置已经遍布各大医院。放射诊断场所的 X 射线由三部分组成，包括从 X 射线管射出的、用于形成影像的有用射线；从 X 射线管射出的、穿过或穿透屏蔽体的泄漏射线；照射到人体、治疗室内物体、墙壁上散射后的杂散射线。对 X 射线诊断工作者而言，在工作中接受的剂量应符合《职业性外照射个人监测规范》的规定；而对患者/受检者和公众的辐射防护与健康，应遵循辐射实践的正当性和放射防护的最优化原则，做到在诊断过程中将受检剂量控制在尽可能低的范围内。为了达到这些基本要求，我国国家卫生和计划生育委员会制定了《医用 X 射线诊断放射防护要求》，其中对放射诊断场所和设备都提出了辐射安全要求。

6.2.1　场所的安全要求

为确保放射诊断场所中的辐射安全，《医用 X 射线诊断放射防护要求》对放射诊断用场所的机房大小、门窗、四周、观察窗的屏蔽、机房通风条件以及机房的警示标志都做了相应的规定。

机房使用面积跟放射诊断用设备大小有关，小型诊断用设备如单管头 200 mA 的 X 射线机的机房使用面积不小于 20 m²，机房内最小单边长度为 3.5 m；而大型设备如 CT 机和双管头 X 射线机机房面积不小于 $30~m^2$，机房内最小单边长度为 $4.5~m$。对临床专用诊断设备如乳腺 X 射线机和牙科 X 射线机也应该配备有单独机房。各种诊断设备机房面积如表 6.1 所示。

表 6.1 各机房面积要求

设备类型	机房内最小有效使用面积(m^2)	机房内最小使用单边长度(m)
CT 机	30	4.5
双管头或多管头 X 射线机[(1)]	30	4.5
单管头 X 射线机[(2)]	20	3.5
透视专用机[(3)]、碎石定位机、口腔 CT 卧位扫描	15	3
乳腺机、全身骨密度仪	10	2.5
牙科全景机、局部骨密度仪、口腔 CT 坐位扫描/站位扫描	5	2
口内牙片	3	1.5

注:(1) 双管头或多管头 X 射线机的所有管球安装在同一间机房内;(2) 单管头、双管头或多管头 X 射线机的每个管球各安装在一个房间内;(3) 透视专用机指无诊断床、标称管电流小于 5 mA 的 X 射线机。

此外,《医用 X 射线诊断放射防护要求》还规定:合理设置机房的门、窗和管线口的位置;机房门窗以及机房四周的墙壁用普通砖,不能用空心砖;对改建的 X 射线机机房不能留窗户;机房操作室门确保满足相应照射方向的屏蔽厚度要求,为避免散漏射线经过门缝、窗缝对人体造成伤害,各缝隙应做好防护隔离。带有自屏蔽防护或距 X 射线设备表面 1 m 处辐射剂量水平不大于 $2.5~\mu Gy/h$ 时,可不使用带有屏蔽防护的机房。不同类型 X 射线设备机房的屏蔽防护铅(Pb)当量厚度要求如表 6.2 所示。

表 6.2 不同类型 X 射线设备机房的屏蔽防护铅当量厚度要求

机房类型	有用线束方向铅当量 (mm)	非有用线束方向铅当量 (mm)
标称 125 kV 以上的摄影机房	3	2
标称 125 kV 以下的摄影机房、口腔 CT、牙科全景机房(有头颅摄影)	2	1
透视机房、全身骨密度仪机房、口内牙片机房、牙科全景机房(无头颅摄影)、乳腺机房	1	1
介入 X 射线设备机房	2	2
CT 机房	2(一般工作量)[(1)] 2.5(较大工作量)[(1)]	

注:(1) 按《医用 X 射线 CT 机房的辐射屏蔽规范》(GBZ/T 180—2006)的要求。

诊断设备一般设有观察窗或摄影监控装置,为方便职业人员观察,观察窗设置在地面以上 $80\sim90~cm$ 高处,观察窗上安装的铅玻璃厚为 15 mm,并对玻璃四周缝隙处做好充分的包裹,以防射线漏射。此外,机房应布局合理,具备通风条件,机房门外应具有警示标志,如在机房出入口门外安装明显可控的信号灯,当机器运行时,门口出现警示灯。

每台 X 射线设备根据工作内容,现场应配备一些配套防护设施,包括放射设备的防护,如铅橡胶挂帘、防护屏蔽层等;职业人员辅助防护设施,如防护围裙、防护手套、防护眼镜等。防护用品和辅助防护设施的铅当量应不低于 0.25 mmPb,对儿童而言,应针对不同年龄,配备有保护相应组织和器官的防护用品,且铅当量应不低于 0.5 mmPb。原则上患者/受检者不应在机房内候诊;非特殊情况,检查过程中陪检者不应滞留在机房内,如确有需要,陪检者应至少配备铅防护衣。另外放射工作场所还要配备剂量学检测仪器,用于剂量监测。

6.2.2　设备的安全要求

在放射诊断过程中,诊断设备的辐射安全控制已经成为整个放射诊断安全中不可缺少的一部分。本节主要从 X 射线诊断设备出发,介绍放射诊断设备辐射安全的通用要求,再对 X 射线的摄影及透视设备、X-CT 设备、介入放射学和近台同室操作 X 射线设备等的辐射安全要求作简要介绍。

6.2.2.1　放射诊断设备辐射安全通用要求

X 射线管是产生 X 射线的核心装置,在使用放射诊断设备时,须对它进行重点防护。为防止射线的泄漏,放射诊断用 X 射线管必须装配在合格的 X 射线管套内使用,X 射线管套内还配有防护屏蔽层和限制 X 射线束尺寸的限束装置。

使用高能 X 射线的放射诊断设备,产生 X 射线的时候也会产生一些波长较长的软射线,这种软射线不仅影响图像的成像质量,还增加了受检者的辐射剂量,因而需有符合要求的等效材料对 X 射线进行过滤,这些材料分为可拆卸和不可拆卸两类,其中安装在源组件中的不可拆卸的滤片,应不小于 0.5 mmAl(等效铝);可拆卸的滤片和不可拆卸滤片的总滤过,应不小于 1.5 mmAl。此外,对电压不超过 70 kV 的牙科 X 射线设备,其总滤过应不小于 1.5 mmAl;对电压不超过 50 kV 的乳腺摄影专用 X 射线设备,其总滤过应不小于 0.03 mmMo(等效钼);对其他 X 射线束等效总滤过应不小于 2.5 mmAl。

各种设备防护标志应齐全、醒目、清晰;随机文件必须齐全;设备防护性能必须通过严格的检验和监督管理,同时必须按照法规要求由正规测试机构进行检测。

6.2.2.2　摄影与透视设备的辐射安全要求

对 200 mA 及以上摄影用 X 射线设备,应配备不同规格附加滤过板的装置实现对软射线的过滤,同时应有能调节照射野的限束装置和标示照射野的灯光野指示装置;为了提高照射剂量的准确性,X 射线设备有用线束的半值层、灯光照射野中心与 X 射线照射野中心的偏离应符合《医用常规 X 射线诊断设备影像质量控制检测规范》(WS 76—2011)的规定。

对牙科摄影用 X 射线设备而言,严格控制管电压,管电压偏差不超过 10%,曝光时间偏差不超过 1 ms,并用集光筒实现对 X 射线束的限制,同时不同类型牙科 X 射线机焦皮距应满足《医用 X 射线诊断放射防护要求》;为减小职业人员的辐射剂量,可配置遥控曝光开关,如使用连续曝光开关,开关的电缆长度应不短于 2 m。对乳腺摄影用 X 射线设备而言,应配置保证焦皮距大于 20 cm 的装置,以避免给受检者带来过多的 X 射线皮肤入射剂量。对移动式和携带式 X 射线设备而言,设备的焦皮距应不小于 20 cm;为防止距离较近对职业人员造成过多的照射,应配置遥控曝光开关,如果使用连续曝光,开关的电缆线长度应不小于 3 m。

对透视 X 射线设备而言,要求焦皮距不小于 20 cm,手术间透视用焦点至影像接受面不超过 300 cm² 的 X 射线设备,应有线束限制装置,并将影像接收器平面上的 X 射线照射野减小到 125 cm² 以下。为降低职业人员的剂量,透视曝光开关应为常断式开关,并配有透视限时装置,机房内应具有不变换操作位置就能成功切换透视和摄影功能的控制键;同室操作的普通荧光屏透视机,在确保铅屏风和床侧铅挂帘等防护设施正常使用的情况下,在透视防护区测试平面上的空气比释动能率应不大于 400 μGy/h。

6.2.2.3　CT 设备的辐射安全要求

目前居民所受人工辐射中,CT 检查产生的辐射占比高达 40%。因此,在放射诊断中要尽量减少不必要的 CT 检查。除了要满足放射诊断设备辐射安全的通用要求外,CT 设备本身也存在一些专门辐射安全要求。为提高扫描的准确性,断层影像界面位置、定位光准确度、床移动精度等应在误差范围内;同时管电压、管电流、输出量,以及每一张断层摄影片位置等信息要精确;在 CT 控制台上应清楚显示 CT 操作条件(如层厚、螺距、滤过、电压、电流等基本信息);为保护受检者,最小焦皮距离应不低于 15 cm。

质子 CT 扫描过程中,质子加速器产生的质子束流在形成、加速、传输过程中均不可避免地发生束流损失,损失的束流与加速器的部件会发生相互作用,产生大量中子和 γ 射线,其中穿过质子加速器顶部的射线对环境造成的影响最大,因而要求质子加速器本身顶部需要有很强的屏蔽能力,以防中子和 γ 射线与周围空气作用对人体造成的辐射损伤。

6.2.2.4　介入放射学和近台同室操作用 X 射线设备的辐射安全要求

对介入放射学和近台同室操作用 X 射线设备进行防护时,X 射线设备的受检者入射体表的空气比释动能率应符合《医用常规 X 射线诊断设备影像质量控制检测规范》的规定,设备操作中使用的焦皮距不小于 20 cm;除此之外,DSA 的辐射安全要求还应该满足上述 6.2.2.2 节中透视设备的基本要求。在应用 DSA 进行介入操作时,透视曝光开关应为常断式开关,并配有透视限时装置防止过量照射,切换透视和摄影功能的控制键时不用变换操作位置,尽量减少职业人员的照射。

6.2.3　安全操作要求

众所周知,放射诊断设备在应用过程中会对职业人员和受检者产生一定的伤害,对设备的安全操作,将有效地减轻这种伤害。本节将对放射诊断设备的安全操作要求进行介绍。

6.2.3.1　放射诊断设备安全操作一般要求

放射诊断职业人员应熟练掌握业务技术,接受辐射防护和有关法律知识培训,满足放射诊断职业人员岗位要求。在实施放射诊断前,根据不同检查类型和需求,选择使用合适的设备、照射条件、照射野以及相应的防护用品。在操作诊断设备过程中,按照《医用 X 射线诊断受检者放射卫生防护标准》(GB 16348—2010)和《医疗照射放射防护基本要求》(GBZ 179—2006)中有关医疗照射指导水平的要求,合理选择各种操作参数,不应采用加大摄影曝光条件的方法提高已过期胶片或疲乏套药胶片的显影效果。另外,放射诊断的原则是在确保达到预期诊断目标的同时,将患者/受检者所受到的照射剂量降到最低,因此,在检查中尽量不使用普通荧光屏透视,即使使用也应避免卧位透视,而健康体检不得使用直接荧光屏透视。对示教病例不应随意增加曝光时间和次数。此外,X 射线机曝光时,应关闭与机房相通的门,防止不必要人员进入。

6.2.3.2　摄影与透视设备的安全操作要求

在用 X 射线设备摄影时,为过滤软射线,应根据使用的不同 X 射线管电压更换射线滤过板;进行检查时,职业人员应通过调节照射野和使用线束装置控制受检者的照射部位,在检查过程中应通过观察窗密切观察受检者状态;为了保证影像质量,需合理选择胶片以及胶片与增感屏的组合,并重视曝光操作的质量保证,对数字化 X 射线成像的 IP 板也应定期进行维护保养。以上工作均应符合《计算机 X 射线摄影(CR)质量控制检测规范》(GBZ 187—2007)的规定。

对透视用 X 射线设备,应慎用普通荧光透视检查,采用普通荧光透视的工作人员在透视前应做好充分的暗适应以提高对荧光的敏感性;诊断时,尽可能采用“高电压、低电流、厚过滤”和小照射野降低受检者剂量;进行消化道造影检查时,要严格控制照射条件和避免重复照射,对职业人员、患者/受检者都应采取有效的防护措施。

对专用放射诊断设备如牙科摄影用 X 射线设备操作时注意胶片放置位置,对乳腺摄影 X 射线设备安全操作时应注意对辐射敏感器官(甲状腺、眼晶体等)的保护,根据乳房类型和压迫厚度选择合适的靶/滤过材料组合,宜使用摄影机的自动曝光控制功能,获得连续数据以保证数据采集效果,达到防护最优化要求。

移动式和携带式 X 射线设备不应作为常规检查用设备。实在无法使用固定设备且确需进行 X 射线检查时才允许使用移动设备,在使用这些移动设备中要特别注意避免对其他非受检人员的照射。同时,职业人员要做好自身防护,并保证曝光时能观察到患者或受检者的姿态。

6.2.3.3　计算机断层扫描设备的辐射安全操作要求

CT 扫描前,根据受检者情况预置适当的扫描参数,在确定检查感兴趣区域前,不要采用大范围扫描方法,尽可能减少扫描范围,扫描最佳位置应该通过病灶中心;需对受检者进行合理保护,在检查过程中可适当倾斜机架避免辐射敏感部位,在对头部 CT 扫描时可采用局部旋转,尽量减少受检者头部所受剂量,如果在检查过程涉及性腺、造血器官时,尽可能采用适形制模加以保护;为提高影像质量,适当选择影像重建参数。同时,对受检者剂量、曝光参数等内容进行记录,以保证受检者在诊断过程中获得最大诊断利益。

6.2.3.4　介入放射学和近台同室操作用 X 射线设备辐射安全操作要求

在进行介入放射诊断时要使用合适的剂量监测装置准确记录受检者的受照剂量,每次诊疗后将患者受照剂量记录在病历中；尽可能缩短累计曝光时间，在进行骨科整复、取异物等诊断活动时采用间接曝光方式；除临床不可接受的情况外，图像采集时职业人员应尽量不在机房内停留。

在实施 DSA 介入治疗时，必须由专业资质人员操作，其余人员不得随意按动 DSA 机器上的按钮。在介入治疗过程中应尽可能缩小照射野，使用间歇式透视 X 射线缩短曝光时间。在实施手术过程中，职业人员应配备个人防护用品，选择合理的站立点，尽量扩大与病人的距离。

6.2.4　安全联锁

辐射源装置的安全联锁分为两个系统：① 人机安全联锁系统，旨在保障人身安全；② 设备安全联锁系统，旨在保障机器的安全运行。放射诊断主要的安全联锁是设备安全联锁系统。

放射诊断设备在工作中，防护门与照射装置电源联锁，开门状态下无法开启射线机；机房大门关闭，门上警示灯亮后，方可按下设备的开关按钮进行曝光。此外，设备本身自带 X 射线曝光时间控制、温度控制等联锁设置，如 CT 配置有防止过量照射自动终止措施，在进行 CT 扫描时如发生记时器失效、CT 功能失效及检查时出现意外等事件时，CT 能自动切断电源。如图 6.13 所示的是工作中的放射诊断机房。

图 6.13　工作状态的放射诊断机房

6.2.5　事故应急

为提高放射实践中突发辐射事故的处理能力，最大程度地预防和减少突发辐射事故的危害,保护环境,保障职业人员和公众的生命安全,维护社会稳定,放射实践相关单位应根据可能发生的辐射事故风险,制定本单位的应急预案,做好应急准备。当发生事故时应立即启动本单位的应急预案,采取措施并向当地环保部门、公安部门、卫生主管部门报告。下面将介绍放射诊断中的辐射事故应急。

放射诊断设备中除数字减影血管造影装置(DSA)属于Ⅱ类射线装置外,全部属于Ⅲ类射线装置。在放射诊断过程中,放射诊断事故一般属于一般辐射事故,但如果不按规定操作,也有可能造成如急性重度放射病、局部器官残疾等较大辐射事故,因此放射诊断职业人员在上岗前应熟练掌握业务技术,接受辐射防护和有关法律知识培训。

对于放射诊断单位,应当以潜在的事故为基础来制定相应的应急预案。在应急预案中,要设立应急机构,成立应急小组并明确每个职业人员在应急过程中的职责,明确应急流程及采取的措施并组织相关人员进行应急预案演练,以便事故发生时能熟练地应对。同时在应急预案中充分考虑到避免患者、职业人员和公众受到不必要辐射的紧急措施,防止人员进入辐射区等问题。

放射诊断事故发生后,应当立即启动应急预案,事故单位应当按照预案组织及时向上级环保、公安、卫生部门进行报告。及时采取相应的应急措施:如果射线装置出现故障,应立即切断装置电源;当发生人体受超剂量照射事故时,医院应当迅速安排受照人员接受医学检查或者在指定的医疗机构救治。发生放射诊断事故以后,医院应立即组织辐射防护领导小组成员进行讨论,按照《放射事故管理规定》填写《放射事故报告卡》,上报主管部门,同时公共卫生部门应做好善后处理工作。

因 DSA 设备是放射诊断设备中唯一一个Ⅱ类射线装置,下面就放射诊断中的 DSA 设备突发故障时的应急作简要的介绍。

当 DSA 设备突发故障时,放射科职业人员应立即关闭电源,终止曝光,将患者移至非工作区域,并通知其他职业人员迅速离开事故现场;同时上报科主任、设备科、医务科及院领导。医务科人员赶至现场后,组织相关人员估算患者受 X 射线照射程度;设备科对故障进行检查,排查事故原因;急症科人员负责查看受照者,护送到急症科进行进一步的诊疗,必要时留院观察;最后,公共卫生科评估放射事故是否存在公共危害,并对公众做相应解释工作。

为避免放射诊断事故的发生,医院相关科室应加强放射诊断工作的日常安全管理。针对可能发生的事故,相关科室应根据预案定期组织相关人员进行演练;做好机器的日常保养工作,并做相应的记录与总结。

6.3　典　型　案　例

在放射诊断中,当诊断剂量明显大于预计值或显著超过所规定的相应指导水平则引起放射性诊断事故。通常情况下放射诊断事故由剂量测量差错、辐射设备故障、操作失误等引起,这些事故可能对患者或者职业人员造成伤害。前事不忘,后事之师,本节我们简单介绍关于放射诊断过程中发生事故的几个典型案例。

6.3.1　低能 X 射线机操作事故

该事故为当事人对低能 X 射线危害缺乏认识引发的较大辐射事故。

1. 事故过程

1988 年 1 月 8 日,某研究院职工张某,作为成像诊断设备装置的测试人员在检验该院大邑试验基地成像装置性能时,为了找出骨软组织最好的影像效果,选择了低能 X 射线机(10~50 kV)来观察骨软组织的影像效果,分别选择管压 20 kV、30 kV、40 kV、50 kV,设置相应管电流,在距 X 光管 25 mm、75 mm、100 mm、200 mm 处对自己的左手照射了 20 余次,累积照射时间约 1.5 h。经过估算,张某左手接受到的物理剂量大约为 11.94 Gy。在受照后第三天,张某的左手食指、中指、无名指背面皮肤相继出现发痒、红肿、发黑、起水疱、溃烂,并伴有紧缩感疼痛等症状。27 日被诊断为急性放射线烧伤,因受照部位久治不愈形成溃疡,后进行了植皮手术治疗。

2. 事故原因分析

本次事故的主要原因是事故单位的辐射防护宣传工作不到位。其次,事故当事人对低能 X 射线的危害缺乏认识,将本人手指作为试验对象进行操作而造成损伤。

3. 经验教训与总结

从这起事故来看,首先从事放射诊断相关人员对 X 射线的辐射危害认识不够,误以为低能 X 射线对人体伤害不大;其次也可以看出,放射诊断单位的辐射防护意识淡薄,未做好充分的防护培训和宣传工作,张某作为测试人员都没有正确的操作知识和防护意识,在这种防护不完善的场所独自操作诊断设备。由此可见,加强放射诊断相关单位的辐射危害和辐射防护的宣传教育,对相关专业人员进行上岗前的培训非常必要。

6.3.2　介入设备操作事故

该事故为放射诊断单位对设备的误操作引发的一般辐射事故。

1. 事故过程

2006 年浙江某医院介入科购置的心血管造影机在 10 月中旬开始出现图像不清的现象,因病人数量较前季度增加 50%,所以医院未及时进行修理,为了提高图像的清晰度,操作人员将正常状态下的低电流高电压(13.8 mA,80 kV)改为高电流低电压(52 mA,67 kV),直至 2008 年 2 月浙江丽水疾控中心对该科职业人员进行检查时才发现问题。检查时该科 7 人,除 2 人外出外,剩余 5 人中有 4 名职业人员辐射超标。

2. 事故原因分析

本次事故发生主要原因是放射诊断单位没有按照放射诊断设备安全操作要求,为追求经济利益,未经专业人员维修,擅自改变设备参数,违反设备的安全操作规程,致使职业人员辐射超标。

3. 经验教训与总结

从上可以看出,从事放射诊断的单位并没有定期对设备进行检查维修,其上级监管部门也没对该医院的设备进行严格的监督管理;相关职业人员也没有严格执行放射诊断设备的安全操作要求。反映出事故单位上下级对放射诊断设备的管理制度松散,重视程度严重不足。因此提高全民安全防护意识,积极开展安全防护教育,加强放射诊断专业人员的素质要求,加大对放射诊断设备的技术投入和监管力度尤为重要。

参 考 文 献

[1]　张起虹,等. 医用电离辐射防护与安全[M]. 南京:江苏人民出版社,2015.
[2]　刘原中,唐鄂生,李建平,等. 高能质子加速器治疗系统应用中的环境安全问题[J]. 原子能科学技术,2004,38:193-197.
[3]　夏益华. 电离辐射防护基础与实践[M]. 北京:中国原子能出版社,2011.
[4]　徐跃,梁碧玲. 医学影像设备学[M]. 北京:人民卫生出版社,2010.
[5]　朱志贤,郑钧正,陈峰,等. 放射诊断医疗照射指导水平的确定方法[J]. 中国辐射卫生,2004,13(2):83-87.
[6]　医用 X 射线诊断放射防护要求:GBZ 130—2013[S]. 北京:中国标准出版社,2013.
[7]　医用 X 射线 CT 机房的辐射屏蔽规范:GBZ/T 180—2006[S]. 北京:人民卫生出版社,2006.
[8]　万学红. 临床医学导论[M]. 四川:四川大学出版社,2011.
[9]　郑钧正. 电离辐射医学应用的防护与安全[M]. 北京:原子能出版社,2009.

第 7 章　放射治疗中的辐射安全与防护

　　手术、放射治疗和化疗是治疗癌症的三大手段,约 70% 癌症患者需要接受放射治疗。放射治疗是用射线照射癌组织,利用射线的生物学作用,破坏癌细胞,杀伤癌组织。由于在临床放射治疗过程中,射线同时也会不可避免地危害到人体正常组织,过量的辐射会杀死正常细胞组织,甚至会诱发癌变。所以,在放射治疗临床实践中要特别注意设备操作的规范性和辐射屏蔽的安全性。放射治疗必须遵循辐射防护基本原则,使职业人员和公众的受照剂量不超过规定的限值;同时患者所受的医疗照射,也应遵循实践的正当性和防护的最优化原则。

　　本章首先介绍放射治疗的原理和设备,然后针对不同的设备讲述如何进行辐射防护和安全操作,以及发生事故后的应急措施。最后以两个典型事故为例,分析事故的原因并从中吸取经验教训。

7.1　放射治疗原理及常用设备分类

　　放射治疗是利用射线治疗癌症的一种局部治疗方法。放射治疗中常用的射线包括放射性同位素产生的 α、β、γ 射线;X 射线治疗机产生的 X 射线;各类加速器产生的 X 射线、电子束、质子重离子束、中子束和反应堆产生的中子束等。根据放射治疗的原理,人们研制出了种类繁多的放射治疗设备。

7.1.1　放射治疗原理

　　放射治疗是采用射线照射癌组织,杀死或破坏癌细胞,抑制它们的生长、繁殖和扩散。虽然射线可以杀死癌细胞,但同时也会对正常细胞造成一定损伤。所以,放射治疗的目标是最大可能地杀死癌细胞并尽可能地减少对正常细胞的损伤。

　　按照放射源与人体的位置关系(图 7.1)可以把放射治疗分为近距离放射治疗和体外远距离放射治疗,其中体外远距离放射治疗也简称远距离放射治疗。近距离放射治疗是指将密封的放射源直接放置于患者被治疗的组织内或者人体的天然腔内,如口腔、鼻咽、食管、宫颈等部位进行照射,包括组织间放射治疗和腔内放射治疗。体外远距放射治疗是指放射源位于体外一定距离处,集中照射人体某一部位,例如目前常用的医用电子直线加速器产生 X 射线进行的放射治疗。近距放射治疗的特点是表面剂量高,对周围正常组织损伤相对较小。而远距放射治疗的特点是剂量分布均匀,通过调节能量可照射不同深度的肿瘤。

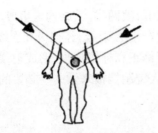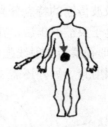

图 7.1　体外远距离放射治疗(左)和近距离放射治疗(右)

7.1.2　设备分类

根据射线的种类(X 射线、γ 射线、电子、中子、质子和重离子等)可以把主要的放射治疗设备分为五大类。

7.1.2.1　X 射线放射治疗设备

X 射线放射治疗设备包括 X 射线治疗机和医用电子直线加速器。临床治疗用的 X 射线根据能量高低可分为:临界 X 射线(6~10 kV)、接触治疗 X 射线(10~60 kV)、浅层治疗 X 射线(60~160 kV)、深部治疗 X 射线(180~400 kV)和高能 X 射线(2~50 MV),其中低能 X 射线(能量小于 1 MV)主要由 X 射线治疗机产生,高能 X 射线(能量大于 1 MV)主要由电子加速器产生。

1. X 射线治疗机

X 射线治疗机通过电子打靶产生韧致辐射 X 射线进行治疗。X 射线治疗机主要包括以下四个模块:

(1) 阴极钨灯丝:主要用于产生电子,钨灯丝通上电流后,具有很强的发射电子能力,非常适合做电子源。

(2) X 射线管:主要用于加速电子,由真空度非常高的真空管、真空管中放置的阳极靶和阴极钨灯丝组成。抽真空的目的是为了避免电子在打击靶前损失能量,真空破坏会导致 X 射线管破坏。

(3) 阳极靶:主要用作与加速电子反应产生 X 射线的靶材,由铜棒和钨靶组成。钨原子序数大,熔点高,非常适合做 X 射线靶。铜散热快,能及时把靶上的热量传走。

(4) 控制系统:主要用于设定 X 射线治疗机的运行参数和控制设备运行。

X 射线治疗机具有深度剂量低、能量低、易散射、剂量分布均匀性差等缺点,因此已逐渐被淘汰。

2. 医用电子直线加速器

医用电子直线加速器的放射治疗模式包括 X 射线治疗模式和电子线治疗模式。目前最常用的是 X 射线治疗模式,其产生 X 射线的原理是:利用微波加速电子到很高能量,然后将高能电子轰击重金属靶,通过韧致辐射产生 X 射线。

医用电子直线加速器主要由加速管、微波功率源、微波传输系统、电子枪、束流系统、恒温冷却系统、控制系统和治疗头等组成。图 7.2 为医用电子直线加速器治疗头基本结构示意图。加速器按照微波传输的特点分为驻波和行波两类,其结构与组成基本相同。

当加速管中的电子束被引出后,与靶作用产生 X 射线,经初级和次级两级准直器限束准直,并由均整器和楔形补偿板对射线强度进行修正和补偿吸收,形成射线强度基本均匀一致和一定照射面积的照射野。另外还需要为病人定制挡板来做一些必要的防护。

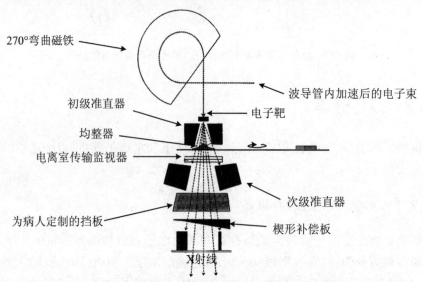

图 7.2　医用电子直线加速器治疗头基本结构

按 X 射线能量可以把医用电子直线加速器分为低能(4~6 MV)直线加速器、中能(7~15 MV)直线加速器和高能(16~25 MV)直线加速器。不同能量的 X 射线具有不同的深度剂量沉积特性,适用于不同深度的肿瘤治疗。目前临床上主要采用 6 MV 的 X 射线,而对于某些较深部位(如腹部)的肿瘤,选择较高能量的 X 射线(如 16~18 MV)治疗较好。

近年来,医学成像技术、计算机技术和新的加速器技术的出现和运用,使得放射治疗的精准性、可靠性和安全性得到显著提高。配合多叶准直器(Multi-Leaf Collimator,MLC)可以实现三维适形放射治疗(Conformal Radiation Therapy,CRT)、调强放射治疗(Intensity Modulated Radiation Therapy,IMRT)、图像引导放射治疗(Image Guided Radiation Therapy,IGRT)、容积旋转调强放射治疗(Volumetric Modulated Arc Therapy,VMAT)等。图 7.3 是中国科学院核能安全技术研究所·FDS 团队自主研发的精准放射治疗系统"麒麟刀" KylinRay,其多模式引导肿瘤精准定位跟踪子系统(图 7.4),可以对肿瘤和正常器官的位置进行监控及跟踪定位,保证精准照射。

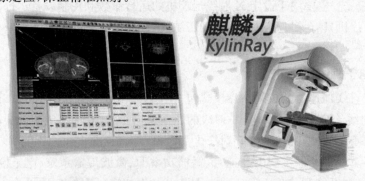

图 7.3　精准放射治疗系统"麒麟刀"KylinRay

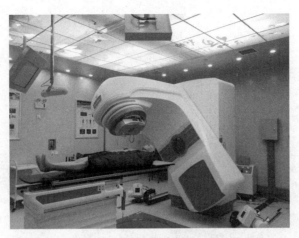

图 7.4　多模式引导肿瘤精准定位跟踪子系统

7.1.2.2　γ射线放射治疗设备

γ射线放射治疗设备可以分为两大类:近距离γ射线放射治疗设备和体外远距离γ射线放射治疗设备,其中远距离放射治疗设备通常指^{60}Co 治疗机。

1. 近距离γ射线放射治疗设备

近距离γ射线放射治疗设备目前主要是后装治疗机(图 7.5)。所谓"后装",就是先在准备室内将施源器放置并固定在人体内,然后送患者进入治疗室,把与施源器相连接的管头接好,再用遥控技术将源送入病变位置照射病灶。治疗结束后用遥控技术把源退回到存储器内。后装治疗装置主要组成部分包括:施源器、储源系统、源传输系统和控制系统。通常用的放射性核素包括^{192}Ir(活度高,可达 37~370 GBq)、^{60}Co(活度最高达 3.7 GBq)和^{137}Cs(活度低,大约37 MBq)等。

2. ^{60}Co 治疗机

自 1951 年加拿大制成世界上第一台^{60}Co 治疗机以来,在 60 多年的时间里得到了迅速发展和广泛的应

图 7.5　后装治疗机

用。目前常说的"伽马刀",就是用多个^{60}Co 发出的γ射线进行放射治疗。现代^{60}Co 治疗机(图 7.6)不但可以完成等中心照射、弧形照射等功能,也可以实现适形放射治疗。

^{60}Co 机头是^{60}Co 治疗机的关键结构,通常把直径 1 mm、高 1 mm 的^{60}Co 颗粒封闭在不锈钢容器中,形成直径约为 2~3 cm、高 2 cm 的钴源。钴源通常置于长 6~8 cm 的钢柱中心,底面裸露。其目的是便于使用、防护和更换。

与 X 射线治疗机相比,^{60}Co 治疗的特点是:① 射线穿透力强,提高了治疗深部肿瘤的疗效;② 皮肤反应轻,这主要是因为^{60}Co 产生的γ射线的建成深度位于皮下 5 mm 处,皮肤剂量相对少;③ ^{60}Co 产生的γ射线与物质的作用以康普顿效应为主,骨吸收类似于软组织吸收,可用于骨后病变治疗;④ 旁向散射少,放射反应轻;⑤ ^{60}Co 治疗机经济可靠、维修方

便,缺点是需要换源。

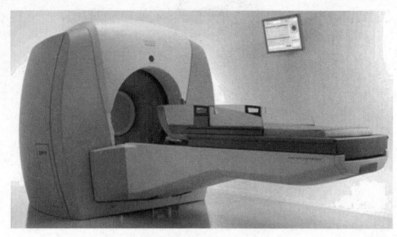

图 7.6 现代^{60}Co 治疗机

7.1.2.3 电子束放射治疗设备

电子束放射治疗设备分为放射性同位素产生 β 源(电子束)设备和电子加速器设备两种。由于电子束的能量大多沉积在浅层,所以一般应用于浅表层治疗。

1. 放射性同位素产生 β 源设备

模敷贴照射是放射性同位素产生 β 源进行放射治疗的主要方式,其放射治疗过程为:将放射源置于按病种需要制成的模具(一般用牙模塑胶)或敷贴器内并敷贴到病变区进行治疗,多用于浅表层病变或容易接近的腔内(如硬腭)。为降低靶区剂量变化梯度,需避免直接将模具或敷贴器贴敷皮肤表面,可用组织等效材料、蜡块或凡士林纱布等隔开。辐射源和病变部位的距离通常为 0.5~1 cm。近年来模敷贴照射已被浅层 X 射线或加速器产生电子束治疗所代替。

2. 电子加速器设备

按照加速电子的原理把电子加速器分为:电子感应加速器、电子回旋加速器和电子直线加速器。目前电子感应加速器和电子回旋加速器由于体积大、价格高等缺点,已被直线加速器淘汰。

经加速器直接引出的电子束束斑太小,需要扩展,目前有两种扩展方法,一种是经过电子线散射片扩展;另外一种是采用电磁偏转原理,类似电视光栅式扫描或螺旋式扫描的方法对电子束进行扩展,这种方式可以减少电子束中的 X 射线污染。

20 世纪 50 年代初期,加速器产生电子束就已经应用到放射治疗中,成为治疗浅表肿瘤的一种特殊治疗手段。与电子直线加速器的 X 射线放射治疗相比,电子束放射治疗的优点包括:① 能谱窄;② 在一定深度后,剂量快速下降,可以更好地保护肿瘤后方的正常组织,缺点包括:① 剂量建成区很窄,不能很好地保护皮肤;② 电子束中夹杂着韧致辐射光污染;③ 电子束容易被散射和阻挡。

7.1.2.4 中子放射治疗设备

目前中子放射治疗主要是指硼中子俘获治疗（Boron Neutron Capture Therapy，BNCT）。BNCT 的基本原理是应用热中子照射聚集在肿瘤部位的 ^{10}B，^{10}B 俘获中子后产生 α 粒子和 ^{7}Li，进而杀死癌细胞起到治疗作用。在进行治疗前，先给患者注射含 ^{10}B 药物，由于这种药物与癌细胞有很强的亲和力，进入人体后，迅速聚集于癌细胞内，而在其他组织内分布相对很少。硼中子俘获治疗在临床上主要用于神经胶质瘤和黑色素瘤的治疗。

目前，用于 BNCT 的中子源主要有反应堆中子源、加速器中子源和自发裂变中子源（^{252}Cf）三种。但从上述源得到的中子束还需要进一步的处理，使中子的能量范围适合硼中子俘获治疗。

7.1.2.5 质子重离子放射治疗设备

质子或重离子与人体组织的相互作用过程，主要是通过与核外电子的库仑作用沉积能量杀死癌细胞。由于质子和重离子的质量很大，其穿过人体时的剂量沉积反比于运动速度的平方，在接近射程末端时，能量损失最多，这种效应称为布拉格（Bragg）峰效应。如果把能量沉积的布拉格峰置于肿瘤区域，可以很有效地杀死肿瘤细胞，并非常好地保护靶区前后的组织，这也是质子重离子放射治疗在原理上优于 X 射线放射治疗的原因。重离子与质子相比：重离子的质量更大，生物学效应大概是质子的 1.5～3 倍，即具有更大的威力破坏癌细胞的 DNA，但重离子布拉格峰后的剂量大于质子。

1946 年美国哈佛大学的威尔森（Wilson）首次提出用质子进行放射治疗的构想。1954 年瑞典的乌普萨拉（Uppsala）大学安装的质子同步回旋加速器开始尝试进行质子放射治疗。直到 1991 年，美国洛杉矶林德（Loma Linda）医学中心建造了第一台专门用于放射治疗的质子加速器，质子治疗癌症才得到人们的重视。随着质子放射治疗取得的成功，人们开始寻求生物学效应更好的重离子进行放射治疗。

质子重离子放射治疗设备主要包括：① 用来产生质子或重离子的离子源；② 加速器；③ 离子束传输与偏转系统；④ 调能器、束流均整及准直系统；⑤ 屏蔽系统。质子加速器中的质子能量一般为 70～250 MeV。加速器一般分为同步加速器和回旋加速器。通常质子放射治疗设备体积和重量都比较大，例如，装在哈佛大学的 160 MeV 的质子加速器的常规磁铁就重达 583 吨，若使用超导磁铁可以降到几十吨。为了让患者在接受治疗时不需要移动，质子放射治疗常配有巨大的机架来控制束流的方向。由于重离子的原子量更大，重离子放射治疗需要更大的机架，例如，德国 HIT（Heidelberg Ion-Beam Therapy Center）的机架重达 600 吨，这也是目前限制重离子放射治疗的一个重要原因。目前国内已建成上海市质子重离子医院和兰州重离子肿瘤治疗中心。由于质子重离子设备造价昂贵、费用高，而且设施极其庞大，使得目前质子重离子放射治疗的普及有很大难度。

7.2 辐射安全要求与防护措施

放射治疗的本质是利用射线产生的电离辐射效应直接破坏癌细胞，但同样会影响到正常组织细胞,也就是说,患者以冒一定的危险为代价获得治疗,所以要做好对患者的防护工作,同时也需考虑职业人员的辐射防护问题。另一方面,职业人员是设备的控制者和操作者,需要按照正确的操作流程操作设备,当发生事故时,能够正确迅速地处理事故。

7.2.1　设备的安全要求

根据国家环保部发布的《射线装置分类办法》,常用的放射治疗装置对应的类别见表7.1。

表 7.1　射线装置分类表

医用射线装置	装置类别
质子治疗装置	Ⅰ类射线装置
重离子治疗装置	Ⅰ类射线装置
能量大于 100 MeV 的医用加速器	Ⅰ类射线装置
能量小于 100 MeV 的医用加速器	Ⅱ类射线装置
X 射线治疗机(深部、浅部)	Ⅱ类射线装置
术中放射治疗装置	Ⅱ类射线装置
放射治疗模拟定位装置	Ⅲ类射线装置

不同的放射治疗装置需要采取不同的辐射安全防护,下面分近距离放射治疗和远距离放射治疗两类来介绍设备的辐射安全要求。

7.2.1.1　近距离放射治疗设备的辐射安全要求

近距离放射治疗中的敷贴治疗设备和后装治疗机的辐射安全应分别遵循国家标准《放射性核素敷贴治疗卫生防护标准》(GBZ 134—2002)和《后装 γ 源近距离治疗卫生防护标准》(GBZ 121—2002)的规定。其防护应重点注意辐射源的照射、污染与丢失三个方面。

减少辐射源照射可采用时间防护、距离防护和屏蔽防护三种方法:

(1)时间防护。后装技术减少了辐射对所有人员的照射时间。要求在放射源准备期间,在进行工作之前拟订计划以确保辐射照射的时间最少。应通知护理人员和探视人员在接近近距离治疗病人时可停留的最长时间。

(2)距离防护。严禁直接用手操作放射源,要使用长柄器具(如镊子)操作,在整个工作期间,尽可能远离源,快速完成必要的工作。

(3)屏蔽防护。除非源已在病人体中或正在插入病人体中,近距离治疗源应保存在屏蔽物之中。即使源已在病人体中,也需使用防护屏对工作人员和探视者提供某种程度的防护。除了 ^{125}I 只需几毫米厚的铅之外,为将剂量率减少到可接受的水平,其他源通常需要几厘米厚的铅才能达到防护要求。对埋入永久性 ^{198}Au 或 ^{125}I 的病人,当距离病人 1 m 处的剂量率低于可接受水平(如 50 μSv/h)时,才可解除病人的辐射隔离。

为减少泄漏带来的放射性污染,所有密封源都应定期进行泄漏检验(如每 6 个月 1 次)。为防止放射源丢失,需要严格执行放射源库存登记制度(如定期检查实际库存品);当源取出或送还时,须检查容器中源的数量;认真填写使用源的记录表;每个贮存位置应有显示贮存情况的标牌。

7.2.1.2　远距离放射治疗设备的辐射安全要求

远距离放射治疗设备主要包括 X 射线治疗机、^{60}Co 治疗机、医用电子直线加速器、硼中子俘获治疗设备和质子重离子放射治疗设备。由于硼中子俘获治疗设备较少,且还处于研究阶段,本书不做介绍。

1. X 射线治疗机的辐射安全要求

根据国家标准《医用 X 射线治疗卫生防护标准》(GBZ 131—2002),X 射线源组件的泄漏辐射不得超过表 7.2 列出的控制值。必须有可以调换的过滤板,并在板上标明各种规格。能量较高的 X 射线治疗机应有保护电路,使得只有当插入过滤板后,高压才能接通,照射才能进行。

表 7.2　治疗状态下 X 射线源组件泄漏辐射控制值

X 射线管额定电压	空气比释动能率控制值
>150 kV	距源组件表面 50 mm 处,300 mGy/h,距 X 射线管焦点 1 m 处,10 mGy/h
≤150 kV	距 X 射线管焦点 1 m 处,1 mGy/h
≤50 kV	距源组件表面 50 mm 处,1 mGy/h

2. ^{60}Co 治疗机的辐射安全要求

^{60}Co 治疗机的辐射防护需要满足《医用 γ 射束远距治疗防护与安全标准》(GBZ 161—2004)中的防护与安全要求。^{60}Co 治疗机利用高活度的 ^{60}Co 源提供 γ 射线,因放射性衰变,剂量率会随时间降低,每月大概降低 1%。越往后的病人需要治疗的时间越长,所以至少每 5 年要更换新的 ^{60}Co 源。^{60}Co 治疗机的放射源活度应不小于 37 TBq,用于治疗时的源皮距不得小于 600 mm,且有用射线束在模体校准处吸收剂量的相对偏差不大于 3%。当 ^{60}Co 放射源置于存储位置时,防护屏蔽周围杂散辐射空气比释动能率在距屏蔽表面 5 cm 位置不大于 0.2 mGy/h;距放射源 1 m 的任何位置不大于 0.02 mGy/h。在正常治疗距离处,对任何尺寸的照射野,透过准直器的泄漏辐射空气比释动能率不得超过相同距离处照射野为 10 cm×10 cm 的辐射束轴上最大空气比释动能率的 2%。辐射头外表面上必须清晰地、永久性地标有符合基本规定的电离辐射标志。

3. 医用电子直线加速器的辐射安全要求

常用医用电子直线加速器中输出的电子能量为 5~40 MeV,通常会伴随着初级辐射、次级辐射、感生放射性核素释放的 β、γ 射线和微波辐射。为保证电子直线加速器的辐射安全,加速器的安全设计应当符合《医用电器设备第 2 部分:能量为 1 MeV 至 50 MeV 电子加速器安全专用要求》(GB 9706.5—2008)的基本要求,需同时满足以下几个方面辐射防护要求。

(1) 防止患者超剂量照射的防护要求:控制台显示器应当显示出辐射类型、照射时间、吸收剂量和吸收剂量率等;照射的启动应当与控制台显示器显示的照射参数预设值联锁,在选择照射参数之前,不能启动对患者的照射;冗余设计要求配备两套独立的辐射剂量监测系统,每套剂量监测系统能单独终止照射;当吸收剂量达到预选值时,两套剂量监测系统能终止继续照射;照射时间计时器应当按独立性原则配置,与加速器系统联锁;当吸收剂量的分布相对于预设值偏差大于10%时能自动终止照射;应当经常检查所有的安全联锁系统的功能,确保它们的独立性和可靠性。

(2) 对于射束内杂散辐射和泄漏辐射的限制:用于放射治疗的有用射线束中的杂散辐射应该小于国标规定的上限。为了防止射线束的泄漏,在固定限束器截面内,泄漏辐射的吸收剂量与有用射线束中心轴最大吸收剂量的百分比应当满足国标中的限制。

(3) 对感生放射性核素辐射剂量的限制:对于电子能量大于10 MeV的加速器,距离设备表面5 cm处由感生放射性核素产生的吸收剂量率不应大于0.2 mGy/h;在距离设备表面1 m处产生的吸收剂量率不应当超过0.02 mGy/h。

4. 质子重离子放射治疗设备的辐射安全要求

目前我国还没有制定出质子重离子加速器辐射安全要求的标准,可参考医用电子加速器的辐射安全防护。质子加速器治疗系统中因为质子束流损失会产生中子和γ射线,进而会引起物质的活化和有害气体的产生,所以应当对质子放射治疗系统进行更加严格的屏蔽防护。

7.2.2　场所的安全要求

下面对X射线治疗机、^{60}Co治疗机、医用电子直线加速器和质子重离子加速器的场所的辐射屏蔽安全要求进行介绍。

1. X射线治疗机场所的辐射屏蔽要求

X射线治疗机场所的辐射屏蔽要求须遵循《医用X射线治疗卫生防护标准》。X射线治疗机治疗室的设置必须充分考虑周围区域与人员的安全,一般可以设在建筑物底层的一端。50 kV以上X射线治疗机的治疗室必须与控制室分开。治疗室面积一般应不小于24 m²,室内不得放置与治疗无关的杂物。治疗室有用射线束照射方向的墙壁按主射线屏蔽要求设计,其余方向的建筑物按照漏射线及散射线要求设计。治疗室内的适宜位置应安装紧急情况使用的强制终止照射的设备,并且治疗室门必须安装安全联锁设备。最后,治疗室要保持良好的通风。

2. ^{60}Co治疗机场所的辐射屏蔽要求

^{60}Co治疗机场所的辐射屏蔽要求需遵循《医用γ射束远距治疗防护与安全标准》,主要有三方面的要求。第一,在治疗室的建筑和布局方面,治疗室必须单独建造,其面积一般不宜小于30 m²,层高不低于3.5 m;治疗室必须与控制室、检查室等辅助设施相互分开且布局合理;治疗室的墙体和顶棚必须有足够的屏蔽厚度,使距墙体外表面30 cm处,由穿透辐射所产生的平均剂量当量率低于2.5 μSv/h;治疗室的入口采取迷宫设计。第二,在治疗室的安全防护设施方面,有用射线束不得朝向迷宫,迷宫口应当安装具有良好屏蔽效果的电动防护门;治疗室外应设放射性危险标志,防护门应与放射源联锁;治疗室的入口及治疗室内靠治疗机的适当位置应安装停止放射源照射的应急开关。第三,要求治疗室应有良好的通风,且一般不设窗;通风方式以机械通风为主,换气次数一般每小时3~4次。

3. 医用电子直线加速器场所的辐射屏蔽要求

医用电子直线加速器场所的选址和设计时应当确保周围环境的辐射安全,具体的安全防护要求有:治疗室入口必须设置防护门和迷宫,而且防护门与加速器启动开关联锁;对有用射线束朝向的墙壁和天棚按主屏蔽要求设计,其余墙壁按散射辐射屏蔽要求设计,加速器治疗室屏蔽的详细要求可以参考《放射治疗机房的辐射屏蔽规范第 1 部分:一般原则》(GBZ/T 201.1—2007)和《建设项目职业病危害放射防护评价规范第 2 部分:放射治疗装置》(GBZ/T 220.2—2009),不允许有严重减弱防护能力的地方;电子能量超过 10 MeV 的加速器,屏蔽设计还应当考虑对中子辐射的屏蔽防护;加速器工作场所进风、排风口的位置设计要合理,风机功率须符合要求。

4. 医用质子重离子加速器场所的辐射屏蔽要求

质子重离子加速器是目前比较新的放射治疗设备,除了要满足医用电子直线加速器的场所要求外,质子重离子加速器还需要参考《放射治疗机房的辐射屏蔽规范第 5 部分:质子加速器放射治疗机房》(GBZ/T 201.5—2015)并满足以下安全要求:

(1) 由于质子重离子设备产生的射线能量较高,所以需要更为严格的辐射防护措施。通常把设备放置到地下,并用很厚的墙体进行屏蔽。例如德国海德堡质子重离子中心的治疗室的屏蔽墙体为 1.5 m 的混凝土外加 0.5 m 的钢板。

(2) 由于高能质子束流能量和截面的调整会发生束流损失,产生中子和 γ 射线,所以防护门应考虑级联中子和蒸发中子以及由中子产生的俘获 γ 射线的屏蔽。

7.2.3　安全操作要求

下面分别讲述近距离放射治疗设备和远距离放射治疗设备安全操作的要求:

1. 近距离放射治疗的操作流程要求

近距离放射治疗的操作流程包括准备阶段、治疗阶段和后续处理三个阶段。

准备阶段要求首先在治疗前核对病人和放射治疗计划。从容器中取出放射源,除取出和送回放射源外,其余时间关闭容器。取出放射源后,务必在登记本上予以登记,并迅速地将放射源放进运输容器并盖好瓶盖。最后确认运输容器上有"注意:放射性物质"标志,并用最短的时间送往使用地点。

治疗阶段要求首先确认病人房间中有一份辐射隔离护理守则和"注意:放射性物质"标志。实施放射治疗时注意患者和职业人员的辐射防护,确保照射剂量准确。从病人体内取放射源时,核对取出放射源数目是否等于置入数目,并立即放回容器中。

后续处理时要求将运输容器移出房间后,用剂量率仪检查房间和病人,并确认所有放射源都已取出。然后将放射源送回存储室的存储位置,并在登记本上登记。另外取送放射源时要注意使用长柄器具操作放射源。

2. 远距离放射治疗的操作流程要求

远距离放射治疗的操作流程分为准备阶段、治疗阶段和后续阶段。

准备阶段要求对病人和放射治疗计划进行核对。

治疗阶段要求开始治疗前,按校验单逐项进行检查,确保治疗机工作正常。正确摆位,并确保射束位置准确,如有异常情况,立即停止治疗,并上报。启动治疗前,检查设置在控制台上的定时器或剂量检测器的读数。然后确认除病人外无人留在房间内,关闭治疗室门或防护屏。开始实施治疗计划时,注意对病人癌组织周围正常组织的防护,完成治疗后尽快从治疗室移走病人。最后在病人治疗记录中详细记录治疗的情况。

后续阶段结束时确保关闭机器和锁门,并将可能的失误或治疗错误报告相关主管人员。

7.2.4　安全联锁

放射治疗装置的人机安全联锁系统大体相同,但由于各种设备特点不同,所以设备安全联锁系统不尽相同。人机安全联锁装置要求简单、安全、可靠。冗余设计要求包括钥匙开关、防护门联锁、通道光电监视设备、个人剂量报警、紧急开关、实时摄像监视和声光信号指示等。例如人员误入或发生紧急情况(如火灾)而需要进入机房,通过保护装置的联锁,自动切断射线,从而保障人身安全。例如^{60}Co治疗机卡源时,红色警示灯闪起,告示人员全部撤离。

针对不同类型的放疗设备,设置不同种类的设备安全联锁。对于X射线治疗机,当X射线源组件中的移动照射设备在按照指令移动时受到卡阻等故障时自动中断照射;当X射线管通电时,吸收部件出现故障时自动中断照射。对于电子直线加速器,安全联锁系统包括主联锁、剂量联锁与次要联锁三部分。主联锁用于识别那些情况不正常时可能会损坏机器的系统状况,关联的故障有控制台计算机故障、水流管故障、磁控管故障和加速管真空故障。剂量联锁用于监测可能导致加速器输出或测量能力降低的系统状况,关联的问题有径向和横向电离室电源超过规定范围与控制台低电压电源故障、径向和横向非对称性超过2%、实际剂量率超过预置值的100%、出束前校验过程和检验过程失败或超时等。次要联锁是指可以正常修正的系统状态,只能在校验与检验后和出束过程中才能被激活,可以保障放射治疗的计划准确执行。对^{60}Co治疗机,断电时,^{60}Co源屏蔽快门会自动关闭或^{60}Co源自动回位,停止照射。

7.2.5　事故应急

放射治疗中的辐射事故主要包括超剂量照射、放射源丢失与放射源存储不当导致的放射性泄漏等。超剂量照射事故一般有人为原因导致实际照射剂量与计划剂量严重不一致、计划软件本身的问题导致照射剂量不准确、设备故障导致超剂量照射、物理师弄错放射治疗处方等几种。由于放射治疗中的照射剂量比较高,超剂量照射事故可能导致10人以上(含10人)急性重度放射病或局部器官残疾的重大辐射事故。由于放射治疗中使用的放射源活度较高,因此放射源丢失或贮存不当也可能会导致重大辐射事故。

为有效处理放射治疗事故,明确放射治疗事故应急处理职责,最大限度地控制事故危害,需要制定放射治疗事故应急预案。一般包括成立放射治疗事故应急领导小组,当放射源泄漏污染、丢失或人员受到超剂量照射时启动应急预案;事故发生后立即组织有关部门和人员进行放射性事故应急处理;向卫生行政部门、环保部门和公安部门汇报事故情况;制定放射性事故处理具体方案和组织实施工作。

放射治疗中发生辐射事故时,应立即向上级环保、公安、卫生部门进行报告并采用相应的应急措施。针对放射性同位素泄漏事故,应立即将放射性同位素源进行隔离,采取有效、合理的屏蔽措施防止射线泄漏;通知现场所有人员转移到安全区域,对可能受到辐射的人员立即隔离检查与治疗。放射源丢失后应配合公安部门第一时间启动侦查工作,尽快追回放射源,并对过程中所有可能受照人员进行检测与治疗。对于超剂量事故,应立即停止治疗,尽快安排受照射人员进行医学检查。排查事故原因,警示和防止类似事故再次发生。

7.3 典型案例

下面分析两起放射治疗典型事故案例,吸取经验教训,加强辐射安全意识。

7.3.1 患者受超剂量照射事故

该事故是由于违章操作导致的超剂量照射的重大辐射事故。

1. 事故过程

1985 年 5 月 13~14 日,江苏省某肿瘤防治研究所放射科技师张某等人违章操作,切断加速器的剂量联锁装置,采用手动模式用电子束治疗病人,致使 25 名病人(其中癌症患者 21 人,非癌症患者 4 人)受到超剂量照射。病人在受到照射过程中,多人反映照射部位皮肤有灼热感和痛感,甚至大声喊"吃不消",但工作人员却误以为强迫体位或照射筒压迫所致。导致本可以按常规操作从视频观察中及时发现的问题却得不到解决,最终酿成重大责任事故。受到过量照射的病人,照射部位的皮肤、器官、内脏、神经、肌肉甚至骨骼等均遭受不同严重程度的放射损伤,如出现乏力、局部皮肤潮红灼痛发麻、进食困难、恶心等现象,少数还引起了骨坏死、上肢瘫痪、神经疼痛、肌肉萎缩等症状。事故导致了病人多器官组织损伤,造成终身残疾,加速了病人死亡进程,后果非常严重。按照辐射事故分类,该事故为重大辐射事故。为处理此事故,事故单位付出了巨大的经济代价,造成了较坏的社会影响。事故后,受害人联合向国务院总理反映受害情况,要求关心他们的病情。南京市人民检察院提出公诉,经过法院审理,认定这是一起重大责任事故,主要责任人和直接责任人受到了刑事处罚。

2. 事故原因分析

放射科技师违章操作,切断加速器的剂量联锁装置是造成这起事故的直接原因。当出现剂量联锁时,应主动检查出现剂量联锁的原因,或让专业人员检查分析。只有当剂量联锁没有问题后才能进行正常的放射治疗。另外,当多名患者反映照射部位皮肤有灼热感和痛感,甚至大声喊"吃不消"时,工作人员却误以为强迫体位或照射筒压迫所致,没有引起重视而及早终止事故的发生,最终造成了重大辐射事故。

3. 经验教训与总结

放射治疗职业人员要按规程正确操作放射治疗设备,出现安全联锁时,需要检查出现联锁的原因,正确地解除联锁。若还出现联锁,应请专业人员彻底检查设备,待修复好后才能实施治疗。放射治疗职业人员的专业素质和安全操作意识需要加强。一旦多名患者出现类似情况时应该引起重视,仔细检查问题所在,而不是继续治疗。同时,单位应加强管理、人员培训及安全文化培养。

7.3.2 报废的^{60}Co治疗机所致辐射事故

该事故是由于^{60}Co治疗机报废不当导致废铁收购人员受到超剂量照射的较大辐射事故。

1. 事故过程

1999年4月26日河南省3名废铁收购人员"某勇""某义""某民"收购到非法转让的报废不当的含放射源的^{60}Co治疗机,将铅罐中的两个不锈钢源棒(其中一个无放射源)取出,并多次转换放置地点。次日下午5时,"某勇"又将两根源棒卖给邻村的"某天","某天"将其运回家中,放在东屋床头北13 m处。其妻儿"某梅""某旺"两人晚上8时去屋里休息,至当晚12时,两人先后开始出现恶心、呕吐。"某天"从北屋去照顾两人,1小时后也出现呕吐。至28日4时许,"某天"喊来医生看病,白天外出。"某勇"等3人在27日卖源棒当天晚上也出现了恶心等症状,于28日找到卖主与其合伙人询问是否有毒,合伙人让他们将不锈钢棒赶快装入铅罐。28日下午,"某勇""某义""某民"3人到"某天"家将源棒取回,并历时3个小时将两根不锈钢源棒装入铅罐中。30日上午,"某勇"和"某民"到河南省职业病防治研究所看病,确认为放射病,下午5时,事故调查人员调查事故经过、受照人员数和放射源情况。其中"某梅"诊断为重度骨髓型急性放射病,"某旺"和"某天"为中度骨髓型急性放射病,"某民"为轻度骨髓型急性放射病,"某勇"和"某义"为过量照射。按照辐射事故分类,该事故为较大辐射事故。

2. 事故原因分析

该事故是由于医院未按正规程序报废^{60}Co治疗机导致放射源流失泄漏。另外很多地方监管手段不够、执法不严,导致危险放射性废物流向复杂,无证经营和违规运营情况严重。截至2017年仍未见官方报道^{60}Co治疗机从何医疗机构流出。

3. 经验教训与总结

我国对放射性医疗设备的处理不够重视,大量医疗废物混入生活垃圾,需要加强对放射性医疗设备报废的管理并建立统一的监督管理体系,避免放射源的丢失和泄漏。

参 考 文 献

[1] 胡逸民.肿瘤放射物理学[M].北京:原子能出版社,1999.

[2] 翁邓胡,徐海荣.高能电子束放射治疗的研究进展[J].中国辐射卫生,2011,20(3):375-378.

[3] 罗全勇,朱瑞森.硼中子俘获治疗[J].同位素,2004,17(3):174-182.

[4] Charlie Ma,Tony Lomax. Proton and carbon ion therapy[M]. Boca Raton:CRC Press,2012.

[5] 郑钧正.电离辐射医学应用的防护与安全[M].北京:原子能出版社,2009.

［6］　陈茂生.浅谈医用直线加速器的辐射防护措施［J］.中国医疗设备,2013,28(6):79-81.

［7］　马靖武,方舸,严劲.医用直线加速器的安全防护［J］.医疗装备,2013,26(11):6-8.

［8］　王优优.河南"4.26" ^{60} Co 源放射事故中 4 名骨髓型急性放射病患者受照后 12 年医学随访［D］.苏州:苏州大学,2013.

［9］　P. Cherry, A. Duxbury. Practical Radiotherapy:Physics and Equipment ［M］. Singapore:Wiley-Blackwell, 2009.

第8章 核医学中辐射安全与防护

核医学是将放射性药物引入机体,利用其治疗靶向性和探测灵敏性等特点,开展疾病诊断、治疗和生物医学研究的一门学科。核医学实践中的放射性主要来源于各种放射性药物,即放射性核素及其标记化合物。核医学实践中不但要考虑放射性药物可能带来的外照射,更需要对注射和污染等过程中可能造成的内照射进行防护。本章将重点对核医学的原理与分类、放射性药物和设备等基本知识进行介绍,并对核医学中辐射安全要求与防护措施进行简述。

8.1 核医学概述

核医学是一门将核技术、电子技术、计算机技术、化学、物理和生物学等现代科学技术与医学相结合的新型的综合交叉学科。本节将首先对核医学的原理和分类进行介绍,再对放射性药物和主要设备进行详细说明。

8.1.1 核医学原理与分类

核医学通常由基础核医学和临床核医学两个分支组成。基础核医学主要是围绕利用放射性核素及射线进行生命科学和医学活动中相关的核物理、核化学与核药学等基础内容开展理论研究。临床核医学是将放射性核素及射线应用于临床医学的诊断与治疗,按功能又可以分为诊断核医学和治疗核医学两大类,如图8.1所示。目前我国临床核医学的研究与应用以诊断核医学为主。诊断核医学按照放射性核素在体外还是引入体内产生作用又可分成两类:第一类为体外诊断,是指使用放射性药物对人体分泌物、排泄物、呼出气、血液、组织等样品进行体外检测与分析;第二类为体内诊断,是指将放射性药物引入体内用于疾病诊断。

体外诊断的主要内容是体外放射分析。体外放射分析是在实验室试管内完成生物样品测量的一种超微量检测技术,对于血、尿等样品中含量低于10 g的化合物成分可以得到准确的检测结果。体外放射分析可以用于妊娠早期检查、献血员肝炎病毒检查、肝癌普查等,还可以用来诊断由于微量元素异常所导致的一些疾病。

临床核医学以体内诊断工作内容为主。根据诊断结果是否成像又将体内诊断核医学分为显像和非显像两大类。放射性核素体内显像诊断是利用放射性药物在体内对特定组织或器官进行成像;体内非显像核医学诊断方法主要包括放射性核素功能检查、体内核素稀释分析等。显像诊断是体内诊断的重点内容,在体内显像诊断中,将放射性药物给患者口服或注射后,药物会选择性地聚集到人体某种组织或器官,再利用 γ 照相机等仪器对药物放出的射线进行探测,从而实现组织或器官显像。

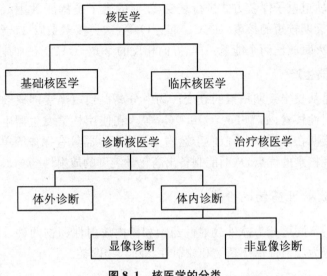

图 8.1　核医学的分类

治疗核医学是利用载体或介入措施将含有放射性核素的药物靶向运送至病变组织中,或通过病变组织自动摄取放射性药物,将放射性药物聚集在病变组织,使得药物通过衰变产生的照射剂量主要集中在病灶组织内,从而对病变组织治疗发挥最大的效果,同时对周围正常组织的损伤尽量降至最低。目前,治疗核医学发展非常迅速,已逐步成为我国临床核医学工作中的一项重要内容。

8.1.2　放射性药物

放射性药物是一类特殊医用制剂,包括放射性核素标记的化合物或生物制剂(如多肽、激素等)。本节将针对放射性药物中放射性核素的来源、分类及药物特性要求进行简要介绍。

8.1.2.1　放射性核素来源

目前,核医学中使用人工放射性核素合成药物。人工放射性核素通常由反应堆或加速器制备,临床上也可以从核素发生器获得。根据放射性核素的生产方式和用途的不同,可把核医学中使用的放射性核素来源分为如下三类:

1. 核反应堆生产

以核反应堆为生产平台制备放射性核素,通常是从核燃料的裂变产物中分离提取,如 ^{131}I、^{133}Xe、^{99}Mo 等;或利用反应堆产生的中子束流轰击靶核,发生核反应产生放射性核素,如 $^{31}P(n,\gamma)^{32}P$、$^{88}Sr(n,\gamma)^{89}Sr$ 等。核反应堆生产的优点为能够同时辐照多种样品,生产不同种类的放射性核素,且产量大,易操作。其缺点在于产生的核素多伴有 β^- 衰变,不适合制备诊断用放射性药物,而且核反应产物与靶核往往化学性质相同,难以分离纯化。

2. 加速器生产

加速器生产的放射性核素主要分为两类：一类是半衰期较长的核素，如 ^{67}Ga、^{111}In、^{123}I 等，这类核素是以轨道电子俘获方式进行衰变，发射的光子是特征 X 射线，适用长途运输与使用；另一类是半衰期较短的核素，如 ^{11}C、^{13}N、^{15}O 等，这类核素是以 β^+ 衰变方式进行衰变，发射正电子，其湮灭时放出两个能量一样、方向相反的 γ 光子，只能在加速器附近使用。

3. 核素发生器生产

核素发生器是从长半衰期核素的衰变产物中分离得到短半衰期核素的装置，可以得到半衰期很短的放射性核素，如 ^{99m}Tc、^{113m}In、^{68}Ga 等。在使用核素发生器生产核素时，要求母核放射性核素半衰期在几周以上，以便于运输。核素发生器具有操作简单、使用安全且能得到较高纯度放射性核素的优点，从而能制备出高化学纯度的放射性药物。

8.1.2.2 放射性药物的分类

按照使用目的不同可分为体外放射性药物和体内放射性药物两种。如图 8.2 所示，体内放射性药物又分为放射性治疗药物和放射性诊断药物两类。

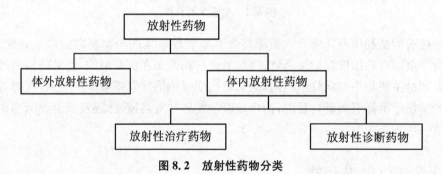

图 8.2 放射性药物分类

放射性治疗药物是治疗用放射性药物，如 ^{131}I 用于治疗甲亢、^{32}P 用于治疗血液疾病等。放射性诊断药物是利用放射性药物对人体各脏器进行功能、代谢的检查和动态或静态的体外显像，核医学中常用于显像诊断的放射性核素如表 8.1 所示。

表 8.1 核医学常用于显像诊断的放射性核素

检查部位	检查类型	常用的放射性药物	施用活度（MBq）	有效剂量（mSv）
骨骼	骨骼显像	^{99m}Tc-磷酸盐化合物	740～1 110	4.22～6.33
心脏	心肌灌注显像（静态）	^{99m}Tc-MIBI	370～740	3.33～6.66
	心肌灌注显像（动态）	^{99m}Tc-MIBI	370～740	2.92～5.85
大脑	脑脊液显像	^{99m}Tc-DTPA	370（脑池注射）	2.442
	脑血流灌注显像	^{99m}Tc-HMPAO	555～740	5.162～6.882
甲状腺	甲状腺吸收	^{131}I	0.074～0.296	1.776～7.104
	甲状腺显像	Na^{99m}TcO$_4$	111～555	1.665～8.325

续表

检查部位	检查类型	常用的放射性药物	施用活度 (MBq)	有效剂量 (mSv)
肾脏	肾静态显像	^{99m}Tc-DMSA	185～370	2.96～5.92
	肾动态显像	^{99m}Tc-DTPA	185～370	1.17～2.33
肺	肺通气单次吸入显像	^{133}Xe	370～740	0.070～0.141
	肺通气平衡显像	^{133}Xe	370～740	0.296～0.592
	肺通气显像	^{99m}Tc-DTPA	1 110～1 480	7.77～10.4
	肺灌注显像	^{99m}Tc-MAA	111～185	1.67～2.78
肝脏	肝静态显像	^{99m}Tc-硫胶体	74～296	1.04～4.14
	肝血流灌注显像	^{99m}Tc-血蛋白	555～740	7.77～10.4
全身	(PET)肿瘤显像	^{18}F-FDG	185～444	3.52～8.44

8.1.2.3 放射性药物的特性要求

放射性药物中的放射性核素衰变方式主要为 β 衰变和 γ 衰变。β 衰变适用于核医学治疗，γ 衰变适用于核医学显像诊断。为了确保放射性药物在临床应用中的安全性、有效性和稳定性，放射性药物在物理、化学与生物性质方面必须满足《放射性药品管理办法》(国务院令第 25 号)中提出的要求，包括适宜的核特性、毒性小、化学纯度高等。

1. 诊断用放射性药物的特性要求

通过使用诊断用放射性药物可以获取体内靶器官或病变组织的影像、功能参数，进而进行疾病诊断，这类药物也称为显像剂或示踪剂。

诊断用放射性药物要求含有的放射性核素能够发射 γ 射线、正电子($β^+$)，不发射或少发射 α 射线或 $β^-$ 射线。为保证 γ 射线可以穿透机体，又能够符合 γ 照相机等显像设备的探测要求，其能量应在 50～500 keV 之间，以 100～300 keV 最佳。诊断用放射性核素要求在满足诊断检查时间的前提下，物理半衰期($T_{1/2}$)应尽可能的短。同时为保证诊断效果，减少毒副作用和杂质放射性的干扰，要求放射性药物具有较高的放射性活度和化学纯度。

此外要求放射性药物的体内分布特征好，即在体内分布快，且能够集中分布在需要显像的组织与器官内。同时要求在非靶器官和组织中的廓清速度快，在排泄器官和通道内放射性滞留少。

2. 治疗用放射性药物的特性要求

治疗用放射性药物主要分为无机放射性核素和标记在特定配体上的放射性核素两大类。治疗核医学主要通过射线在病变组织或细胞中产生的辐射生物学效应达到治疗的目的，因此要求治疗用放射性药物的放射性活度要比诊断用放射性药物的活度高很多。因此，对于治疗用放射性药物的特性有一定的要求，包括能发射高 LET 的辐射、适当的物理半衰期、理想的化学特性和生物特性等。

放射性药物进入病变组织后需要发射高 LET 辐射，其在组织中具有一定的射程，能保证有效的治疗范围，同时不会对周围正常组织造成明显损伤。如果能够同时发射适当 γ 射线则能同时进行显像监测,如放射性核素[188]Re。放射性核素[111]In、[213]Bi 等能发射高 LET 的 α 粒子和俄歇电子的核素,对正常组织的副作用小,因此适于靶向性治疗。为保证治疗效果,要求用于制备药物的放射性核素的半衰期应以几天为宜。

治疗用放射性药物还需具备良好的化学和生物特性。要求在病变部位的摄取率和滞留时间要比周围正常组织长,以保证在病变组织局部能够获得较高的辐射吸收剂量。同时要求未定位在病变部位的药物能排出体外,以减轻对正常组织的辐射,还需要具备可多次重复使用,不会产生排斥反应等特性。

8.1.3 核医学相关设备

核医学相关设备主要用于探测和记录放射性核素发出的射线种类、能量、活度以及随时间变化规律和空间分布。核医学中常用的设备有计数器、γ 照相机、单光子发射断层扫描(SPECT)和正电子发射计算机断层扫描(PET)。

8.1.3.1 计数器

在核医学体外诊断中,目前使用较多的计数器有 γ 闪烁探测器、液体闪烁计数器、盖革计数管和电离室等几种。在核医学体内探测中使用的计数器都是 γ 闪烁探测器。其探测原理如图 8.3 所示,γ 射线进入探测面上一个不透光的闪烁体后会产生次级电子,这些次级电子使闪烁体中的原子、分子进一步电离和激发后发射出光子。这些光子会被收集在光电倍增管的光阴极上并被吸收,从而发射出光电子,光电子经过倍增后被收集到阳极上,产生负脉冲信号,最后通过电子线路放大后被记录下来并进行分析便可得到待测生物样本中的放射性核素的种类和放射性活度,从而对体内超微量生物活性物质的变化情况进行诊断。目前,利用计数器的体外诊断分析广泛用于疾病的早期诊断、治疗决策、疗效评估和预后判断等。

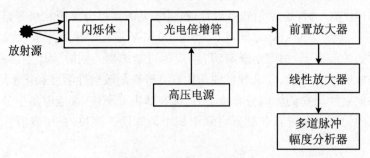

图 8.3 闪烁探测器组成

8.1.3.2 γ 照相机

γ 照相机是一种能对脏器中放射性核素分布进行一次成像和连续动态成像的仪器,是诊断核医学中的重要设备。γ 照相机主要由四个部分构成,包括探头、放置探头的机架、患者检查床、γ 射线信号采集和处理工作站,见图 8.4。探头是其中最重要的组成部分,是整个核医学显像设备的核心。它能够将核医学使用的放射性药物所发射出的 γ 射线信号转化为能被计算机处理的电信号。探头主要是由准直器、γ闪烁探测器、定位电路和光导等部件组成,γ闪烁探测器主要由 NaI(Tl)晶体和光电倍增管等部件组成。

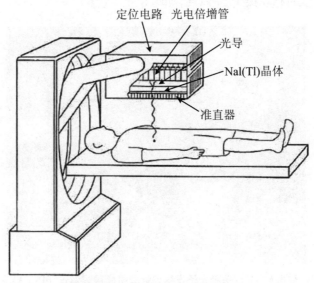

图 8.4 γ照相机结构示意图

准直器是 γ 照相机重要的成像部件,主要对脏器发射出的 γ 射线进行定位。准直器主要由铅制成,位于晶体之前。由于脏器中每一小部分的核素都是各向同性发射 γ 射线的,所以整个闪烁晶体均受到照射,而闪烁晶体内的每一个小点也会接收到来自整个脏器的 γ 射线,这样就不能得到具有空间分辨的闪烁图像。准直器的放置能够限制散射光子,只允许特定方向 γ 光子和晶体发生作用,从而把脏器内的放射性三维分布转换成为 NaI(Tl)晶体上闪烁点的二维分布,图 8.5 演示了准直器和晶体的相互位置关系。

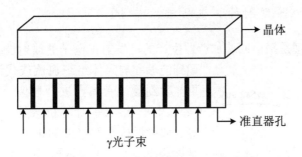

图 8.5 准直器和晶体的相互位置示意图

通过准直器后的 γ 射线进入闪烁体,其成像原理与计数器中的闪烁探测器原理相同。γ照相机由于采用了大型的 NaI(Tl)晶体,可以实现一次成像,不但可以进行静态显像,而且能够进行快速连续地动态显像,可以提供脏器动态功能方面的重要诊断信息。

8.1.3.3 单光子发射断层扫描(SPECT)

SPECT 是在 γ 照相机基础上发展起来的核医学影像设备。其工作原理与 γ 照相机相同,都是对 γ 射线进行探测,本质上说它是一个探头可以围绕病人某一脏器进行 360°旋转的γ 照相机,只是图像重建的方法不同。SPECT 通过计算机将图像自动处理叠加,可以重建为脏器的横断面、冠状面等任何不同方位的断层或切面图像,极大地提高了诊断的灵敏度与准确性。SPECT 的基本结构主要包括探头、旋转运动机架、计算机及辅助设备等四大部分,目前临床上使用较多的有双探头 SPECT,如图 8.6 所示。

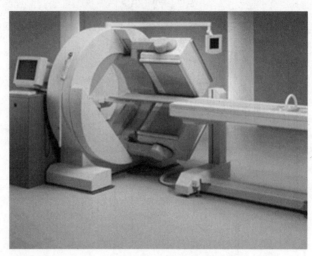

图 8.6 双探头单光子发射型计算机断层成像仪(SPECT)

随着科学技术的进一步发展,SPECT 的技术逐渐得到完善,可以将体外不同角度采集到的体内某脏器放射性核素分布的二维影像数据经计算处理重建为三维数据。该技术实现了单独观察某一体层内的放射性分布,从而清除了不同体层放射性的重叠干扰,有利于发现较小的异常和病变,使得局部放射性核素定量分析更加精确。SPECT 同时兼有平面显像、动态显像、断层显像和全身显像的功能,这使其成为当今核医学中的主流临床诊断设备。

8.1.3.4 正电子发射计算机断层扫描(PET)

PET 的作用原理是把由回旋加速器生产的可发射正电子的放射性核素(如 ^{18}F、^{11}C),标记到能够参与人体组织血流或代谢过程的化合物上,再注射到受检者体内进行显像。PET 基本结构包括探头、电子学系统、计算机数据处理系统和显示装置等。放射性核素发射出的正电子,并与电子结合发生湮灭从而产生一对能量相等(511 keV)、方向相反的光子,如图 8.7 所示。两个方向相反的光子能够被探头内的两个探测器分别探测到,通过符合电路形成影像,这种探测方式被称为"光子准直"(图 8.8),可以极大提高探测的灵敏度。PET 最常用的探头是由数百个成对分布的小型 γ 闪烁探测器组成的环形装置,可以探测到体内湮灭辐射产生的成对光子,然后通过迭代图像重建方法形成体层图像。

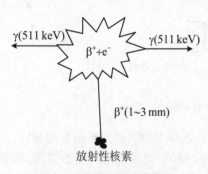

图 8.7 正电子湮灭示意图

PET 的另一关键设备是回旋加速器,用来生产 PET 放射性药物。回旋加速器基本原理是通过交变电极的方法,使带电粒子在磁场中通过多次加速获得很高的动能。其制备药用放射性核素的过程是通过由加速器产生的带电粒子束与靶核碰撞,发生核反应后释放出中子、质子或 α 粒子,同时产生正电子衰变的放射性核素,如^{11}C 、^{13}N、^{15}O 和^{18}F 等。随着 PET 在核医学中的应用愈加广泛,回旋加速器的需求也越来越多。

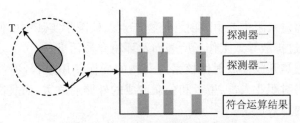

图 8.8　PET 的光子准直示意图

目前核医学临床应用中常把 PET 和 CT 联合,将两者的软硬件有机结合起来,进行联合扫描,组成 PET/CT,见图 8.9。PET/CT 一次扫描能同时获得 PET 与 CT 的全身各方向断层图像,将精细的 CT 解剖图像与 PET 功能影像的图像有机融合,可以实现病灶的准确定性和精确定位。PET/CT 因其在肿瘤等全身性疾病的诊断、分级分期和治疗方案的制订、放疗的靶区定位和放疗计划实施等方面具有很大的优越性,在核医学治疗中已得到广泛利用。

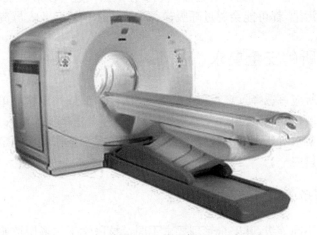

图 8.9　PET/CT

8.2　辐射安全要求与防护措施

核医学实践中的辐射防护涉及三类主要人群,即核医学职业人员、核医学诊疗过程中的患者和公众。核医学辐射防护的目标是确保患者、核医学职业人员和公众所受照的剂量尽可能的低,防止确定性效应的发生并降低随机性效应发生的概率。

本节重点关注临床核医学实践中的辐射防护与安全问题,对核医学实践中的工作场所与相关设备的辐射安全要求及放射性废物的安全处理进行详细说明,并对其中可能发生的核医学辐射事故及其应急预案进行介绍。

8.2.1 辐射来源

核医学实践中辐射来源主要由放射性药物产生。核医学实践中所使用的放射性药物属于非密封源,容易通过扩散导致工作场所表面及环境介质污染。

核医学实践过程是开放性放射性核素与药物的操作使用过程,不仅需要考虑放射性核素及其标记的化合物对职业人员、患者和公众造成的外照射危害,而且需要关注放射性核素进入人体内造成的内照射危害。

外照射来源主要有以下几个部分,包括放射性物质测量与开瓶分装、放射源的贮存和转运、放射性药物的制备、使用放射性药物的患者临床检查与治疗等过程以及放射性废物的处理和辐射事故过程。

内照射来源主要有以下两部分:一部分是开放性的放射性药物容易扩散,通过洒落、泄漏等方式使工作场所的地面、工作台面、设备、人体皮肤等受到放射性物质污染,这些污染容易通过食入和皮肤途径进入体内产生内照射。另外一部分是开放性的放射性药物通过挥发、蒸发扩散导致放射性空气污染。如小型回旋加速器生产正电子药物时可能会导致空气中产生放射性污染;操作^{131}I等药物时会形成放射性碘蒸气进一步形成放射性气溶胶。以上情况下造成的空气污染,都可能会通过呼吸途径被吸入体内对职业人员造成内照射。

8.2.2 场所的安全要求

核医学工作场所应该选择远离人群的地方,在医院内部最好设置在单独的建筑物内,或者是比较偏僻的区域,要与非放射性工作场所隔离开,应设立单独的出入口。对于不同等级的工作场所设计的要求有所不同。此外,还需要针对核医学工作场所制定辐射防护措施,以保证工作场所的辐射安全。

8.2.2.1 场所等级分类

针对工作场所不同等级,其安全管理要求不同。核医学工作场所按照《电离辐射防护与辐射源安全基本标准》中的放射性场所分区标准分为甲、乙、丙级非密封源工作场所。核医学中的 PET/CT 和回旋加速器装置的工作场所都属于乙级非密封源工作场所;使用放射性药物的工作场所依据放射性核素的等效日操作量一般属于乙、丙两级非密封源工作场所。不同类放源的工作场所设计的防护要求也不同,具体见表8.2。不同类别的核医学工作场所应按不同标准进行设计,以满足辐射防护的要求。

表 8.2 不同类别的核医学工作场所设计的放射性防护要求

场所分类	地面	表面	通风橱	室内通风	管道	清洗及去污设备
甲	地板与墙壁接缝无缝隙	易清洗	需要	设抽风机	特殊的下水道、有标记	需要
乙、丙	易清洗且不易渗漏	易清洗	需要	通风较好	一般要求	需要

临床核医学的场所在辐射防护设计时,要充分考虑对核医学实践中的内照射进行防护,

根据内照射特点采取相应的防护措施。如在工作场所设计上,应注意气流走向和污染控制,安装放射性气溶胶过滤器,对工作场所进行分区等。

8.2.2.2　工作场所平面布局

核医学工作场所的平面布局要求将放射性工作场所与非放射性工作场所进行严格区分,不同放射性操作或污染水平的工作场所也必须进行分隔。一般临床核医学科的设计需要考虑放射性药物制备、操作等全过程的安全性,能够防止放射性污染扩散,在人员多的区域保持低辐射水平,从而保证对职业人员、患者和公众的照射量最小。此外,在设计核医学场所时要遵循纵深防御的辐射防护准则。

8.2.2.3　工作场所分区及防护

临床核医学的工作场所根据《电离辐射防护与辐射源安全基本标准》被分为控制区和监督区。

核医学的控制区包括放射性药物操作室、给药室、用于治疗的床位区等。放射性核素治疗病房特别是[131]I治疗病房的设计需要满足辐射防护的特殊要求,如病房之间的墙需要有足够的屏蔽,必要时要有铅屏蔽;室内要有使用放射性药物后患者专门的隔离淋浴间;有通风系统;有特殊的放射性固体废物、液体废物收集装置;要配备放射性表面污染监测设备等。

在核医学工作场所中,未被定为控制区的都是监督区,一般不需要专门的防护手段或安全措施。核医学工作场所中的监督区一般包含标记实验室、显像室、诊断病人的床位区与放射性废物贮存区。

8.2.3　放射性药物操作辐射安全要求

放射性药物在制备、存放与使用等操作过程中会对人体产生辐射剂量,因此需要制定放射性药物操作的安全要求及操作规程,以保证人员的安全。

8.2.3.1　放射性药物操作基本原则

放射性药物操作时应选用毒性较低的放射性核素。《电离辐射防护与辐射源安全基本标准》中将放射性核素分为极毒核素、毒核素、中毒核素、低毒核素四类,当放射性活度相同时,毒性越大对机体的危害就越大。在临床上选用低毒性核素替代高毒性核素与减少放射性物质用量具有同等意义。

放射性药物操作时应限制放射性物质的用量。使用与存放的放射性物质应尽量少,只要满足预期目的即可,给予的放射性活度应确保对患者的照射剂量达到预期诊断目标的最小值。这样既可减少患者的受照剂量,又可减少职业人员的受照剂量。

放射性药物操作时应确认药物的放射性活度。要确保给每个患者服用的放射性药物活度的准确性,通过活度计进行常规质量控制,包括可追溯到二级标准的校准,并需要定期评定。为达到要求,应该检查放射性核素中可能存在的放射性杂质,特别要注意短寿命放射性核素,因其中可能存在寿命较长杂质核素,这些杂质的存在会使患者接受额外的剂量照射。

放射性药物操作时应简化操作工艺,缩短操作时间。推行机械化与自动化、采用密闭操作与远距离隔绝操作,都可有效防止放射性核素对工作场所和环境的污染。操作放射性物质前要规范操作规程,并预先进行模拟练习,以达到熟练操作的要求,从而减少操作时间,减少受照剂量。

8.2.3.2 放射性药物操作中的安全防护

在放射性药物制备过程中需要采取相应的防护措施,包括注意工作台面覆面、器具、玻璃瓶、注射器的屏蔽;应备有个人防护衣具、防护围裙和手套及器官屏蔽罩;应备有可远距离操作放射性物质的工具和盛装放射性废物的容器;应备有带有报警功能的辐射剂量监测器和污染监测仪,以供随时使用,实时监测有无放射性污染;还应备有去污设施、去污剂;应进行标示、标签和记录,以备溯源与质量保证。

药物存放的辐射防护措施包括:放射性核素与药物的存储容器要设置合适的屏蔽,合理放置,易于鉴别和取放;取放的放射性核素与药物活度值恰好够用即可;放射性核素与药物储存室要有专人负责管理,并定期进行辐射剂量监测,无关人员不准许进入;要用专门的容器储存或转运放射性核素与药物,转运过程中要确保不能损坏和污染盛装容器,并要求采取恰当的防护措施;储存的放射性核素与药物进出均须登记,包括生产单位和日期、到货日期、核素种类、理化性质和使用情况等。

药物使用过程中的辐射防护措施包括:使用放射性药物应有专门场所,使用前应有适当屏蔽,如果操作在非专门场所进行则需采取恰当防护措施;在放射性工作场所不得进食、饮水,也不得存放无关物品;应按要求在密闭包容手套箱或通风橱内进行操作,并按情况进行气体或气溶胶放射性浓度的监测;给药操作时应注意控制时间,并对给药注射器进行适当屏蔽;职业人员应穿戴个人防护用品;离开前应洗手并进行表面污染监测,如超过规定值应采取相应去污措施;从控制区取出任何物品都应进行表面污染水平检测。

8.2.4 安全联锁

核医学产生放射性的设备为 PET 和 PET/CT 中生产放射性药物的回旋加速器,其他核医学使用的显像、测量和计数装置本身均不具有放射性。根据《放射性同位素与射线装置安全和防护条例》及《放射性同位素与射线装置安全和防护管理办法》规定:对于生产、销售、使用放射性同位素与射线装置的场所,需要设置必要的防护安全联锁。回旋加速器属于Ⅱ类射线装置,因此回旋加速器需要建立安全联锁系统,用于降低设备运行时的风险,对人员人身安全进行保护。

回旋加速器的安全联锁系统包括人机安全联锁系统和设备安全联锁系统。人机安全联锁主要用于确保回旋加速器运行时职业人员和其他无关人员无法进入或误入机房,一旦人员误入或因紧急情况如火灾等需要进入机房,人机安全联锁系统会自动切断回旋加速器的束流,从而保证人员安全。设备安全联锁系统主要包括控制界面、软件和硬件安全联锁子系统,保护功能主要针对回旋加速器的子系统如离子源、真空系统、电源等,实现了设备、可编程逻辑控制器和软件三层结构相结合的联锁系统。联锁结构组合应用可保证回旋加速器在系统断电、线缆连接故障、数据传输异常等情况下,能够正常停止工作。

8.2.5 放射性废物安全处理

放射性废物是指含有放射性物质或被放射性物质污染的,放射性比活度或浓度大于审管部门规定的清洁解控水平的,预期不会再利用的废弃物。在核医学实践过程中,核素生产与转运、药物制备与操作、患者检查与护理等过程中均可能产生放射性废物,其安全处理按照《医用放射性废物的卫生防护管理》(GBZ 133—2009)规定执行。

8.2.5.1 放射性废物分类

核医学中放射性废物按照形态可分为放射性固体废物、放射性液体废物和放射性气载废物三类。

核医学中常见的放射性固体废物有废弃的放射性核素发生器;盛放放射性药物的容器和操作用注射器;手套口罩等放射性防护器具;病人使用过的各类物品;用作设备的标定、校正和质量控制的废弃源;废弃的组织与器官、尸体等生物废物。

核医学中常见的放射性液体废物有药物残液、病人的分泌物和排泄物等以及其他放射性药物实践过程中产生的含有放射性的液体等。

核医学中常见的放射性气载废物有使用 ^{133}Xe、^{14}C 等通气实验的患者呼出的气体,放射性药物生产、转运和操作过程中产生的放射性气溶胶等。

8.2.5.2 固体放射性废物的处理

固体放射性废物应按是否具可燃性、是否有病原体和毒性等进行分类后,收集于污物桶内,且污物桶应具有外防护层和电离辐射标志。污物桶放置点应远离人员密集的地方,桶内应放置专用塑料袋,装满后应及时将废物袋转到专用贮存室内。专门的固体废物贮存室要求具有良好的通风条件或安装通风设备,出入口处需设置电离辐射标志。废物桶等废物存放容器的显著位置处应标明所装废物的类型、比活度和存放日期等说明。

根据《医用放射性废物的卫生防护管理》规定,比活度小于或等于 2.0×10^4 Bq/kg 的医用固体放射性废物可作为非放射性废物处理。对于半衰期较长的放射性核素,可采用集中贮存的方法,由专门机构保管。可燃性固体废物必须在具备焚烧放射性废物条件的焚化炉内进行处理;污染有病原体的固体废物,必须先消毒、灭菌,然后按固体放射性废物处理;含有放射性核素的动物尸体应进行灰化后按固体放射性废物处理;而对于含有长半衰期核素的动物尸体,须先固化后再按固体放射性废物处理。

8.2.5.3 放射性废液的收集与处理

满足要求的低放废液可以直接排入普通下水道,要求每次排放活度不超过 $1\ ALI_{min}$,每月排放总活度不超过 $10\ ALI_{min}$,且每次排放后要进行冲洗。要使用特制的污水槽进行排放并竖立标志,告知这里允许液体放射性废物处置。短寿命放射性核素如 ^{99m}Tc、^{123}I、^{201}Ti、^{131}I、^{153}Tm、^{89}Sr 等,贮存衰变一段时间后,即可降到规定的豁免水平。含长半衰期核素的废液,可先固化后做固体废物处理。

对使用放射性核素量比较大,产生污水比较多的核医学工作场所,必须有专用的废水处理装置或污水池进行废水的收集、存放和排放；且要求污水池设置在合理位置，要坚固、耐酸碱腐蚀、不会渗透。对无废水池的工作场所，应使用收集容器将废液收集存放超过 10 个半衰期后方可排入下水道。

8.2.5.4　气载放射性废物的处理

对于进行^{133}Xe、^{14}C 等吸气试验的场所，应具备回收患者呼出气体的装置；其他非密封源操作场所应具备良好的通风条件，并配置放射性气溶胶吸收过滤装置，过滤装置的过滤网回收按固体废物处理。放射性浓度小于或等于公众导出空气浓度（DAC）的气载废物可以直接排放。

8.2.6　事故应急

为提高核医学实践中突发辐射事故的处理能力，预防和降低突发辐射事故的危害，最大限度地保障患者、职业人员和公众的生命安全，要求核医学实践单位需要建立事故应急机制，以保证核医学实践的辐射安全。

根据《放射性同位素与射线装置安全和防护条例》第四十条，核医学事故通常定性为一般辐射事故，即人员受到超过年剂量限值的照射。在编制核医学事故应急预案时，需要全面考虑可能发生的辐射事故，从而针对不同的事故制定相应的应急措施，更加合理有效地将事故危害降到最低。

核医学药物中放射性核素的生产、包装、运输、接收、存放、药物使用和放射性废物的收集与处置一系列过程中均可能发生辐射事故。如放射性药物运输过程发生事故导致放射性泄露；放射性药物存放及废物收集与处置过程中因操作不当，发生职业人员超过年剂量限值的辐射事故等。

患者治疗过程中，即放射性药物使用过程中，可能出现由于处置不当造成的事故，如患者身份识别错误而导致患者接受了错误的照射；治疗方案与程序有问题导致对患者进行了错误的治疗；患者信息采集与核对不准确导致患者接受了不必要的治疗；还有用药过程中患者可能会对亲属造成不必要的照射威胁，特别是哺乳期妇女可能通过乳汁对婴儿造成内照射等。

对于核医学实践单位，应针对潜在事故制订应急预案，并根据不同的事故类型制定相应的应急措施，在放射性药物制备、存放和使用的过程中进行事故预防以及应急措施准备。在应急预案中，要设立应急机构，明确每个职业人员如核医学师、医学物理师等在应急过程中的职责，明确针对不同核医学事故的应急流程及采取的相应措施，并组织相关人员进行应急预案演练，以便事故发生时能熟练地应对。同时在应急预案中应充分考虑到避免患者、医务人员和公众接受不必要的照射而制定相应的紧急措施，以防止人员进入污染区，阻止污染扩散。

核医学事故发生后，应当立即启动应急预案，事故单位应当按照预案安排及时向上级环保、公安、卫生部门进行报告。应针对发生的辐射事故类型采取相应的应急措施：立即停止此种放射性药物的使用，并将放射性药物进行隔离，采取有效、合理的防护措施防止放射性污染扩散；对受照人员及可能受放射性污染或损伤的人员采取隔离和急救措施；确定放射性核素种类、活度、污染范围和程度；收集受放射性污染的样品，组织辐射防护专业人员进行去污及事故区域监测；应配合公安部门查明事故原因；同时要向上级卫生和环保部门提交书面核医学事故报告。此外，事故单位要做好善后工作，对救治后患者的身体状况进行长期监测，确保核医学事故受害者得到妥善、彻底的救治，同时要警示以防止类似事故再次发生。

8.3　典型案例

在核医学实践过程中，可能会因为人为原因或设备原因引起放射性物质释放到环境中使人员受到超剂量照射造成核医学辐射事故。对事故的发生过程、原因及处理方法进行分析，对核医学实践安全具有重要的指导意义。

8.3.1　核医学药物制备辐射事故

2010 年哈尔滨某肿瘤医院发生了人员受超剂量照射事故，这是核医学实践中放射性药物制备过程中发生的一个典型辐射事故，按辐射事故等级分类为一般辐射事故。

1. 事故过程

黑龙江省辐射环境监督站在监督检查中发现，哈尔滨某肿瘤医院 PET/CT 中心 1 名药剂师 2010 年一季度个人累计剂量当量为 234.19 mSv，二季度为 48.20 mSv，四季度为 191.08 mSv；1 名物理师 2010 年四季度个人累计剂量当量为 68.62 mSv，远大于年剂量限制 20 mSv。经调查，药剂师一季度合成 ^{11}C 药物时，合成器排风发生故障，排风扇反转，导致放射性气体富集，在故障没有排除的情况下仍继续工作 3~4 天；二季度个人剂量超标的原因是患者多，工作时间长；四季度合成 ^{18}F 药物时，药物输出管线两次出现断裂，在没有采取任何防护措施的情况下违反操作规程进行人工收集、过滤和分装药物，累计操作时间近 3 个小时。另一名物理师四季度个人累积剂量超标是由于滤膜先后几次出现堵塞、破裂，物理师违反操作规程徒手换滤膜，累计操作时间近 1 个小时。事故发生后，省环保厅对该单位进行了 5 万元罚款并责令限期整改。

2. 事故原因分析

事故的直接原因是药物合成器排风故障、药物输出管线断裂、滤膜堵塞、设备带病运行，且工作人员违反操作规程、设备未定期检修、监督不到位；在设备故障时，未采取任何防护措施情况下人工收集、过滤和分装药物，徒手换滤膜。事故的根本原因有两个：一是该单位生产设备及辐射安全设施未定期检查维护，发生事故后仍带病运行；二是工作人员辐射安全意识不足，违反故障设备不得运行的规定。

3. 经验教训与总结

通过这次的核医学事故，总结出以下经验教训：医院应建立健全辐射安全设施维修维护制度和操作规程并严格落实，确保设备运行正常；在发现防护设备故障时，应及时报告和检修，维修后应进行相关辐射防护检测；同时要加强安全防护培训教育，增强职业人员辐射安全意识，严格制定事故应急预案，保证核医学实践中的辐射安全。

8.3.2　核医学治疗辐射事故

该案例是病人复苏过程中放射性物质从患者体内溢出而造成的放射性污染的核医学事故。该事故按辐射事故等级分类为一般辐射事故。

1. 事故过程

某医院一个 87 岁的患者出现转移性甲状腺癌所导致的食管压迫,医生为缓解这一症状,通过给患者食道插管局部给予 7.4 GBq 的 ^{131}I,大约 34 h 后病人心肺功能停止而死亡。在抢救过程中,起搏器插入等操作导致放射性污染的血和尿溢出,造成较大范围污染,但是却没有进行任何放射性监测。其后通过检测分析得知其中一名护士接受的最高个人剂量当量为 0.3mSv,不过值得庆幸的是在场的医护人员没有发现放射碘摄取。

2. 事故原因分析

事故的原因是该医院的核医学中心没有针对放射性核素泄露的紧急事故应急程序,没有使用监测设备实时监测辐射水平,未能及时发现放射性物质溢出,而且事后未进行放射性污染的去污工作,造成人员超剂量照射。

3. 经验教训与总结

核医学实践单位要针对放射性核素类型制定事故应急程序,并对所有涉及的医疗人员进行培训,以提高核医学事故应急能力。同时,设立专门进行辐射防护工作的部门,进行辐射防护的特殊指导并监督辐射防护工作,实时监测医务人员的个人剂量。

辐射事故发生后,要立即采取措施防止污染扩散,同时医务人员需在确保自身防护安全的情况下,对患者进行急救,同时要避免直接接触病人口腔,以免放射性物质进入人体内。

参 考 文 献

[1]　李少林,王荣福. 核医学[M]. 北京:人民卫生出版社,2013.

[2]　张起虹,等. 医用电离辐射防护与安全[M]. 南京:江苏人民出版社,2015.

[3]　郑钧正. 电离辐射医学应用的防护与安全[M]. 北京:原子能出版社,2009.

[4]　临床核医学放射卫生防护标准:GBZ 120—2006[S]. 北京:人民卫生出版社,2007.

[5]　张建川,周德泰,李运杰,等. HIMM 回旋加速器控制系统中连锁保护功能设计与实现[J]. 强激光与粒子束,2016,28(12),1-5.

[6]　医用放射性废物的卫生防护管理:GBZ 133—2009[S]. 北京:人民卫生出版社,2010.

[7]　环境保护部. 核技术利用事故案例及经验反馈汇编[G]. 北京:国家核安全文化宣贯推进专项行动系列教材四,2014.

第9章　辐射加工中的辐射安全与防护

辐射加工,又称工业辐照,是指利用辐射与被辐照物质相互作用产生的物理、化学和生物学效应,对物质或生物体进行加工处理的一种技术。辐射加工在工业、农业、医学和环境等领域有广泛的应用,涉及国民经济建设和公众日常生活的各个方面,并产生巨大的经济和社会效益。然而辐射加工相比其他加工技术,具有较高的潜在辐射危害,因此辐射加工中的辐射安全与防护极其重要。本章将简要介绍辐射加工的原理、常用的辐照装置、辐射加工中的安全要求和防护措施,并对辐射加工中的典型事故案例进行分析和总结,供职业人员和公众参考。

9.1　辐射加工简介

辐射加工中使用的辐射一般是指放射性同位素(如^{137}Cs、^{60}Co)产生的 γ 射线,加速器装置产生的电子束、离子束或 X 射线和中子源产生的中子等。通过控制辐射加工条件,可以使被辐照物质的物理性能和化学组成发生变化,使其成为人们所需要的新的物质;或者使生物体(微生物等)产生不可恢复的损伤甚至改变生物体的遗传特性,以达到人们所预期的目标。本节将简要介绍辐射加工的基本原理以及常用的几种辐照装置。

9.1.1　辐射加工的原理

当物质被辐照时,物质中的分子、原子会发生电离或激发。物质在电离或激发过程中会形成大量过渡态粒子如离子、激发分子、自由基、离子基和水化电子等活性粒子。这些活性粒子同周围介质相互作用会发生多种类型的化学变化,引起物质或生物体微观结构变化如分子链断裂等,这些变化会导致物质的宏观性能或生物体的生物机能发生改变。辐射加工就是要充分利用这些变化,使物质或生物体的功能往预期方向转变并达到人们事先所设定的目标。辐射加工具有射线穿透性强、可在常温下进行、无残毒、无废物、节能且易于控制等优点,是一种高效加工技术,可应用在工业、农业、医学和环境保护等领域。

工业上,可以利用辐射加工实现高聚合物的交联和裂解,利用离子注入实现材料表面改性等。例如对于聚乙烯材料,辐射可以使大分子之间形成化学键,彼此之间构成三维网状结构,进而使材料发生辐射交联,使材料在耐热、耐老化、抗腐蚀、阻热、阻燃和力学强度等方面得到明显改善。在电子工业中,离子注入机将杂质离子直接注入半导体中实现掺杂目的,其优点在于能精准控制杂质的总剂量和深度分布,且可以在低温下进行,能实现任何元素的掺杂而不改变材料尺寸和表面粗糙度。此外,应用中子辐射可以实现非常均匀的嬗变掺杂,可用于高性能半导体的精细加工。鉴于中子辐照工业应用目前尚不成熟，本章不做详细介绍。

农业上，辐射加工可以用于育种、抑制发芽和病虫害防治等方面。在辐射育种中利用辐射能引起生物体遗传物质改变的特性，使生物的某些不良基因丢失并保持先前良好的基因，以达到高产、早熟、增强抗病能力和改善营养品质的目的。相比传统育种，辐射育种中的基因突变率比自然变异率高 100～1 000 倍，且操作方法简单、育种周期明显缩短。此外，辐射环境下生物体酶的活性降低，可以延缓甚至终止生物体的生命活动，使生物体长期处于休眠期，可用于农产品的保鲜等。同时在农业生产中，也可以利用特定的辐射定向消灭一些不耐辐照的昆虫，以达到病虫害防治的目标。

在医学、卫生、日常生活等消毒应用中，可以利用辐射进行灭菌消毒。其原理是利用辐射使组成细胞的生物活性分子发生变化，足够剂量的照射可以破坏细胞的结构，进而影响微生物的功能，杀死微生物。与传统的灭菌相比，辐射灭菌可在常温下进行，特别适用于对热敏感的塑料制品、生物制品和药物，具有辐射穿透力强、杀菌均匀彻底和能够处理密封包装物等优点。目前国际上普遍采用的有效灭菌剂量为 25 kGy，这种剂量能提供低至 10^{-6} 的灭菌水平。

在环境治理上，可以利用辐射处理工业"三废"（废气、废水和废物）。如电子束照射下，废气中的二氧化硫及氮氧化合物与氨发生辐射化学反应，形成硫铵和硝铵，能同时达到脱硫脱硝和制备农用肥料的目的。利用辐射处理废水可以显著降低生物耗氧量、化学耗氧量和总有机碳量，能彻底杀死废水中的细菌、病毒以及其他有害微生物。利用辐射可以处理废物（如污泥和固体垃圾）中的化学毒物和细菌等，提高废物的可利用程度，实现变废为宝。与传统方法相比，辐射加工具有效率高、操作简便、过程简单和可连续运行等优点。

9.1.2　辐照装置的分类

根据辐射源的不同，辐照装置可以分为 γ 射线源、加速器源和中子源等类型。γ 射线源辐照装置一般是指以放射性同位素如 ^{60}Co、^{137}Cs 为辐射源的装置。加速器源辐照装置按发射辐射的类型可以分为电子加速器、离子加速器和 X 射线装置等。中子源辐照装置工业应用比较少，本节不作介绍。

9.1.2.1　γ 射线源辐照装置

在辐射加工过程中，可以利用放射性同位素 ^{60}Co、^{137}Cs 等产生的 γ 射线处理大件或经过包装的物品。γ 射线源辐照装置一般由辐照室、源系统、安全联锁系统、传输系统、通风系统、控制室、剂量监测系统、库房、操作区和工业电视监控系统等组成。

辐照装置按放射源的贮源和照射方式分为 4 类：

（1）固定源室湿法贮源辐照装置。人员可进入受到控制的辐照设施，如图 9.1 所示，其密封源放置在一个注满水的贮源池中，不使用时完全屏蔽。照射是在辐照室中进行，辐照室通过一个入口控制系统保证在照射时人员不能进入。

（2）固定源室干法贮源辐照装置。如图 9.2 所示，人员可进入受到控制的辐照设施，其密封源密封在由固体材料制造的干式容器中，不使用时完全屏蔽。照射是在辐照室中进行，而辐照室通过入口控制系统保证在照射时人员不能进入。

（3）自屏蔽式干法贮源辐照装置。γ 射线源完全密封在固体材料制造的干式容器中，在任何时间都被屏蔽。这种自屏蔽结构设计使得任何人员都无法进入密封源和正在进行辐照的空间。

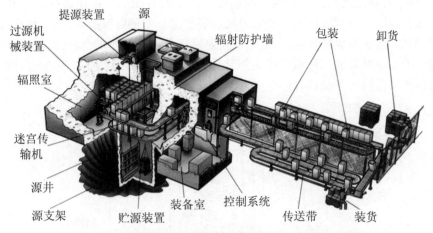

图 9.1　γ 射线源辐照装置固定源室湿法贮源布局示意图

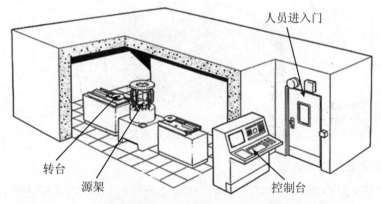

图 9.2　γ 射线源辐照装置固定源室干法贮源布局示意图

（4）水下 γ 射线源辐照装置。其密封源放在一个注满水的存放池中，在任何时候都是密封的，这种结构设计会使人员进入密封源和正在进行辐照的空间受到限制。

9.1.2.2　加速器源辐照装置

工业辐照应用中，除了 γ 辐照装置外，还广泛使用加速器产生的电子束、离子束和 X 射线进行辐射加工。由于放射性源如 ^{60}Co 源是呈球形状发射射线，射线的利用率低，大约只有20%，其他方向的射线都浪费了，而加速器源的辐射方向是可控的，其对射线的利用率可高达 93%。而且加速器源的辐射防护比 γ 射线源要容易很多，只在开机时才存在初始辐射，这使得发生辐射安全事故的概率大大降低。下面将简要介绍电子加速器源、离子加速器源和X 射线源辐照装置。

1. 电子加速器源辐照装置

电子加速器的基本原理是借助各种形态的电场，将电子束加速到一定能量。电子加速器源辐照装置组成主要包括：电子枪——用于产生电子束；加速管——在此区域通过一系列直流或脉冲电场加速电子束;控制系统——对加速器进行控制和保护联锁;扫描系统——将电子束扫描扩展成为一定宽度的均匀电子束以辐照物质或生物体。根据加速器加速电场的形态,其一般分为直流高压型辐照电子加速器和谐振型辐照电子加速器两类。电子加速器功率大,一般为几千瓦到几百千瓦,产生的剂量率要比 ^{60}Co 辐射源高 3～4 个数量级,而且方向集中、利用率高,从而生产效率高,适用于大规模流水线辐射加工产业,图 9.3 所示的为辐射加工用电子加速器源的一种流水线辐照装置。电子加速器源辐照装置在辐射化工、辐照育种和农副产品保鲜等方面具有广泛应用。

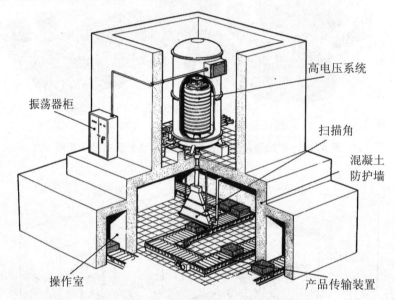

图 9.3 电子加速器源辐照装置示意图

2. 离子加速器源辐照装置

离子加速器所用的离子源一般都是由气体放电产生的,有些离子源还要有将固态物质转化为气态的装置。离子源通过各种形态的电场加速形成离子束,离子束射向工件或靶材可以实现对材料的离子束刻蚀及溅射、离子注入和镀膜等工艺。图 9.4 为离子注入机装置

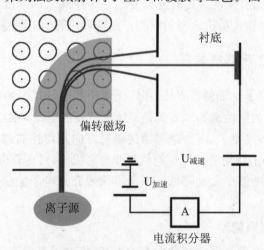

图 9.4 离子注入机装置示意图

的示意图,通过向半导体衬底(如硅)中注入一定数量和能量的杂质,可以改变或调节衬底中特定区域的电学性能,实现对半导体材料的改性。此外,农业上也可以利用离子辐照诱发植物种子发生基因突变,实现辐照育种。这种方法具有对植物损伤轻、基因突变率高和可控性高等优点,是近二三十年来大量研究的诱变育种方法之一。

3. X 射线源辐照装置

X 射线具有很强的穿透本领,可以穿透许多对可见光不透明的物质,在辐射加工、医学诊断、物质结构分析和无损探伤等领域均有应用。辐射加工用高能 X 射线是通过电子加速器产生高能电子束(2~10 MeV)轰击高原子序数材料制成的厚靶产生。X 射线源辐照装置组成主要包括:电子加速器——用以产生 X 射线;货物传送装置——用以运输货物并使其在过程中受辐照;控制室——操作机器运行的场所;照射室——处理货物的场所。图 9.5 所示的为一种先进的 X 射线源辐照装置,它利用高能梅花瓣(Rhodotron)型电子加速器产生 X 射线处理货物。

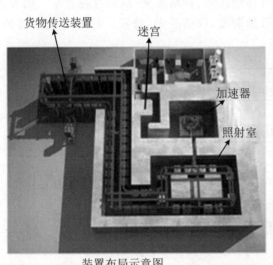

Rhodotron型电子加速器
(X射线产生装置)

装置布局侧视示意图

图 9.5　X 射线源辐照装置示意图

9.2　辐射安全要求与防护措施

辐照装置需要考虑辐射安全问题,保证职业人员和周边居民不受或少受辐射影响以及环境不受污染。由于放射性同位素源的危险性高,对 γ 射线源辐照装置在生产、运输、安装调试、运行和处置等各个环节的辐射防护和安全都必须予以高度重视。对于加速器源辐照装置,虽然只在运行时才会产生初始辐射,但停机后也存在可能的感生辐射危害。因此从安全的角度考虑,必须充分认识各种辐射源的危险性,并加强管理,不断改善防护措施和手段,遵从相应辐照装置规定的安全防护原则,以实现辐射防护的安全化目标。

9.2.1　辐射源的安全要求

辐射源是辐照装置的核心,也是辐射加工中辐射事故的源头,在应用中必须保证辐照装置本身是安全的。考虑辐射源的差异性,不同的辐照装置应有各自特殊的防护要求。下面将对放射性 γ 射线源和加速器源等的防护要求进行介绍。

9.2.1.1　γ 射线源

γ 射线源辐照装置的设计、建造和运行必须严格遵循国家标准《γ 辐照装置设计建造和使用规范》(GB 17568—2008)、《水池贮源型 γ 辐照装置设计安全准则》(GB 17279—1998)、《钴-60 辐照装置的辐射防护与安全标准》等要求。如图 9.6 所示,辐射加工用 γ 射线源在所有辐射应用中活度最大,属于Ⅰ、Ⅱ类源。例如,辐射加工用 ^{60}Co γ 射线源活度一般在 37～148 PBq。γ 射线源的核心体积很小、可移动性强、容易丢失,从而存在非常大的安全隐患。因此对 γ 射线源的存放必须有严格的管理制度,谨防丢失、被盗。总之,γ 射线源是 γ 射线源辐照装置中的重点防护对象。

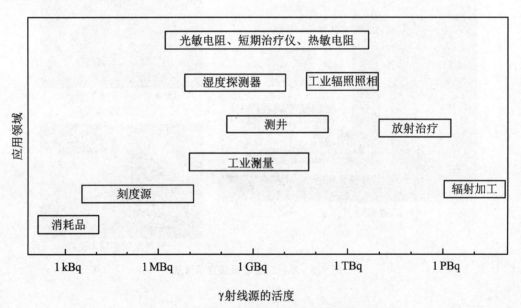

图 9.6　各种辐射应用中 γ 射线源的活度分布图

从 γ 射线源的安全角度出发,应重点考虑火灾、爆炸、腐蚀和其他与放射源使用有关的事项。其影响因素包括源中放射性物质的活度,材料的辐射毒性、浸出性和溶解性,化学性质,物理形态和源的使用环境等。

对于辐射加工中用到的 γ 射线源,一般分为干法和湿法两种密封贮源方法。对干法贮源装置,由于射线的强电离作用,空气中会存在大量有害气体,不论辐照作业进行与否,都必须对辐照室进行通风,并且由于放射源自身存在发热现象,须实时监测放射源的温度,确保放射源的温度正常。

对于辐照加工常用的湿法贮源,应保证密封源在正常水池贮储的条件下不明显腐蚀、源在水中完全不溶解和源密封材料能满足相应的热疲劳要求,从而保证将源失控、源密封材料破裂导致的后果控制在最小范围。此外还应该考虑源架的安全,密封源应该被固定在源架上,不能轻易移动。对于贮源水井,为保证水位一直在预定值以上,需要安装自动水位控制器。同时水井必须做好防渗漏措施,在所有可预见的情况下都能保留水。此外贮源水井的防护需要在水井周围安装物理屏障,如围栏、金属盖等,防止人员偶然掉入源存贮池中。在水井周围适当处安装固定式辐射监测仪,并且与安全控制系统进行联锁。如果污染达到预设的报警水平,源会回到其屏蔽位置并且水循环停止。此外还必须归档有关放射源的证明和文件、型号和标志,源的序列号、核素、活度和日期,特殊形态证书,泄漏测试证书,污染测试证书等。

9.2.1.2　加速器源

辐射加工中通常使用低、中能加速器源辐照装置。例如,对于辐射加工用电子加速器源辐照装置,其辐射的电子能量较低(<10 MeV),如表 9.1 所示。低、中能加速器源一般不产生强的感生放射性,因此加速器源一般只在运行时有辐射危害,停机时不用考虑。辐射防护中应重点关注运行中产生的瞬发辐射,包括被加速粒子、被辐照靶材反射及散射后的粒子、加速粒子与靶材或加速器结构材料相互作用产生的次级辐射(如 X 射线)等。辐射防护设计时应考虑最大能量、最大电流和被照物质的最大原子序数等因素。

表 9.1　工业辐照常用的电子加速器

能量	能量范围 (MeV)	束功率 (kW)	主要机型	束流形式	主要用途
低	0.15~0.3	0~100	电子帘加速器	连续束	涂层固化,细线、薄膜、片状物的辐照,烟气脱硫和污水处理等
中	0.3~3	0~400	高频高压加速器、高压变压器型加速器	连续束	电线电缆的聚乙烯绝缘材料和聚乙烯发泡塑料的辐射交联、橡胶硫化;辐照生产高强度耐热聚乙烯热缩管等
高	3~10	0~1 000	电子直线加速器、梅花瓣型加速器	脉冲	医疗用品的辐射消毒、食品保鲜、电子元器件改性、材料改性等方面等

加速器高压系统是加速器最复杂的部件,也是容易出现人身伤害的模块,设备检修相关工作展开前必须注意高压系统放电和通风。加速器高压发生器内部的绝缘气体介质 SF_6 必须保证水汽的体积浓度不能超过 150 ppm(百万分之一),需定期检测并用辅助系统除水。加速器正常工作必须要保证一定的真空度,并且能量越高的加速器,真空系统要求也越高。辐照加工真空度一般至少在 10^{-3} Pa 量级。加速器工作时高压和各类窗口模块发热严重,其水循环冷却或者气流冷却系统正常运作是保证加速器运行安全的重要基础,必须定期检测。此外,加速器使用单位考虑实用性(如维修期间)会将某些联锁旁路,旁路联锁一定要在控制室放置醒目标志,防止出现理解错误。

9.2.2　场所的安全要求

在辐射加工领域,γ射线源和加速器源辐照装置所产生的辐射强度大,因此从人员安全的角度必须对场所进行分区,辐照设施场所主要分为控制区和监督区。控制区是指照射室屏蔽门入口以内的区域。此区需做充分的辐射屏蔽和辐射环境检测,并安装通风系统,保证进入职业人员的安全;入口处设置明显的电离辐射标志和防止人员误入照射室的控制措施。监督区是指与照射室直接相连接的房间、控制室以及照射室屏蔽门入口以外的通道及房间,此区域内也应设置电离辐射标志。在此区域正常工作的职业人员受到的照射应满足职业人员受照控制的要求。在控制区和监督区以外,人员长期停留受到的照射应满足公众受照控制的要求,不必设置电离辐射标志,也不要求有特殊的防护措施。同时,为了提醒职业人员,在相关场所内设置不同颜色的状态指示,如表9.2所示。

表 9.2　辐照区域内警示状态指示参考颜色

条　件	颜　色
紧急情况(停止按钮或信号灯)	红色
警告-危险	红色
紧急信息(辐照装置故障)	红色
注意(非紧急情况,但部分功能发生故障)	黄色或橙色
正常(辐照装置没有开启或者功能安全)	绿色
普通信息	蓝色

为了满足场所的辐射安全要求,一般设有迷宫和防护门等特殊的屏蔽结构,并需对场所内的孔道进行特殊设计。迷宫的设计与建筑物的布局有关,迷宫口位置应尽可能避开来自源的直接辐射,或应避开辐射发射率峰值的方向。在满足使用的条件下,迷宫的截面应尽可能小。有时还需在迷宫口设置附加屏蔽。防护门应和相邻的屏蔽墙具有同等屏蔽效果。门和墙之间应有足够的搭接,以减小散射辐射的泄漏,通常门的两侧和顶部与墙的搭接至少为缝隙的10倍。为了减小通过门底部的辐射反射,应采用其他密闭缝隙的方法,如门底部设有凹槽等。常用的防护门有水门、混凝土门、铁门,或铁板与铅板组合门。为了防止辐射泄露,辐照场所中的通风管道、水管、电缆管道和辐照材料的传输管道等孔道一般取"S"形或"U"形,且在地沟的入口或出口应有一定厚度的屏蔽盖板。对于为了搬运大型设备而临时在屏蔽墙上留出的大孔洞,位置也要尽可能避开束流方向或辐射发射率峰值方向,填塞孔洞时混凝土块之间的垂直缝隙最好都用灰浆填充。

对于γ射线源辐照装置,厂址需选择场地稳定、地质条件较好的地段,并避开高压输电线和易燃易爆场所。在设计屏蔽时应充分考虑照射室屋顶屏蔽,并充分做好贮源水井相关的安全要求。图9.7所示的是较为常用的一种γ射线源辐照装置场所布局示意图。

对于加速器源辐照装置,加速器设施一般拥有独立建筑,以便于布局。如置于地下,此时横向的屏蔽设计相对简单,但也应充分考虑加速器对上层建筑的辐射影响。

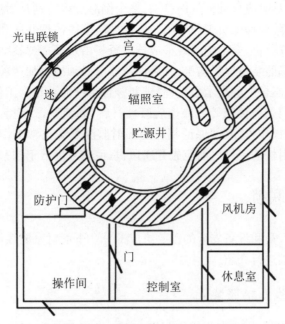

光电联锁 宫 迷 辐照室 贮源井 防护门 风机房 门 操作间 控制室 休息室

图 9.7 γ 射线源辐照装置场所布局示意图

9.2.3 安全操作要求

为了保证辐照装置的安全运行,所有辐照装置建成后必须按照《放射性同位素与射线装置安全和防护条例》和有关主管部门的规定,由具备相应资质的单位和人员进行检查、验收,并取得许可登记证后方能正式投入运行。辐照装置的操作人员必须按照规定进行培训,考试合格取得上岗证才能上岗操作。所有操作都应制定操作规程、安全规程、检修规程和岗位责任制,并严格贯彻执行。同时各辐照装置所属单位必须规范职业人员的安全操作,以避免不必要的辐射事故。下面将介绍 γ 射线源辐照装置和加速器源辐照装置的安全操作要求。

在辐射加工中,γ 射线源辐照装置一般使用的源为 Ⅰ 类、Ⅱ 类源,其活度大。对于加速器源辐照装置,虽然辐射危害一般只在加速器开启时存在,但设备运行中通常使用高束流的辐射,因此潜在的危险性很高。为保证人员和设备的安全,必须制定相应的安全操作要求,包括制定合理的值班制度,制定辐射加工操作前、操作中和操作后必须遵从的安全操作要求等。如在值班制度中,每次关闭辐照室门前,必须仔细检查,确认无人员滞留辐照室并发出关门信号后才能关门。辐射加工操作前应仔细核查操作人员的个人有效剂量当量记录,以确定操作人员辐照剂量超标与否。辐射加工操作中,必须规范操作人员使用安全联锁的条件;辐射加工操作后也必须做好相应的运行记录。此外,针对不同类型的辐射源辐照装置,还必须遵从相应装置规定的安全操作要求。

对于 γ 射线源辐照装置,运营单位应定期对辐照装置进行检查和维修,确保控制系统正常工作、源的活度满足要求、升降源系统正常和各项安全联锁系统正常工作等。在打开辐照室门前需要检查水位指示、γ 监测仪表读数,并做好记录。开门后,需首先携带便携式 γ 监测仪进入迷宫,测定辐射水平,然后才可进入辐照厅。对于 γ 射线源湿法贮源辐照装置,源的倒装过程必须在水井底部完成,操作时应特别注意。在水下打开铅罐时,取源应保证源棒全部取出,操作长柄工具时应保证柄管内有水,整个倒源过程特别是后期往源架装源的过程必须进行剂量检测,并限定操作员工作时间。倒源后应彻底清理井底和现场所有物品,检查井面剂量并对井水取样分析,全部记录规整成技术资料由现场指挥签字并存档。

对于用加速器源辐照装置辐射加工,开启加速器前必须检查加速粒子的种类、加速电压与预定值是否一致;控制台上的显示装置、联锁和警告系统能否正常工作;加速器厅、靶厅是否有人停留和靶厅的门是否关闭等。操作放射性材料(如换靶,处理活化部件等)时应在指定场所进行,严格遵守操作程序,并保证相应的辐射监测系统正常工作。加速器停机后,工作人员进入有气载放射性的区域之前应先开通风机,使其浓度低于国家标准。

9.2.4　安全联锁

安全联锁是保障人员和设备安全的重要组成部分。下面对γ射线源辐照装置和加速器源辐照装置的安全联锁进行介绍。

9.2.4.1　γ射线源辐照装置

对于γ射线源辐照装置,为了防止照射期间职业人员误入辐照室或装置在运行中出现故障,必须对辐射装置的运行进行安全联锁,且完整的安全联锁系统应包含人机联锁和设备联锁系统。

1. 人机联锁

γ射线源辐照装置的人机联锁需要重点考虑钥匙联锁、紧急制动与复位联锁、报警信号联锁等内容。

钥匙联锁是保证取下任何一个钥匙时源自动降入井底,只有全部钥匙插入钥匙开关时,升源操作才能有效。钥匙开关置于带锁的控制柜中,控制柜钥匙由值班负责人保管。辐照室门钥匙要与值班负责人的控制柜钥匙连在一起,照射期间置于控制柜内。每次进入辐照室,值班负责人打开控制柜,取出辐照室门的钥匙与自己的钥匙,然后打开辐照室大门。这就保证了进入辐照室之前源已降入水底。工作人员进入辐照室之前从控制柜中取下自己的钥匙,保证源处于井底,方可进入辐照室,离开辐照室时再将钥匙插回原处。

在辐照室内必须安装紧急制动装置(一般为线拉开关或警报按钮),并与控制台联锁,当源被提升或源在工作位时,误留在辐照室内的人员可使用紧急制动装置终止辐照装置的操作,并将源降至安全位。在控制台上也应安装紧急制动装置,且可在任何时刻终止辐照装置的操作,并将源降到安全位。在辐照室内不同位置应设置2~4个无人复位按钮,并与控制台联锁。每次升源前,操作人员必须进入辐照室内完整巡视检查一周,依次按动无人复位按钮并安全退出后方可升源。

报警信号联锁是保证设备工作或出现意外时能发出报警信号。在辐照室关门的时候,自动发出关门警示灯及声音信号,提醒相关人员及时离开。在迷道内(包括人员和货物通道)设置2~3道防人误入的安全联锁装置(如采用红外光电探测器),并与声光报警装置和降源装置联锁。源在工作位时有人误入,可以发出声光报警并自动降源至安全位。

2. 设备联锁

γ射线源辐照装置的设备联锁需要重点考虑通风系统联锁、源温度联锁、烟雾报警、断电降源和水井贮源联锁等内容。γ 射线源辐照中应根据设计装源量和辐照室空间大小设置通风系统,确保辐照室内臭氧及氮氧化物浓度低于标准要求。通风系统还应与控制台联锁,通风系统故障时,自动降源至安全位或不能升源。当源的温度超过设定安全温度时,设备能自动通过通风或者其他降温措施使源的温度降低到安全温度以下。辐照室内应安装烟雾报警装置,并与降源联锁,遇有火灾险情时,源应自动降至安全位。辐照装置在运行时一旦出现断电超过 10 s,源应自动降至安全位。对于湿法贮源辐照装置,贮源水井应采用去离子水并设置井水处理系统,确保水质达到标准要求,并且应设置自动补水系统和水位联锁装置,当水位降至最小屏蔽层高度以下时,自动补充井水,并将源降至安全水位。

9.2.4.2　加速器源辐照装置

由于具体场所、加速器类型和工业用途等的不同,各种加速器源辐照装置的安全联锁系统差异很大。但无论怎样设计,所有的安全联锁装置都应遵循"故障仍能保证安全"的原则,且完整的安全联锁都应包含人机联锁和设备联锁系统。

1. 人机联锁

加速器源辐照装置的人机联锁包含钥匙联锁、紧急制动与复位联锁、报警信号联锁等内容。具体内容与 γ 射线源辐照装置基本类似,仅需把对 γ 射线源升源、降源操作调整为加速器开始、停止运行或停止产生辐射束流等。考虑加速器产生的辐射强度可以通过改变束流电流和能量进行调节,因此可以设计将人员活动区域辐射监控系统与加速器控制系统联锁,当监控区域辐射强度超限后可自动调低束流强度或关断束流。

2. 设备联锁

加速器源辐照装置的设备联锁应包含通风系统联锁、温度联锁、烟雾报警、高压联锁、辐照材料输运系统联锁和真空及绝缘系统联锁等。其中通风系统联锁、温度联锁、烟雾报警和 γ 射线源辐照装置基本类似。对于高压联锁,需要确保加速器高压系统在电压异常时能紧急放电,避免设备损坏。在工业辐照用的电子加速器工作时,流水线上的辐照材料可能被卡住或被阻止,从而受到过量的辐照,严重时甚至导致火灾,因此需要将束流的控制装置与辐照材料运输系统联锁。真空及绝缘系统是加速器正常运行的必要基础条件,加速器的运行控制应和真空及绝缘系统联锁,相关参数异常时应不能开机或尽快停机。

9.2.5　事故应急

辐射加工中一般使用 I 类、II 类 γ 射线源或加速器产生的高强度辐射加工货物,因此一旦发生辐射加工事故,事故严重程度就会非常高。1988~1998 十年间我国内地辐射加工事故仅占整个同位素辐射相关行业事故的 3.03%,但同位素辐射相关行业事故共致 8 人死亡,全部来自辐射加工行业。为保证人员的安全和健康,必须加强辐射的应急管理,做好应对事故发生的各种准备。

在辐射加工行业,辐射事故一般分为放射源丢失、辐射源故障或失控和超剂量照射等。对于源丢失事故,由于源通常处于密封状态,且处在一系列安全联锁系统保护下,丢失的可能性极小,但一旦丢失影响极其巨大,极易导致特别重大辐射事故的发生。辐射源故障或失控一般是指辐照装置出现故障,无法控制辐射的状态,如 γ 辐射源在升降的过程中被卡住、加速器射出的束流不可控等。这类事故一般不直接影响相关人员的安全,但这类事故会成为潜在的危险来源并影响辐射加工装置的正常运行。这类事故一般很少出现,但能引起特别重大辐射事故的发生。超剂量辐射主要是指辐照装置故障引起的人员误照、操作错误和职业人员未按安全操作要求导致的超剂量辐射以及职业人员累积辐照剂量超标。这类事故案例较多,通常属于一般辐射事故,主要源于管理不善以及相关人员对辐射安全意识的匮乏。

辐射加工行业使用的辐射源强度大,相关单位必须对可能发生的各种事故有一定的预期并制定相应应急预案,定期组织职业人员进行培训和对以往的事故案例进行解读,增强职业人员的安全意识。为保证事故发生时应急预案能发挥应有的作用,辐射加工单位应根据预案定期组织相关人员进行演练,确保事故发生时职业人员熟悉自己的职责并能灵活应对,且预案需要根据演练情况及时修订。事故发生后,涉源单位当班人员应第一时间向集控室汇报,由集控室根据事故情况通知应急救援领导组并做好记录,应急救援领导组应及时上报相关单位(如环境保护主管部门、公安部门、卫生主管部门),并根据事故的严重性和紧急程度,对事故按照等级进行预案启动。

对于放射性源丢失事故,在辐射加工行业内属于特别严重的事故,事发单位必须第一时间报警并保护现场,尽快收集整理单位全部放射源资料和相关工作人员资料,并集结所有职业人员,以备公安机关核查。对于辐射源故障或失控造成的辐射事故,事发单位必须第一时间上报并封锁现场,对受伤的人员进行必要救治,并由专业操作人员或专家研究可能的解决方案,尽量将事故的严重性和持续性伤害降低。对于超剂量辐射事故,第一时间关闭辐射源,准确核查个人剂量信息,及时救助受伤人员,将人员的持续伤害降到最低。在抢救事故现场受伤害人员时,必须注意通过限制受照射时间和远离辐射源的方法使抢救人员遭受的辐射剂量控制在辐射限值之下。事故救援完成后,所有可能沾染放射性的救援工具或救援人员衣物等辐射污染源均要集中处理,任何单位和个人均不得私自带出可能沾染放射性的废弃物。此外,还应及时对事故危害做出合理的评价,并定期或不定期对事故影响区域进行后续的环境监测。

9.3　典　型　案　例

辐照装置在安全联锁正常的情况下发生辐射事故的概率不高,但安全联锁部分或全部失效后,装置的纵深防御能力降低,在人员违反操作规程进入辐照室后,极有可能发生人员受超剂量照射的事故。此外,在辐照装置退役过程中,辐射源可能被放在不合适的位置,甚至被人员拾获从而引发辐射事故。由于辐射加工使用的辐射强度很大,短时间的照射即可造成人员致残或致死,危险系数特别高,社会危害性极大。为了让读者对辐射事故有一个深刻的印象,本节介绍两个典型的辐射加工相关的辐射事故。

9.3.1　γ射线源管理不当事故

该事故是γ放射源管理混乱致使放射源失控引起的特别重大辐射事故。

1. 事故过程

1992 年山西忻州地区某监测站因扩建需使用忻州地区科委的照射室场址。10 月 27日，开始基建施工，承建单位为省建五公司某处，雇用了忻州市附近的民工进行挖掘地基等工程。据民工张某证实，11 月 9 日上午 9 时许，民工张某昌在 ^{60}Co 放射源井外东北侧拾到一圆柱形钢体并装入身穿的皮夹克口袋内。大约 11 时感到头晕、恶心、呕吐，不能继续劳动，由同事董某将其送回家中。下午，其兄张某双等人陪同张某昌到地区医院就诊。张某双在陪侍张某昌的第四天也发病住院，两兄弟的症状体征基本相同。11 月 26 日，张某昌与张某双病情进一步恶化，下午转入山西某医院继续治疗，最终医治无效，张某昌于 12 月 2 日出院回到家中死亡，张某双于 12 月 7 日也在家中死亡。其父张某亮一直陪侍两个儿子看病也相继发病，于 12 月 10 日死亡。张某昌之妻于 12 月 17 日到北京医科大学第二人民医院就诊，诊断为放射病。中国辐射防护研究院根据受照条件，对张某昌、张某双、张某亮估算了受照剂量，张某昌为 44 Gy，张某双为 8.9 Gy，张某亮为 8.1 Gy。同年 12 月 31 日，山西省卫生厅成立事故调查组，抽调 5 名专业技术人员赴忻州追寻放射源。事故调查组曾先后 8 次对死者住地、火葬场、坟地、周围环境及钴源辐照室源井旧址等可疑地方进行全面监测，但均未找到放射源。

后来从张某昌亲属以及相关有过接触的人员那里了解到，张某昌误拾获的放射源曾被扔在医院的废纸篓。为此，省卫生厅组织省防疫站有关技术人员，对该医院所有垃圾堆、急诊室、传染科、厕所和垃圾站到市垃圾场沿途所有可疑地点进行了监测，均为本底水平。经反复做工作，最后从倒垃圾工人翟某获知信息，他曾将该医院的垃圾倒在晋祠公路旁的田地里。1993 年 2 月 1 日下午，省卫生厅技术人员携带仪器在晋祠公路南屯村以南发现了 ^{60}Co放射源。由卫生厅与省公安厅联系，对现场进行了警戒。通过中国辐射研究院（中辐院）协作制定收源方案，经过 40 多分钟的紧张工作，将放射源挖出倒在指定位置上，源回收装入铅罐，运往中辐院废物库暂存，并经中辐院和省防疫站在收源的地方进行了监测，再未发现辐射水平升高现象。

1993 年 4 月 7 日，中国原子能科学研究院组织专家对放射源进行了鉴定，其结果为：放射源活度 466.2 GBq，长 2～3 cm、圆柱形、颜色较暗、焊口平滑。

事故造成 3 人相继死亡和多人受照致病的严重后果。这次事故发生后，有关部门和单位对放射事故涉及人员开展了生物剂量估算及血象分析。按受照有效剂量当量大小将受照人员分为七类，见表 9.3。

表 9.3　人员受照有效剂量当量统计情况

有效剂量当量（Gy）	人数统计（人）
$H_E > 1$	5
$0.5 < H_E < 1$	3
$0.25 < H_E < 0.5$	7
$0.1 < H_E < 0.25$	25
$0.05 < H_E < 0.1$	28
$0.01 < H_E < 0.05$	58

续表

有效剂量当量（Gy）	人数统计（人）
$0.005 < H_E < 0.01$	16
	共计 142

1997年10月9日，忻州地区中级人民法院下达终审刑事判决书，判定：忻州科委作为 ^{60}Co放射源的拥有者，自1973年购进该 ^{60}Co放射源至停止使用的18年间，没有办理登记、许可、注销和退役手续，也没有建卡立簿，相关资料缺乏妥善保存，致使这一批 ^{60}Co放射源处于无账目、无档案和数目不清的状况。在法庭上，无人拿出证据证明那只肇事源何时丢失，终审刑事判决放射源管理负责人贺某2年有期徒刑。

2. 事故原因分析

忻州放射源污染事件中的肇事放射源何时失控及如何失控至今还不很清楚。造成该事故的直接原因是源管理人员工作不严谨，对放射源没有账目、没有档案甚至连放射源数目都不清楚，最终致使源什么时候失落都无从查起。

事故的根本原因：一是忻州地区科委作为钴源所有权的单位，在移交过程中，对房屋移交以及迁源手续的办理检查不严，对钴源管理不严、账目不清。二是管理不规范，放射源送贮前没有办理注销许可登记、申请退役和相关评价，就实施倒装、收贮。三是放射源的专职管理人员工作失职，对放射源实际数目掌握不准。四是在倒装、收贮时，未通知所有相关人员到场监督。另外，如果民工张某昌在最初到医院就诊时接诊医生能及时诊断出辐射病，则能尽早启动相关的应急响应机制，使事故的持续伤害降至最低。

3. 经验教训与总结

忻州放射源事故后果极其惨痛，同时教给人们的经验教训也很多。例如，放射源使用单位，从事放射源倒装、收贮单位，都应重视辐射防护及安全工作，增强法制意识，认真执行国家相关法规、规章。放射源的拥有者应严格遵循相关管理要求，建立完善的管理规章制度，务必使放射源任何时刻都处在有效监控之下。加强放射源使用与安全管理工作，提高专业技术人员的基本专业知识，树立认真负责的工作精神及严谨的工作方法和实事求是的科学态度。从事与放射源安全相关的工作，要仔细严谨、避免失误、确保安全。倒装放射源是一项技术性、专业性很强的工作，需制订周密工作计划，职业人员须经过专业培训和实际操作训练后方可从事此工作。

本案例中，部分医务人员缺乏放射病诊断治疗的基本知识。虽然这起事故中所发生的放射病临床症状属于典型放射病症状，且也在太原、北京部分医院及地区医院住院治疗，但仍然未能确诊，最后由专业机构确诊为急性放射病，因此需要普及安全文化。按照安全文化的理念，在辐射领域出了安全问题，首先应查找和分析问题的原因，而不是在情况不明时追究人员责任。在事故处理中部分人员存在一种狭隘的偏见，在处理人命关天的重大问题上，这种偏见对事件的分析和处理会产生干扰，甚至酿成冤案。监管部门须按照法律、法规进一步加强对放射源的安全管理，强化辐射安全防护监督检查，宣传并普及防护知识和安全文化。

9.3.2　加速器超剂量辐照事故

该事故是事发单位疏忽管理,无关人员误入和职业人员操作不当导致人员超剂量辐照的较大辐射事故。

1. 事故过程

2016 年 10 月 17 日,天津市环保局通报了天津某辐照技术有限公司辐照事故。7 月 7 日,该公司发生Ⅱ类射线装置误照射事故,两名临时外聘维修人员被辐照,随后两名被辐照人员在北京 307 医院接受治疗。该公司成立于 2007 年,2009 年 3 月通过核技术项目环评审批,2010 年 3 月取得《辐射安全许可证》,2012 年 5 月,该公司电子加速器项目通过环保验收,2015 年《辐射安全许可证》延续换证。2016 年 7 月 7 日 17 时左右,该公司临时外聘两名电机维修人员对辐照室外电机进行维修,在公司职业人员就餐间歇期间(加速器停运),两名电机维修人员进入辐照室。17 时 35 分,该公司操作工郭某某就餐完毕后未进行安全巡检即启动电子加速器,造成两名电机维修人员受照。

2016 年 7 月 7 日 19 时 36 分,市环保局接到该公司法人事故报告电话,立即启动了天津市环保局核与辐射事故应急预案,市、区环保局人员第一时间到达现场进行调查处理。

最终,依据《放射性同位素与射线装置安全和防护条例》的规定,市环保局责令该单位停止辐照作业;依法向该单位下达《行政处罚决定书》,责令其立即改正违法行为,并处人民币 20 万元罚款,吊销该单位《辐射安全许可证》。

2. 事故原因分析

该事故为加速器源辐照装置引起的较大辐照事故。事故原因主要有以下两点:

一是安全生产意识淡薄。《放射性同位素与射线装置安全和防护条例》第 28 条明确规定"生产、销售、使用放射性同位素和射线装置的单位,应当对直接从事生产、销售、使用活动的职业人员进行安全和防护知识教育培训,并进行考核;考核不合格的,不得上岗。"该公司知法不守法,操作工郭某某未取得辐射安全培训证书即操作加速器,属无证操作;在辐照室不工作且职业人员都去就餐的情况下未对货物通道门上锁,使辐照室的各项安全措施处于失控和无人值守状态,该公司对安全工作没有足够的重视。

二是安全制度不落实。该公司虽然制定了安全操作规程,但操作人员启动电子加速器前未对辐照室进行安全巡检,安全制度和操作规程形同虚设。

3. 经验教训与总结

事发单位天津某辐照技术有限公司项目完全通过环保测评,并且有合法的《辐射安全许可证》,证件到期后及时延续换证,因此该单位辐照项目是完全合法合规的。但是,临时维修人员在设备维修期间没有专门人员陪同,导致临时维修人员误入辐照室,且辐照装置操作人员违规操作,致使在辐照室有人的情况下启动加速器。虽然辐照装置的运行和维护需要非辐照专业技术人员参与维护,但装置操作控制人员必须在维护期间保证辐照装置不违规运行以确保临时维修人员的安全。

参 考 文 献

［1］ 陈万金,陈燕俐,蔡捷. 辐射及其安全防护技术[M]. 北京:化学工业出版社,2006.

［2］ 方杰. 辐射防护导论[M]. 北京:原子能出版社,1991.

［3］ 樊程芳,吴茂良. 核辐射装置及其应用[M]. 成都:四川大学出版社,1988.

［4］ 何仕均. 电离辐射工业应用的防护与安全[M]. 北京:原子能出版社,2009.

［5］ 李德平,潘自强. 辐射防护手册[M]. 北京:原子能出版社,1991.

［6］ 李星洪. 辐射防护基础[M]. 北京:原子能出版社,1982.

［7］ 李士骏. 电离辐射剂量学[M]. 北京:原子能出版社,1986.

［8］ 李士骏. 电离辐射剂量学基础 [M]. 苏州:苏州大学出版社,2008.

［9］ Arvanitoyannis I S. Irradiation of food commodities: techniques, applications, detection, legislation, safety and consumer opinion[M]. New York:Academic Press,2010.

［10］ Grupen C. Introduction to radiation protection:practical knowledge for handling radioactive sources [M]. Springer-verlag Berin Heidelberg,2010.

［11］ Martin J E. Physics for radiation protection [M]. Weinheim Germany:WILEY-VCH,2013.

［12］ Health and Safety Executive. Safety in the design and use of gamma and electron irradiation facilities [M]. Suffolk HSE Books, 1998.

［13］ Cleland M R, Stichelbaut F. Radiation processing with high-energy X-rays[J]. Radiation Physics and Chemistry,2013(84):91-99.

［14］ International Atomic Energy Agency (IAEA). Gamma irradiators for radiation processing[R]. Vienna,2006.

第10章　工业射线探伤的辐射安全与防护

工业射线探伤是利用射线可以穿透物质并在物质中有衰减的特性来探测材料或装置的缺陷或揭示其内部结构的无损检测方法,在无损检测中占 80% 以上。射线探伤常用的方法有 X 射线探伤和 γ 射线探伤、高能射线探伤和中子射线探伤。对常用的工业射线探伤,一般使用的是 X 射线探伤和 γ 射线探伤。本章针对 X 射线探伤和 γ 射线探伤中的辐射安全问题,从探伤原理、安全防护要求以及典型事故案例三个方面展开介绍。

10.1　工业射线探伤概述

为了更好地掌握工业射线探伤辐射安全与防护知识,了解工业射线探伤的基本原理、应用领域及相关的电离辐射设备是非常必要的,下面对此分别进行介绍。

10.1.1　工业射线探伤原理及应用

射线对被检工件进行照射时,由于工件成分、厚度、密度的不同,对射线减弱程度不同,因此可采用探测器来获取工件所形成的透射线强度分布图像,对被检工件的质量、尺寸、特性等做出判断,这是射线探伤透射原理,也是工业射线探伤中应用最广的原理。当强度均匀的射线照射工件时,如果工件局部存在缺陷或结构存在差异,将改变工件对射线强度的减弱程度,使得不同部位透过射线的强度不同,据此就可以判断工件内部的缺陷和物质分布等。如图 10.1 所示。

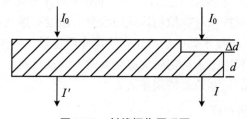

图 10.1　射线探伤原理图

若工件上存在很小的厚度差,则有以下公式

$$\frac{\Delta I}{I} = -\frac{\mu \Delta d}{1+n} \tag{10.1}$$

式中,I 为缺陷部位透射线强度;I' 为正常部位透射线强度;$\Delta I = I' - I$;Δd 为缺陷的厚度;μ

为工件的线减弱系数;$n=I_s/I_d$;I_d 为透射的一次射线强度;I_s 为透射的散射射线强度。

式(10.1)即为射线检测的基本原理表达式,它给出了厚度差与对应的被检工件对比度之间的关系。当缺陷物质的线减弱系数为 μ' 时,式(10.1)可表示为

$$\frac{\Delta I}{I} = -\frac{(\mu - \mu')\Delta d}{1+n} \tag{10.2}$$

$\Delta I/I$ 称为被检体对比度。根据式(10.2),射线对缺陷的检测能力,与缺陷在射线透射方向上的尺寸、散射线的控制情况、线减弱系数和工件的线减弱系数的差别等相关,因此可根据该原理来进行无损检测与探伤。

在放射源确定的情况下,根据检测方式的不同,工业射线探伤系统可分为射线照相检测系统、射线实时成像检测系统、工业计算机断层扫描成像检测系统(Industrial Computed Tomography,ICT)和康普顿散射成像检测系统。

1. 射线照相检测系统

采用胶片进行射线照相是工业射线探伤早期常用的检测方式,主要应用范围如表 10.1所示。X 射线照相多用于较薄部件检测,γ 射线照相可用于检测较厚部件,中子照相对含氢物质的检测有优势。

表 10.1　射线照相检测技术的主要应用范围

照相检测技术	主要应用
X 射线	铸件、焊接部件、电子器件等检测
γ 射线	大型铸件、焊接部件等检测
中子	含氢材料、放射性材料等检测
电子射线束	纸张、邮票等检测

X 射线照相检测是利用 X 射线对被检物体内部缺陷或结构进行探测,其检测系统包括射线源、铅屏和成像系统等,如图 10.2 所示。通常将被检物体置于距离射线源 1 m 的位置,使射线垂直穿过被检部位,将胶片紧贴于被检物体背后放置,经照射曝光后,再通过处理可获得缺陷的图像,据此判断缺陷的种类、数量、大小和位置分布,并按标准要求对缺陷进行分类。

目前,工业 X 射线照相主要依靠胶片方式,其图像的数字化是未来工业探伤的发展方向,当前数字射线照相检测技术对被检物体缺陷的测定精度可达 0.2～0.3 mm。

其他类型射线照相检测技术如中子照相在特定应用场景中有独特的优势。与 X 射线照相原理不同,中子照相是利用中子与物质反应截面的不同进行照相,由于氢对中子慢化能力很强,所以对于含氢物质的检测效果特别显著。

2. 射线实时成像检测系统

射线实时成像检测技术,即在照射的同时就可观察到所产生图像的检测方法,射线实时成像检测技术的主要应用范围见表 10.2。

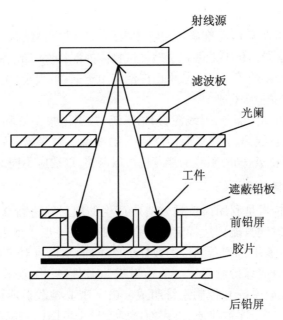

图 10.2　X 射线照相检测系统示意图

表 10.2　实时成像检测技术的主要应用范围

实时成像检测	主要应用
X 射线荧光成像	机场、汽车站、火车站、海关检查
图像增强器	工业探伤在线检测
数字实时成像	机场、汽车站、火车站、海关检查
X 射线光导摄像	考古、生物学等研究

　　射线实时成像检测系统的基本构成部分包括：射线源、扫描控制装置、探测器和图像获取系统。典型射线实时成像检测系统原理如图 10.3 所示。

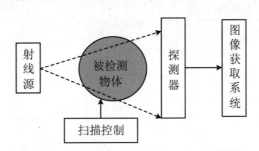

图10.3　典型的射线实时成像检测系统原理图

　　射线实时成像检测技术最早应用于包裹的检查，现在广泛应用于车站、机场、海关等的安全检查和反走私检查。X 射线行李检查系统工作原理为：行李进入 X 射线检查通道阻挡检测传感器，检测信号触发 X 射线源发射 X 射线束；X 射线扫过被检物，然后采集图像信息。集装箱检测的原理与行李检测类似，不同之处是集装箱外形较大，大多数集装箱系统采用能量更高的 γ 射线源或电子直线加速器进行检测。此外，射线实时成像检测技术在轮胎质量检测、炮弹和子弹装药检测、焊缝质量检测等方面也得到广泛的应用。

3. ICT 检测系统

ICT 通常也称为工业 CT，能准确再现物体内部的三维立体结构，是对产品进行无损检测和无损评价的最佳手段。ICT 能够定量地提供物体内部特性，如缺陷的尺寸、位置、密度、结构形状与物体内部的杂质等。ICT 技术已广泛应用于造船、汽车、钢铁、石油钻探、精密机械、地质、管道、考古和安检等行业。

ICT 系统主要分为四个部分：射线源、扫描系统、数据采集系统和图像存储系统。其中射线源主要有低能 X 射线源、γ 射线源与高能 X 射线源。射线源需具有高强度、能量品质好、微小的焦点尺寸等特点，同时射线的能量应可以调整，以适应不同的检测对象。

4. 康普顿散射成像检测系统

康普顿散射成像技术是利用康普顿效应中产生的散射线进行成像的射线检测技术。在工件不同深度的散射线只能到达特定的检测器，而在某一层中如果不同点存在差异，所产生的散射线将不同，该层检测器测得的数据也就不同，从而可对工件中这一层缺陷情况做出判断。康普顿散射成像检测系统一般由射线源、扫描机构、数据采集系统、计算机系统、图像显示及数据存储系统和控制系统组成。由于康普顿散射成像采用散射线成像技术，因此主要适用于低原子序数物质、近表面区厚度较小范围内缺陷的检测。例如探测混杂于多类物品中或隐藏于伪装夹层中的各种炸药、毒品以及违禁品、飞机蒙皮的黏结和腐蚀检测等。

在射线探伤中，辐射的峰值能量（对于 X 射线）或平均能量（对于 γ 射线）是表征其穿透性的重要因素。不同辐射源的能量范围与最佳检测钢板厚度如图 10.4 所示。

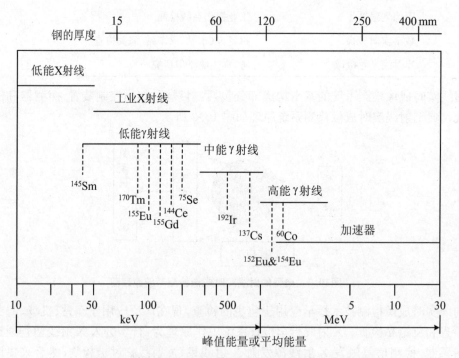

图 10.4 不同辐射源的能量范围与钢板检测最佳厚度范围

10.1.2 工业射线探伤辐射设备

上节对工业射线探伤中应用最广泛的透射探伤原理进行了介绍,并列举了不同检测成像方式的系统。工业射线探伤仪中的辐射设备为工业探伤提供检测所需射线,是工业射线探伤安全与防护所关注的焦点。

下文将介绍工业探伤仪中最常用的辐射设备(X 射线探伤机、γ 射线探伤机)的分类、结构及性能指标。

10.1.2.1 X 射线探伤机

X 射线探伤机按照结构可以分为:便携式 X 射线探伤机、移动式 X 射线探伤机和固定式 X 射线探伤机。

1. 便携式 X 射线探伤机

便携式 X 射线探伤机采用组合式射线发生器,其高压发生器、冷却系统、X 射线管安装在一个机壳内。便携式 X 射线探伤机的结构组成如图 10.5 所示,包括控制柜和 X 射线柜两部分。高压发生器和射线管组成机头,并通过低压电缆与控制柜连接。便携式 X 射线探伤机体积小、重量轻,适用于流动性检验或大型设备的现场探伤。

便携式 X 射线探伤机管电压小于 320 kV,最大穿透厚度约 50 mm(铁)。

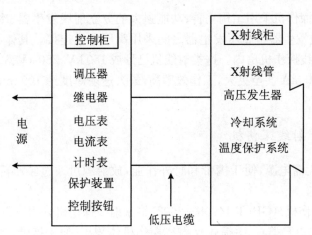

图 10.5　便携式 X 射线探伤机结构组成示意图

2. 移动式 X 射线探伤机

移动式 X 射线探伤机由分立的模块组成,它们共同安装在小车上,可方便地移动到现场、车间进行射线检测。图 10.6 所示为移动式 X 射线探伤机结构组成,它主要由射线柜、高压发生器、控制柜三大部分组成。射线柜主要由 X 射线管组成,并通过循环油进行冷却;高压发生器油浸在高压柜内,并通过高压电缆与 X 射线柜相连;控制柜放在屏蔽的操作室内,控制柜除了用来调节加速电压、电流和时间外,还装有过载等保护装置。机头可通过带有轮子的支架在小范围内移动。移动式 X 射线探伤机一般体积、重量都较大,适合实验室、车间等固定场所使用。

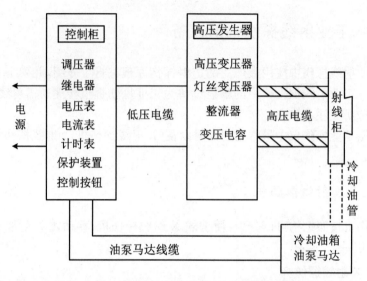

图 10.6　移动式 X 射线探伤机结构组成示意图

　　移动式 X 射线探伤机一般管电压高、管电流大,在工业探伤时,可以检测较厚的工件。移动式 X 射线探伤机用在室内射线探伤时,管电压可达 450 kV,管电流可达 20 mA,最大透射厚度约 100 mmFe(等效铁)。

3. 固定式 X 射线探伤机

　　固定式 X 射线探伤机采用结构完善、功能强大的分立射线发生器、冷却系统、高压发生器和控制系统,射线发生器与高压发生器之间采用高压电缆连接。其体积大、不便移动,因此固定安装在 X 射线探伤机房内。这类射线机已形成 150 kV、250 kV、320 kV、450 kV 等系列,其管电流可到 30 mA 甚至更大,工作效率高,最大透射厚度约 100 mmFe,是检测实验室的优选设备。

10.1.2.2　γ 射线探伤机

　　γ 射线探伤机无需电源,便于携带和野外作业,放射源可通过狭小部位进行透照,适用于异形物体探伤。

　　按照《γ 射线探伤机》(GB/T 14058—2008)将 γ 射线探伤机分为三种:手提式(P 类)、移动式(M 类)和固定式(F 类)。手提式 γ 射线探伤机体积小,便于携带,考虑辐射防护安全,不能放置能量很高、活度很大的 γ 射线源。移动式和固定式 γ 射线探伤机体积较大,辐射防护设计空间较大,可以放置能量高和活度大的 γ 射线源。γ 射线探伤机主要由以下部分构成:源组件(密封 γ 射线源)、源容器(主体机)、驱动机构、输源管和附件。

　　源组件由射线源、外壳、源辫子和屏蔽杆构成。γ 射线源密封在外壳中,外壳由内外两层构成,内层是铝壳,外层一般由不锈钢构成,通过等离子焊将一定形状和尺寸的放射性同位素密封在外壳之中,防止放射性同位素散失。对外壳结构与强度有严格要求,保证在高温、压力、冲击等作用下不会发生损坏导致事故。用于射线探伤的 γ 射线源主要有 ^{60}Co、^{137}Cs、^{192}Ir 等。

　　源容器是 γ 射线源的储存装置,在不曝光时 γ 射线源被收回到源容器中。图 10.7 即是 γ 射线探伤机源容器结构示意图。为了减少 γ 辐射外泄,源容器内部装备了屏蔽材料,近年来主要使用钨合金、贫化铀代替铅作为屏蔽材料。源容器的通道端口设计有可快速连接的接口,在源容器上还设计有安全联锁装置。这些装置用来保证正确和安全操作 γ 射线探伤机,避免意外事故发生。驱动机构由一套控制部件、控制导管和驱动部件构成,在使用时它与源容器连接,用来送出和收回 γ 射线源,其行程记录装置可以指示放射源所处的位置。

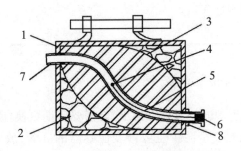

图 10.7　γ 射线探伤机源容器结构示意图

1—外壳;2—填料;3—屏蔽层;4—γ 源(源组件);5—源托;
6—安全接插器;7—连接器;8—密封盒

10.2　辐射安全要求与防护措施

工业射线探伤广泛应用于各个领域,带来了巨大的社会和经济效益,但如果应用不当,会对操作者及公众带来电离辐射危害。需要充分认识到 X 射线和 γ 射线探伤仪的潜在放射性危险,加强管理,不断改善防护措施和手段,坚持安全作业,确保人员安全。

10.2.1　辐射源的安全要求

10.2.1.1　X 射线探伤机的安全要求

X 射线探伤机的辐射安全原理比较简单,这类设施在不供电的情况下不产生任何初级辐射,且供电时产生的辐射具有很强的方向性。因此,在停电时自然实现"故障-安全",在正常运行时将有辐射的区域控制好即可。同时 X 射线探伤机也需要满足以下要求。

X 射线探伤机管头能够固定在任何需要的位置上加以锁紧。管头要有限束装置,管头窗中孔径不得大于最大线束射出所需尺寸。X 射线管头需要具备:制造厂名称与商标;型号与顺序编号;X 射线管额定电压、电流;焦点位置;出厂日期等标志。控制台需要设有 X 射线管电压及其状态的显示以及管电压、电流和照射时间设定值、显示装置,需要设置有高压接通时的外部指示装置。控制台或 X 射线管上需要设置探伤室联锁接口,并设有钥匙开关。

对于移动式 X 射线探伤机,还需要满足移动操作的需求,X 射线管、高压发生器与控制器的连接电缆不得短于 20 m。其防护应符合《工业 X 射线探伤放射防护要求》(GBZ 117—2015)的要求,X 射线探伤机在正常工作条件下,距 X 射线管焦点 1 m 处的漏射线空气比释动能率应符合表 10.3 的要求。

表 10.3　X 射线探伤机漏射线空气比释动能率控制限值

管电压(kV)	射线空气比释动能率(mGy/h)
<150	<1
150~200	<2.5
>200	<5

10.2.1.2　γ 射线探伤机的安全要求

γ 射线探伤机中的放射源时刻有射线射出,且需要定期更换,因此辐射防护和安全问题更为突出。γ 射线探伤机的安全防护主要涉及源容器的屏蔽、放射源的中转、操作设备等方面。

γ 射线探伤机常用的 ^{60}Co、^{137}Cs、^{192}Ir 和 ^{170}Tm 等放射源的半衰期 $T_{1/2}$、光子能量 $E_γ$、β 射线量大能量 $E_β$ 与空气比释动能率常数 Γ_K 等特征参数如表 10.4 所示。

表 10.4　γ 射线探伤机常用放射源的特征参数

核素	$T_{1/2}$(d)	$E_β$(MeV)	$E_γ$(MeV)	Γ_K(m² · Gy · Bq^{-1} · s^{-1})
^{60}Co	1 925.3	0.31	1.17,1.33	8.61×10^{-17}
^{137}Cs	11 050	0.5	0.662	2.17×10^{-17}
^{192}Ir	74.3	0.6	0.31,0.60	3.08×10^{-17}
^{170}Tm	129	1.0	0.052,0.084	1.97×10^{-19}

γ 射线探伤机的源容器应符合《γ 射线探伤机》的要求,源容器的周围空气比释动能率不超过表 10.5 中的数值。一般采用贫化铀做源容器屏蔽材料,其外表面应包覆足够厚度的低原子序数的非放射性材料,以减弱和吸收贫化铀发射的 β 辐射。γ 射线探伤机的源容器与密封源必须有符合《γ 射线探伤机》中规定的标志。

表 10.5　源容器周围空气比释动能率控制值(mGy/h)

类别	容器外表面	离容器外表面 50 mm 处	离容器外表面 1 m 处
P	2	0.5	0.02
M	2	1	0.05
F	2	1	0.1

γ 射线探伤机所使用放射源在运输容器与源容器之间的中转过程中,需要采用便于更换操作的设备和具有足够屏蔽性能的装置,并且应保证操作人员在一次操作过程中所接受的辐射剂量不超过 0.5 mSv。源托应设计成保证密封源不会意外掉出来,并且具有可靠的保持力和机械保护的形式,以保持安全性。

γ 射线探伤机的放射源传输装置的长度应尽可能缩减,保证在每次作业后,放射源务必能立即返回源容器并进入关闭状态。

10.2.2　场所的安全要求

固定式探伤室的屏蔽设计一般是确定的,而移动式探伤作业点流动性大,操作距离与防护条件都不固定,屏蔽的设置则需要根据场所的条件确定。

10.2.2.1　X 射线探伤作业场所的安全要求

固定式 X 射线探伤利用固定建筑物对射线的屏蔽作用来保护人员和环境。探伤室设置必须考虑周围的辐射安全,应选在厂区的一角,房间面积根据工作需要确定,探伤室需要与控制室分开;探伤室的屏蔽设计必须充分考虑 X 射线照射的方向和范围、工作负荷与室外情况,屏蔽墙设计时可取公众剂量约束值 0.3 mSv/a,要求屏蔽墙外 30 cm 处空气比释动能率不大于 2.5 μGy/h;墙壁材料一般采用砖或混凝土,射线投射主要方向的墙壁按主屏蔽要求设计,其他方向按漏射线与散射线屏蔽要求进行设计。探伤室应装门-机联锁安全装置与照射信号指示器,并保证在门关闭后才能进行探伤作业。探伤室一般情况不设置观察窗口,如果需要设置,应避开主要线束的照射方向,并应具有同侧墙壁相同的屏蔽防护性能。

移动式 X 射线探伤不易采用固定式的屏蔽体进行防护,同时由于作业场所设施较复杂,给职业人员与公众的防护带来较大的困难。探伤作业前,需要将工作场所划分为控制区和监督区。作业时被检测物周围的空气比释动能率大于 15 μGy/h 范围划为控制区,并在边界上悬挂"禁止进入 X 射线区"的警示牌,在控制区外空气比释动能率大于 1.5 μGy/h 范围划为监督区,并在其边界悬挂"无关人员禁止入内"警示牌。一旦探伤作业条件改变,场所的空气比释动能率将随之改变,控制区与监督区的范围也将相应改变。因此,当现场探伤的工作条件变动时,必须对场所进行监测与测量,并重新确定划分控制区和监督区范围。在此基础上,还应该考虑控制器与 X 射线管和被检物体的距离、照射方向、时间和屏蔽条件等因素,选择最合理的设备布置,以保证作业时工作人员的受照剂量低于其剂量限值。操作人员进行近距离操作时,必须使用防护器材,佩戴个人防护用品。

10.2.2.2　γ 射线探伤作业场所的安全要求

固定式 γ 探伤作业一般在探伤室内完成,探伤室的设计(包括防护墙、门、窗、辐射防护迷路等)需要充分考虑直接照射、散射和屏蔽物材料等各种因素并按要求计算确定防护层厚度。操作室必须与探伤室分开,主屏蔽墙厚度应根据源的活度和射线能量决定,墙外 5 cm 处空气比释动能率应小于 2.5 μGy/h。屏蔽防护层必须包括防止有用辐射和防止泄漏辐射的防护层,需由专业的辐射防护单位人员进行设计施工;防护门门口处必须设置固定的放射性危险标志,照射期间需要有醒目的"禁止入内"的警示标志;探伤室入口处与被探物体出入口处需要设置声光报警装置,防护门的防护性能与同侧屏蔽墙相同,并需要安装门-机联锁装置与工作指示灯;机房内适当位置必须安装固定式剂量仪。

移动式 γ 射线探伤作业前,需要将探伤场所划分为控制区和监督区。控制区边界的空气比释动能率是 15 μGy/h,在其边界设置"禁止进入放射性工作场所"警示标志,未经许可人员不得进入该区域范围,同时需要采用绳索、链条和类似方法或安排监督人员实施人工管理。监督区边界剂量不大于 2.5 μGy/h,边界处应该设置"当心电离辐射"警示标志,公众不得进入该区域。在实际探伤作业中,操作人员与探伤源之间应有足够距离,并有临时屏蔽,一般多用铅板作移动式屏蔽。

10.2.3　安全操作要求

X 射线探伤仪和 γ 射线探伤仪的安全操作都是主要通过辐射分区、钥匙开关启动、控制系统联锁和设置警示报警信号等来实现,但在具体细节方面有一定的差异。

10.2.3.1　X 射线探伤作业安全操作要求

对于固定式 X 射线探伤,有固定的探伤室以及相应的屏蔽防护设施,其安全操作与工业 X 辐照应用中的安全操作规程基本一致,需要遵守《工业 X 射线探伤放射防护要求》的规定,例如探伤工作人员进入探伤室时必须佩戴常规个人剂量计与个人剂量报警仪,同时需要定期测量探伤室外周围区域的辐射水平或环境的周围剂量当量率等。

对于移动式 X 射线探伤,由于无固定的作业场所、无固定的探伤工件和屏蔽防护设施,并且射线源是可移动的,这都给探伤作业人员、周围人员的防护造成很大的困难。因此在移动式 X 射线探伤中,除了遵守《工业 X 射线探伤放射防护要求》的规定外,应在灵活运用时间、距离和屏蔽防护的同时,结合辐射分区着重考虑探伤区域位置的防护设置。在具体实施措施上,首先通过探伤前预曝光测试确定探伤射线辐射场剂量分布,合理设置操作区域;其次,考虑控制器与 X 射线管和被检物件的距离、照射方向和屏蔽条件等因素,选择最合理的设备布置,并采取适当的防护措施;最后,通过合理设置利用探伤警戒标志,如警戒灯、警铃、警告牌、警戒绳等,保障探伤周边人员的辐射安全。

10.2.3.2　γ 射线探伤作业安全操作要求

与 X 射线探伤仪不同的是,γ 射线探伤仪无论处于何种工作状态,放射源总会有射线射出,且其放射源活度较高,因此,γ 射线探伤中的安全防护尤为重要。

对于固定式 γ 射线探伤,主要是在 γ 射线探伤室中进行操作,按照《工业 γ 射线探伤放射防护标准》(GBZ 132—2008)的要求,需要重点遵循两方面的安全要求,一方面探伤操作人员进出探伤室必须要佩戴个人剂量计、便携式剂量测量仪或剂量报警仪;另一方面每次探伤作业前,探伤操作人员务必检查安全装置、联锁装置的性能和警告信号标志灯,只有保证与确认探伤室内无人且门已关闭、所有安全装置起作用并给出启动信号后才能开始照射。

对于移动式 γ 射线探伤,在作业时应使用合适的准直器并充分考虑 γ 射线探伤仪和被检物件的距离、照射方向和现场屏蔽等条件。同时控制放射源的地点应尽可能设置于控制区外,还应保证操作人员之间的有效交流。探伤工作人员在进行放射源操作时穿戴铅衣、铅眼镜、铅帽、铅手套等辐射防护用品;确保每次使用放射源时采用 1 m 长的手柄进行操作,从距离上减少探伤工作人员所受辐射剂量。

10.2.4　安全联锁

X 射线探伤仪的设备联锁通过操纵台上的组件实现,主要由高压电路接触器、突波电阻、过载继电器、稳压器和调压器等保证 X 射线探伤机正常工作时的电流和电压稳定,防止过电压危险并在过载时切断高压。固定式 X 射线探伤仪通常设有人机联锁防止人员误照射,主要通过门机联锁实现;门打开的状态时触发联锁关机,用联锁开关停机后,只有经人工复位才能重新启动。场所内设计有急停开关,一旦运行人员开机,误停留在里面的人员可通过急停开关紧急停机。移动式 X 射线探伤仪则由于场所屏蔽设施不完善难以设计人机联锁。

γ 射线探伤仪联锁系统主要是设备联锁,其部件主要由安全锁、联锁装置、源的位置指示器等组成。这些设备主要功能有:操作驱动装置时,源辫子无法移离源容器;非工作状态时,源辫子闭锁在源容器内;工作状态时,驱动装置可以保持与源容器连接,并保证随时可将源辫子放回源容器内。当放射源处于工作位置或源容器外时,联锁装置能保证驱动装置与源容器的连接,即使在偶然情况下也不会脱开。

10.2.5　事故应急

工业射线探伤仪的设计、建造和运行都经过了特殊的安全考虑,但由于设备、人为因素还可能发生事故,如何处理好事故是工业射线探伤辐射安全与防护的一项重要任务。由于 X 射线探伤与 γ 射线探伤的射线源不同,因此它们的事故应急也不尽相同。下文对两种事故应急进行介绍。

1. X 射线探伤事故应急

X 射线探伤过程中,探伤仪只有在开机加高压后才产生射线,因此发生辐射事故多为开机误照。一旦发生事故,探伤操作人员应该立即断开 X 射线探伤机电源开关;同时迅速安排受辐照人员接受医学检查,做好受照剂量估算,为医疗救治提供必要的数据支持。事故发生 2 小时内向当地环保部门和公安部门报告,并填写《辐射事故初始报告表》,同时完成逐级汇报流程。

2. γ 射线探伤事故应急

γ 射线探伤中可能发生的事故主要有 γ 射线源意外泄漏、γ 射线源失控等。对于 γ 射线意外泄漏事故发生后,应立刻疏散相关人员,对 γ 射线源泄漏处采取隔离措施,划定隔离区域,在事故处理过程中应准确判断事故原因及排除方案,避免相关人员受到大剂量照射;同时保护好现场,并对辐射事故逐级上报,直至省环保、公安和卫生行政部门。对于 γ 射线源失控产生的辐射事故,事发单位必须第一时间上报并封锁现场,并由专业操作人员研究可能解决方案,尽量将事故的严重性降低,对受伤人员进行必要的救治。对于超剂量辐射事故,第一时间屏蔽辐射源,准确核查个人剂量信息,及时救助受伤人员,将人员的持续伤害降到最低。在事故现场抢救受伤害人员时,需要通过限制受照射时间和离源距离的方法使抢救人员接受的辐射剂量控制在辐射阈值之下。

10.3　典型案例

据统计,我国内地 2004～2013 年共发生工业探伤类辐射事故 20 起,其中有 19 起属于

工业 γ 射线探伤类,另外 1 起为工业 X 射线探伤类,基本都发生在移动式探伤应用中。移动式探伤作业时间常为晚上,作业现场不固定,经常需要转场,转场中经常使用一般交通工具,这些因素都增加了放射源安保难度。另外,作业人员人数少,现场操作时经常缺少监督,作业人员经过成百上千次的重复操作之后,容易产生麻痹思想,在不按照规程管理和使用探伤仪的情况下,很容易发生事故。

引发工业探伤类辐射事故的主要原因:① 运输探伤仪的车辆、工作现场、临时场所贮存等安全保卫措施不到位导致的放射源丢失或被盗;② 操作人员违反操作规程;③ 未使用可靠的辐射监测仪器和个人剂量报警仪;④ 法律意识薄弱,安全文化和培训缺失。

10.3.1 　γ 射线探伤源失控致人员受照事故

该事故是由于工业 γ 射线探伤源丢失而导致 9 人以下放射病的较大辐射事故。

1. 事故过程

2005 年 7 月 13 日,哈尔滨市道里区徐某某向黑龙江省辐射环境监督站工作人员反映,自己的母亲与女儿因不明原因生病住院,医生初步诊断两人为"骨髓造血受抑症",并怀疑病人可能接触过放射源。徐某某请求辐射站对其住宅进行放射性检测。

省辐射站工作人员在徐某某住所阳台外侧下方监测到 γ 辐射剂量率为 320 μR/h,并最终确认高辐射水平来自 8 号楼旁的一间平房。省辐射站随即启动辐射事故应急预案,并通知省卫生厅监管部门和民警赶赴现场。

监管人员最终锁定室内书架下一个放杂物的角落(约 1 m^2),其 γ 辐射剂量率高达 20 R/h。经过房主白某某配合,工作人员仔细清理,从塑料袋所装杂物中取出一个直径为 8 mm、长 80 mm 的圆柱形工业 γ 探伤使用的源辫子,当即装入铅罐并运送到黑龙江省放射性废物贮存库。

事故发生后,省环保局、市环保局、市卫生局等部门及时启动辐射应急预案,科学应对,及时处置,避免事故进一步扩大。具体措施如下:

(1)组织召开了辐射影响区域界定专家论证会,并根据事故现场的情况,将居住或经常路过北头道街 8 号楼白家周围疑似受照的 114 名居民确定为体检对象,对 5 名受高剂量照射的居民均指定医院对其实施救治。

(2)辐射站及时向国家环保总局请求支援。中国原子能研究院的专家对造成事故的放射性物质进行了鉴定,确认事故放射源为 ^{192}Ir,属Ⅲ类放射源。

(3)辐射站和环保部门联合公安部门,对全省辖区内申报登记的 ^{192}Ir 探伤源进行逐一检查。

本次事故造成公众的恐慌,在公众中产生了不良的心理影响,引发不安定的负面影响。事故造成 6 人入院治疗,其中 1 人后来因年老原因死亡,117 名疑似受照人员体检,由于未查出放射源丢失的单位,政府和红十字会承担医疗救治费用近 200 多万元。

2. 事故原因分析

该事故属于Ⅲ类放射源丢失导致 9 人以下放射病的较大辐射事故。本次事故的直接原因是:当事人白某某捡到一个工业 γ 探伤使用的源辫子,误当普通小金属铁链,放置在屋内的角落,对家人及附近居民造成了直接照射。被遗失的放射源归属已无法查明,是

"孤儿源"。

事故的发生不是偶然的,有其根本的原因:

(1) 国家虽然对放射源的安全监管有法规上的明确要求,但在监管职能移交的过渡阶段,个别单位还存在使用放射源没有按照法规要求进行申报、放射源使用管理不严、放射源交接检查制度不落实、放射源异地使用不备案、放射源台账不清等违法违规现象。

(2) 放射源使用单位在辐射安全管理方面存在严重漏洞,从单位领导、管理人员到操作工人对放射源丢失造成危害的严重性重视不够,放射源丢失不及时报告。

(3) 在《放射性同位素与射线装置安全和防护条例》实施以前,我国没有放射源统一编码的管理制度,导致放射源信息资料不全、事故的调查处理困难、"孤儿源"现象多发等问题,不能对放射源实行有效的全过程监管。

(4) 环保部门负责放射源安全统一监管工作后,当时受条件所限,基层辐射安全监管能力处于起步阶段,机构建设和人员配置不能满足工作的需要,清查放射源还不彻底。

3. 经验教训与总结

对本次辐射事故的经验教训总结如下:

(1) 放射源使用单位应当认真执行国家有关法律、法规,建立健全辐射安全管理制度,并采取有效措施,保证辐射安全管理制度得到有效落实,彻底消除事故隐患。

(2) 要切实加强基层环保部门的辐射安全监管能力建设,树立责任意识,落实管理责任制度,加大日常监督管理力度,严格放射源许可及放射源从摇篮到坟墓的全过程管理。

(3) 加快辐射安全相关法律法规建设,完善现有管理模式,使辐射环境安全管理逐步走上法制化、规范化、科学化的轨道上来。

(4) 政府应采用多种形式,加强法规以及辐射安全和防护知识的宣传,增强放射源使用单位的守法意识,增强公众对放射源的了解,提高辐射安全和防护意识。

10.3.2　探伤仪联锁故障致放射源丢失事故

该事故是由于工业 γ 射线探伤仪联锁装置故障造成放射源失控,从而导致 10 人以上(含 10 人)急性重度放射病、局部器官残疾的重大辐射事故。

1. 事故过程

1996 年 1 月 4 日,吉林某公司探伤人员黄某等进行探伤作业,午夜时才完成工作。黄某等人将 ^{192}Ir 放射源(2.7 TBq)收回探伤仪时,用剂量报警仪确定放射源已收入探伤仪屏蔽体,同时随手关闭了剂量报警仪。但收回后发现安全装置的钥匙已经折断,放射源无法锁定。他们将探伤仪搬运到距探伤现场约 150 m 的铅防护库中。次日黄某再次来到铅防护库房取探伤仪时,发现探伤仪中放射源已经丢失。

公司立即上报有关部门,并立刻寻找丢失的放射源,于当日下午 5 点 30 分在工人宋某宿舍找到了放射源。据宋某回忆,他早上在工地水泥地面上捡到一个金属链子,后将其放到右裤兜里,宋某因身体受到大剂量照射发病被送往医院。

该项事故导致 10 人受照剂量大于 50 mSv(当时职业人员剂量限值)。其中捡到放射源的宋某受照严重,确诊为急性放射病,被迫截肢,直接经济损失约 50 万元。

2. 事故原因分析

该事故属于Ⅱ类放射源失控导致 10 人以上(含 10 人)急性重度放射病、局部器官残疾的重大辐射事故。

(1) 直接原因:探伤工作人员违规操作,在探伤仪入库前关闭了剂量报警仪,以致放射源从探伤仪屏蔽体脱出后不能正常报警。

(2) 根本原因:该公司辐射安全管理松懈。作为移动使用高危放射源的单位,未将辐射安全管理放在首要位置,内部管理链条缺失,辐射安全负责人和工作人员责任心不强,公司法人监督管理不到位,导致探伤仪安全锁定装置存在故障,未能及时维修。

3. 经验教训与总结

对本次辐射事故的经验教训总结如下:

(1) 探伤工作单位应从设备检查、人员管理、探伤作业、防丢防盗等方面建立完善的规章制度,并定期对其进行检查。

(2) 加强对探伤操作人员的辐射安全教育和技术培训,提高他们的安全意识和防范能力。

(3) 强化对探伤防护关键点的管理。

(4) 提高相关人员的安全文化素养。

10.3.3　X 射线误照事件

该事件是由于探伤操作人员疏忽大意,未严格按照操作规程操作而导致的人员误照射,属于辐射事件。

1. 事故过程

2004 年 6 月 15 日两名探伤工在进行锅炉焊缝探伤时,一名探伤工作人员进入锅炉内架设周向 X 射线探伤仪,另一名探伤工在锅炉体外部贴片。探伤工在完成架设后,从锅炉筒体内出来,由于场内设备遮挡了视线,未看到另一名在锅炉筒体下面正在贴片子的探伤工,误以为照射场内无人,进入控制室启动 X 射线探伤机。曝光条件为 $U=200\ \mathrm{kVP}$,$I=5\ \mathrm{mA}$,$T=3\ \mathrm{min}$。贴片子的探伤工贴完片退出透射室时,被启动 X 射线探伤机的探伤工发现立即停机,控制器计时显示已经照射 1.9 min。

2. 事故原因分析

依据市疾病预防控制中心的检测报告显示,受照探伤工最大剂量未达到国家《放射事故管理规定》的放射事故标准,不能定为放射事故。

经过勘察发现,探伤室入口处设置了电离辐射警示标志和警示灯,但是被误照的探伤工在从事放射工作时,并未佩戴个人剂量计,探伤仪控制台无高压接通后的报警和指示装置,探伤工也都未佩戴有效的射线检测仪或报警仪。

该市疾病预防控制中心出具的《某厂"误照事件"放射工作评价报告》认为:最大的可能剂量值为 2.68 mGy,不可能导致辐射损伤确定效应的发生。

通过取证认为,此次"X 射线误照事件"主要是由于探伤工作人员疏忽大意,未严格按照规程操作所致。其次,由于该探伤仪控制台无高压接通的报警和指示装置,且探伤工未佩戴有效的射线检测仪与报警仪,致使被误照时全然不知。

3. 经验教训与总结

对本次辐射事故的经验教训总结如下:

　　(1) 强化自主性管理。放射工作单位的辐射防护管理属于自主性管理。加强应用单位辐射防护的自觉性和主动性,增加辐射防护知识培训,明确岗位职责,减少人为因素造成的责任放射事件。放射工作人员从事放射工作要按规定佩带个人剂量计,使用有效的射线检测仪或报警仪,定期做好个人剂量检测并建立个人剂量档案。

　　(2) 严格辐射防护法规。相关的法律、法规逐步出台,但尚缺乏整体性、系统性,仍须进一步完善;实施和具体操作应该奖罚分明,执法一定要严。对于那些由于人为因素造成的责任放射事件的人和单位,应给予警告和行政处罚。

　　(3) 增强安全文化知识。提高责任者综合素质,包括:文化素质、专业素质、技术素质、心理素质和法律意识等,只有这样才能防患于未然,有效防止此类事件的再次发生。

参 考 文 献

[1]　何仕均. 电离辐射工业应用的防护与安全[M]. 北京:原子能出版社,2009.

[2]　潘自强,程建平,等. 电离辐射防护和辐射源安全[M]. 北京:原子能出版社,2007.

[3]　郑世才. 射线检测基础讲座. 无损检测[J],2000,22(1):42-45.

[4]　γ 射线探伤机:GB/T 14058—2008 [S]. 北京:中国标准出版社,2008.

[5]　工业 X 射线探伤放射防护要求:GBZ 117—2015[S]. 北京:中国标准出版社,2015.

第 11 章　同位素仪器仪表的辐射安全与防护

同位素仪器仪表是利用放射性同位素产生的射线与物质相互作用机制来获取物质宏观信息的一种装置。同位素仪器仪表中最典型的是核子仪与核测井仪,本章主要针对这两类装置在应用过程中的辐射安全与防护进行介绍。

11.1　核子仪辐射安全与防护

核子仪是一种测量装置,它由一个带屏蔽的同位素射线源与一个辐射探测器组成,利用射线束穿过物质或发生反散射后的射线强度衰减来进行探测,为在线分析或过程控制提供实时数据,主要应用于工业过程和产品质量控制。本节首先对核子仪的基本原理及应用概况进行介绍,然后重点阐述核子仪在应用过程中的辐射安全与防护要求。

11.1.1　核子仪概述

核子仪是利用放射性同位素发出的 α、β、γ 射线或中子与物质相互作用时产生的物理效应而制成的检测、控制和分析仪表。它们具有简单、快速、不接触被测介质、不破坏测量对象等诸多传统测量仪器无法比拟的优点。目前,核子仪已经广泛应用于科学研究与工农业生产中。表 11.1 所示的是核子仪的一些典型的应用实例。

表 11.1　核子仪典型应用实例

核子仪名称	同位素	半衰期	射线	E_α(MeV)	E_β(MeV)	E_γ(MeV)	应用说明
核子测厚仪	^{85}Kr	10.8 a	β	—	0.672	—	应用于纸张、塑料与类似材料的厚度测量
	^{90}Sr	28.1 a	β	—	0.540	—	
	^{14}C	5 730.0 a	β	—	0.156	—	
	^{32}P	14.3 d	β	—	1.711	—	
	^{147}Pm	2.6 a	β	—	0.224	—	
	^{241}Am	432.2 a	α/γ	5.486,5.443	—	0.059	
料位计	^{137}Cs	30.2 a	β/γ		1.200	0.662	测量容器料位高度
	^{60}Co	5.3 a	β/γ		0.315	1.173,1.332	
	^{241}Am	432.2 a	α/γ	5.486,5.443	—	0.059	

续表

核子仪名称	同位素	半衰期	射线	E_α(MeV)	E_β(MeV)	E_γ(MeV)	应用说明
核子密度仪	^{137}Cs	30.2 a	β/γ	—	1.200	0.662	测量输送带上物料质量
	^{241}Am	432.2 a	α/γ	5.486,5.443	—	0.059	
	^{90}Sr	28.1 a	β		0.546		
中子水分计	^{241}Am-Be	432.2 a	中子	—	—	—	测量砂、土壤中水含量
	^{252}Cf	2.6 a	中子				
	^{226}Ra-Be	1 600 a	中子				
静电消除器	^{210}Po	138.4 d	α/γ	5.304		0.803	用于胶片、纺织、印刷、造纸、卷烟、塑料等行业
	^{226}Ra	1 600 a	α/γ	4.784,4.601		0.186	
	^{241}Am	432.2 a	α/γ	5.486,5.443		0.059	
伦琴荧光分析仪	^{55}Fe	2.7 a	EC	—		X射线,5.589	用于金属测量
	^{238}Pu	87.7 a	α/γ	5.500		0.044	
	^{241}Am	432.2 a	α/γ	5.486,5.443		0.059	
核子秤	^{137}Cs	30.2 a	β/γ		1.200	0.662	钢铁、矿山、食品等行业
	^{241}Am	432.2 a	α/γ	5.486,5.443		0.059	
电子俘获探头	^{3}H	12.3 a	β		0.017		用作气相层析的探头
	^{63}Ni	100 a	β		0.066		
刻度源	^{226}Ra、^{90}Sr、^{137}Cs 等	—	—	—	—	—	仪器功能和效率控制以及刻度

　　根据用途的不同,核子仪可以分为核子测厚仪、核子密度仪、核子秤、中子水分计等,下面针对这些核子仪分别进行介绍。

11.1.1.1　核子测厚仪

　　核子测厚仪是利用放射性同位素发出的射线对被测材料的厚度或单位面积质量进行非破坏性测量的装置,一般使用的同位素有^{95}Kr、^{241}Am、^{147}Pm 等,活度通常在 3.7 GBq(100 mCi)以下。

　　核子测厚仪按辐射方式分为穿透式(透射式)和反散射式两种。图 11.1 所示为穿透式核子测厚仪原理示意图。

　　穿透式核子测厚仪是利用放射性同位素放射出的射线通过被测物质时,部分射线被吸收或散射的原理制备而成。射线强度与吸收物质的厚度之间存在一定的关系,如下式所示:

$$I = I_0 \mathrm{e}^{-\mu_{en}\rho\tau} \tag{11.1}$$

式中,I_0 和 I 分别为被测材料放置前后的射线强度,单位为 Bq;μ_{en} 为被测物质对射线的质量能量吸收系数,单位为 $\mathrm{m^2/kg}$;ρ 为被测物质的密度,单位为 $\mathrm{kg/m^3}$;τ 为被测物质的厚度,单位为 m。

　　从上述公式可以看出,当放射源的源强和被测物质不变时,射线强度的变化仅与被测物质的厚度有关,因此利用射线强度和被测物体厚度之间的关系可测量物体的厚度。

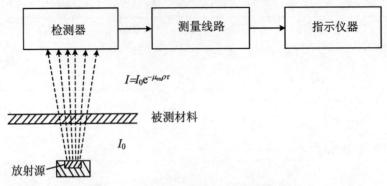

图 11.1　穿透式核子测厚仪原理示意图

反散射式核子测厚仪则是利用 β 射线或低能 γ 射线的反散射效应原理,将被反射回来的射线数目用探测器收集后,转换成一系列脉冲信号,经计算转换成厚度值。该仪器广泛地用于测量金、银、铅锡合金等镀层的厚度。

11.1.1.2　核子密度仪

根据物质对 γ 射线的吸收或散射与其密度的函数关系,可以应用 γ 射线源设计出多种形式的核子密度仪,一般情况下,核子密度仪的放射源为 ^{137}Cs 放射源,活度为 1.85 GBq (50 mCi)左右。

测量密度时,^{137}Cs 源发出 γ 射线进入被测材料,穿过被测材料的 γ 射线被探测器接收并给出计数。然后将计数进行处理,得到被测材料的密度。其原理与测厚仪类似,核子密度仪是根据被测材料的厚度确定被测材料的密度,密度计算公式如下式所示:

$$\rho = \frac{1}{\mu_{en}\tau}\ln\frac{I_0}{I} \tag{11.2}$$

对于一定厚度的材料来说,如果材料的密度较低,穿过材料的 γ 射线就较强,探测器在单位时间内的计数就较高。反之,如果材料的密度较高,材料对 γ 射线的屏蔽较强,探测器在单位时间内的计数就较低。图 11.2 为核子密度仪的原理示意图。

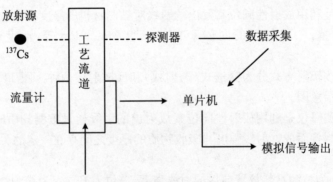

图 11.2　核子密度仪原理示意图

11.1.1.3 核子秤

核子秤是利用放射性同位素放射出来的射线通过被测物质时,发生局部吸收或散射的原理而制造的一种质量计量设备。核子秤使用的放射性核素主要是 ^{137}Cs,活度一般在 1.1~4.8 GBq(30~130 mCi)。核子秤主要由 γ 射线输出器、γ 射线探测器、速度测量装置和工控微机组成。把放射源和探测器分别放在传送带的上、下两侧,根据射线穿过传送带上物料的计数率,便可以连续称出输送物料的重量。图 11.3 所示为核子秤的示意图。

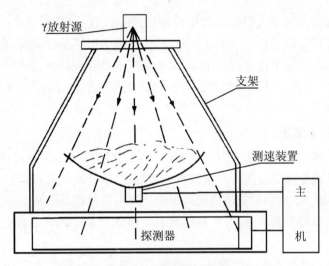

图 11.3   核子秤示意图

γ 射线输出器是一个铅罐,内装有 γ 射线源,工作时 γ 射线输出器置于"开"位置,γ 射线经输出器铅罐下方的准直孔射出,穿过物料到达探测器。探测器是一个金属外壳圆柱形的长电离室,其长度取决于输送机传送带的宽度。物料对 γ 射线具有衰减作用,物料厚处透过的 γ 射线少,物料薄处透过的 γ 射线多。γ 射线探测器根据所接收到的 γ 射线的多少给出相应的电压信号,电压信号经前置放大器放大后输出。由式(11.3)可得到输送的物料的质量厚度:

$$U = U_0 \mathrm{e}^{-\mu_{\mathrm{en}}T} \tag{11.3}$$

式中,U 和 U_0 分别为有物料和无物料时探测器的输出电压信号,单位为伏特(V);μ_{en} 为物料对 γ 射线的质量能量吸收系数,单位为 m²/kg;T 为输送的物料的质量厚度,即单位面积上的物料重量,单位为 kg/m²。

11.1.1.4 中子水分计

在工农业生产和科研部门中,经常会遇到要测定物料的水分(含水率)问题。利用中子测定水分的仪器称作中子水分计。中子水分计是由中子源、探测器和相应的计数装置组成,一般采用 ^{241}Am-Be 中子源或 ^{252}Cf 中子源,活度一般在 3.7 GBq(100 mCi)左右。

测量水分时,中子源发射的中子进入被测材料,高能中子与被测材料水分中的氢原子相互作用而降低能量成为热中子,热中子被探测器接收。被测材料含水量大,热中子数就多,探测器的计数就高,反之就低。然后,微处理机把接收到的计数进行数据处理,得到被测材料的水分量。

中子水分计种类较多,有固定式、移动式、手提式和取样式等。固定式中子水分计主要用于工农业自动化生产的过程控制,也可以用于定点连续检测的场合;移动式中子水分计多用在野外测量水分,一般安装在交通运输工具上;手提式中子水分计主要用于野外或生产现场连续检测;取样式中子水分计主要用于实验室检测工作。

11.1.2　核子仪辐射安全与防护

由于核子仪通常是在非放射性工作单位使用,使用的放射源大多是Ⅳ、Ⅴ类源,其活度一般在 0.037～37 GBq(1～1 000 mCi)水平,而且一般使用的是密封源,在正常的使用条件下是很安全的。但由于核子仪适用范围广,使用场所是非屏蔽场所,若使用不当或发生其他意外事故,都会产生危害。所以从辐射安全和防护的角度上看,同样应该给予充分的重视。在使用核子仪时既要充分注意对操作和维修人员的防护,还要避免无关人员接受意外照射。

1. 辐射源的安全要求

对于核子仪的放射源既要防止其掉出和丢失,又要防止源在使用过程因撞击、振动、过热、磨损、腐蚀或其他原因而泄露。在设计核子仪时,应尽量减少其对运行管理方面的依赖,否则由于管理上的疏忽,造成辐射事故同样也会产生不良的社会影响。

核子仪的密封源种类繁多,按其所释放的射线可分为 α 放射源、β 放射源、γ 放射源和中子源等。

(1) 常用的 α 放射源活度一般较低,而且 α 粒子的能量一般低于 7 MeV,在空气中的射程小于 6 cm,穿不透皮肤表层,故没有外照射危险。但是,如果摄入人体,即使 α 衰变核素量较少,也会造成严重的内照射。因此,使用 α 放射源必须特别注意保护源的密封性能,防止源破损丢失,避免造成放射性污染。

(2) β 粒子的穿透能力较强,70 keV 的 β 粒子即可穿透皮肤表层。常见的 β 放射源,除个别核素外,能量均大于 70 keV,故应考虑外照射防护,且 β 粒子穿过周围物质时易发生韧致辐射产生穿透能力比 β 粒子强得多的光子。因此,β 放射源防护时还应考虑韧致辐射光子的问题。

(3) γ 射线的贯穿能力很强,使用 γ 放射源应主要考虑外照射的防护。对于活度不大于 50 MBq(～1.35 mCi)的 γ 源,对工作场所的影响较小,一般可利用时间防护和距离防护。源的活度较大时应当考虑设置屏蔽层,将辐射水平降至限值以下,或采用远距离操作,尽量不接近水平较高的辐射场;必须接近时要严格控制停留时间,或采取其他防护措施。

(4) 中子的贯穿能力很强。使用中子源时应重点考虑外照射的防护,许多防护措施与使用 γ 放射源类似。同时中子在混凝土地面和厚墙上散射非常严重,经过多次散射,可以穿过曲折的通道和缝隙,因此屏蔽设计时要特别注意对迷道、穿墙管道等薄弱环节的保护。

综上所述,不同类型的密封源使用时分别有不同的安全要求。在正常使用核子仪的过程中,密封源的外照射剂量都低于国家规定的限值,甚至低到可以忽略的水平。再者,核子仪的密封源都有一定的形状和大小,可以计数,便于清点,只要在运输、存放和使用的过程中,妥善保护,严格管理,辐射事故是完全可以避免的。

2. 场所的安全要求

根据核子仪的使用方式的不同,将其分为固定式核子仪和移动式核子仪两种,它们对场所的安全要求也有差异。

在安装固定式核子仪(如料位计等)的场所,必须将放射源牢固地安装进容器,采取措施防止源丢失,并限制人员进入源容器与受检物之间的有用线束区域。少数含有Ⅲ类放射源的核子仪应有单独的照射室,其屏蔽厚度应保证相邻区人员的安全。室内、外需设置有声或光报警装置和放射性危险标志,并根据实际需要设置安全联锁装置和监视装置。

移动式核子仪的主要安全特点与固定式核子仪类似,由于外照射剂量很小,一般不需要固定的屏蔽。这类仪器通常可在无保护的情况下使用,携带方便,所以放射源损坏和丢失的可能性较大。移动式核子仪一般是在室外进行操作,可采用时间防护和距离防护,应根据放射源的辐射水平划出控制区,并设置围栏和明显的放射性危险标志或警告信号,必要时应有人员守卫,防止无关人员接近。

3. 安全操作要求

核子仪在设计制造时已经充分地考虑了操作人员和使用场所流动人员的防护,只要在正常的使用条件下并且严格按照仪器的操作规范,核子仪的使用不会对周围的人员或环境造成危害。依据《使用密封放射源的放射性卫生防护要求》中的规定,这些安全操作的要求基本与其他工业放射源安全操作要求类似。核子仪的主要辐射安全工作在于放射源的运输、维护保养和贮存这些环节,因此,做好了这些辐射安全工作,就能为核子仪使用场所的辐射安全奠定坚实的基础。

4. 安全联锁

一般含低活度密封源的核子仪无需额外的安全联锁设备。对于少数含有Ⅲ类放射源的核子仪,需要配备专门的安全联锁设备:

(1) 源部件和贮存容器都必须装配一个可以遮挡射线束的源闸,并且保证源闸关闭时,核子仪周围剂量当量率符合安全标准。当源闸的控制电路发生故障时,源闸会自动关闭。

(2) 设有信号装置。它可以清楚地表示源闸是在开启状态还是在完全关闭状态。该信号装置可以和源部件构成一体,也可以放在源附近。

5. 事故应急

核子仪应用范围广、较为分散,所用的放射源的活度相对较小,从核子仪辐射事故来看,以放射源丢失事故所占的比例最高,其次为超剂量照射、掉源和误熔源事件。由于核子仪所使用的放射源大多为Ⅳ类、Ⅴ类放射源,即使发生上述事故,也不会造成太大危害,属于一般辐射事故。但是,核子仪使用单位仍需重视核子仪的辐射安全问题,加强操作与维护人员的培训,做到持证上岗,同时要做好核子仪的台账管理记录。

核子仪的辐射事故处理与医学和其他工业辐射事故类似,在辐射事故发生后,工作单位需立即启动应急方案,采取必要防护措施,在此就不详细介绍。

11.2　核测井辐射安全与防护

核测井(又称放射性测井)是通过测量地层的自然放射性和人工核辐射与地层及井内周围介质的相互作用,从而研究地层、井内周围介质的一些物理、化学特性及油田开发过程中的动态变化的一种核地球物理方法。

11.2.1　核测井概述

核测井主要是利用 γ 射线或中子进行探测,其中 γ 测井(又称密度测井),以研究天然或人工 γ 辐射为基础,通过 γ 射线的强度来判断地层性质、确定岩性。中子测井是使用同位素中子源以测定地层孔隙度、含氢量为主的测井方法,主要包括一般中子测井、中子寿命测井和中子诱生 γ 测井(n-γ 测井)等。

γ 测井是利用光子的康普顿效应研究岩层密度的测井方法,井下仪器由一个探测器和一个 γ 源组成,又称为单源距密度测井。单源距密度测井的密度测量精度易受到孔内泥浆、孔壁泥饼等因素的影响,为了消除这些影响,一般采用长、短源距探测器,又称补偿密度测井仪。只要长短源距搭配合适,长短源距探测器计数率比值和孔隙度的关系曲线在半对数坐标上近似是一条直线,可根据此曲线来对计数进行标定,确定底层密度值,其布置如图 11.4 所示。

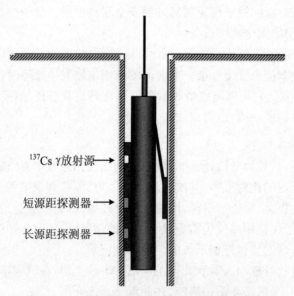

^{137}Cs γ放射源 ⟶

短源距探测器 ⟶

长源距探测器 ⟶

图 11.4　补偿密度测井的井下仪器布置示意图

密度测井主要是利用康普顿效应,所以 γ 射线强度减弱主要和康普顿效应的线性减弱系数 μ_C 有关,而 μ_C 与岩石的体积密度有关,通过测量散射 γ 射线的强度就可以反映岩层的体积密度,两者的关系为

$$I = I_0 e^{-\mu_C L}$$

(11.4)

其中 L 为射线穿透的厚度,单位为 m;μ_C 为 γ 射线发生康普顿效应的线性吸收系数,单位为 m^{-1},可由下式计算得到

$$\mu_C = \frac{Z}{M} N_A \sigma_{C,e} \rho_b \tag{11.5}$$

式中,Z 为原子序数;M 为靶核的摩尔质量,单位为 kg/mol;N_A 为阿伏伽德罗常数,其值为 $6.02 \times 10^{23}\ \mathrm{mol}^{-1}$;$\sigma_{C,e}$ 为光子与单个电子的康普顿散射截面,单位为 barn;ρ_b 为矿物密度,单位为 $\mathrm{kg/m^3}$。根据散射 γ 射线计数率与介质密度之间的关系,并在仪器中进行刻度,就可以通过测量得到的散射 γ 射线计数率直接记录出各个岩层的密度。

中子测井则是通过中子与地层中核素的弹性散射(以氢为主),将中子源产生的快中子慢化为热中子,利用探测器上的含硼材料(或含锂材料)与热中子发生反应 $^{10}\mathrm{B}(n,\alpha)^7\mathrm{Li}$(或 $^6\mathrm{Li}(n,\alpha)^3\mathrm{H}$),生成 α 粒子引发计数管内气体电离或激发荧光体发光,来完成对热中子的记录。近年来多采用 $^3\mathrm{He}$ 正比计数管记录超热中子,它是利用 $^3\mathrm{He}(n,p)^3\mathrm{H}$ 反应制成的。由于它对超热中子有较高的探测效率,所以是比较理想的探测器。中子-γ 测井则同样是快中子被慢化后,与周围的物质发生辐射俘获反应而产生 γ 射线,被安放在附近的 γ 探测器接收产生信号。在中子-γ 测井中,由于氢是主要的慢化核素,可以根据记录曲线推知岩层的含氢量,还可以依据 γ 射线的强度,判断出油、气、水层。

核测井根据放射源的形态可以分为密封放射源测井和放射性同位素示踪测井。利用密封型放射源开展的核测井技术,以其独特的优点,已成为石油、煤炭勘探和开发中必不可少的技术手段之一。根据核测井的应用场景,所采用的密封放射源的类型与活度也不尽相同,油气田测井装置使用的主要是 $^{137}\mathrm{Cs}$ γ 源(活度 $7.4 \sim 74$ GBq)、$^{241}\mathrm{Am}$-Be 中子源(活度 $70 \sim 740$ GBq);在煤田勘探测井中,通常采用 $^{137}\mathrm{Cs}$ 源、$^{60}\mathrm{Co}$ 源(活度 $0.37 \sim 4.07$ GBq)作为工作源。此外,部分核测井还使用氘氚中子管产生的中子作为工作源。

放射性同位素示踪法是利用放射性核素作为示踪剂,将其掺入流体中并注入至井内,通过流体在井中的流动而使核素分布到各种孔隙空间,利用 γ 射线测井对示踪剂进行追踪测量,确定流体的运动状态及其分布规律。

以注水井各分层的相对吸水量测量为例简要阐述同位素示踪法的原理,该方法采用放射性核素释放器携带放射性核素载体在预定井深位置释放,载体与井筒内的注入水形成活化悬浮液,地层吸水时也吸收活化悬浮液。由于放射性核素载体(微球)粒径大于地层的孔隙喉道,活化悬浮液的水进入地层,而放射性载体滤积在井壁地层表面。地层的吸水量与滤积在该段地层对应井壁上的同位素载体量及载体的放射性强度都成正比,此时所测的 γ 能谱与释放核素前的自然本底的 γ 能谱进行对比,即可得到对应吸水层中两者的幅度差,从而获取该地层的吸水量。

11.2.2　核测井辐射安全与防护

核测井简单快捷且使用方便,已在石油、天然气、煤炭等矿产资源开采中得到了广泛应用。由于核测井的使用状况较为特殊,多以野外为主,流动性大、接触人员多、工作场所和工作条件复杂,使用放射源的防护工作易被忽视或淡化,极易发生放射性事故,所以必须高度重视核测井的辐射安全和防护。

1. 辐射源的安全要求

由于井下的温度和压力较高,源的工作条件有时十分恶劣。因此测井用放射源对温度、压力和冲击的要求很高。一般条件下用的密封源很难满足这些要求,需要定制专用放射源。同时在不影响测井质量的情况下,尽量选择低强度放射源,避免不必要的照射。

测井使用的放射源有密封放射源和非密封放射源之分。密封源的安全要求在前文中已经提及,测井所用密封源与其相类似。需要特别注意的是,随钻测井是在钻探的过程中进行测量的,对仪器的防震、抗震能力提出了更加严格的要求,所以对放射源的安装、保护也比停钻测井的要求高,这样才能保证在钻进的过程中产生的强烈的震动不会让仪器中的放射源脱落。

非密封源的特点是在使用和操作的过程中它们的物理、化学性质可能变化,如升温时固体可能变成液体,液体可能变成气体。放在容器中的放射性液体,当容器损坏时液体容易漏出扩散,使操作过程中的辐射危害性增加。假如放射性物质大量的转移到工作场所或环境中,不但会使工作人员摄入放射性物质,甚至会导致居民也摄入放射性物质。

在核测井中非密封源的使用比较典型的例子就是放射性同位素示踪。采用非密封源开展放射性同位素示踪测井时,由于其使用过程中不能完全排除放射性同位素进入人体内的可能性,为了便于管理,常需要区分放射性同位素相对毒性的大小。同位素毒性愈高,造成的伤害愈大。因此,考虑到安全防护因素,在选择示踪同位素时应尽可能选用中、低毒性的放射性同位素,特别要注意,尽量不要选择亲骨性且半衰期长的放射性同位素作为示踪剂。考虑到放射性同位素的生产运输与污水污物处理,示踪剂的半衰期最长不超过 30 天,一般以半衰期为使用周期的 $1/4 \sim 1/3$ 为宜。兼顾测量精度与安全防护等因素,γ 射线的能量一般选在 0.5 MeV左右。

2. 场所的安全要求

在核测井的作业中,对场所也有相应的安全要求,核测井所使用的密封源对场所的要求与其他工业应用放射源的安全要求类似,但是非密封源由于在使用过程中物理化学性质可能变化,增加了操作过程中的辐射危害,对场所有特殊的安全要求。根据《操作非密封源的辐射防护规定》(GB 11930—2010),非密封源工作场所应实行严格的分区管理,如使用非密封源进行放射性示踪操作时,需要将辐射工作场所划分为控制区和监督区,控制区内要求或可能要求采取专门的防护手段和安全措施,以便在正常工作条件下控制正常照射和防止污染扩散,同时防止潜在照射或限制其程度。监督区位于控制区外,通常不需要采用专门防护手段和安全措施,其边界剂量应不大于 2.5 μGy/h,边界处应有"当心电离辐射"警示标志,公众不得进入该区域。

3. 安全操作要求

对于放射性仪器,不同的厂家具有不同的操作规范。但是对于密封源的操作,其基本原则是一致的,即对放射源的操作必须要保证做到安全可靠,充分考虑放射性活度、操作距离、操作时间和防护屏蔽等因素,采取最优化的防护措施,以保证操作人员所受剂量控制在可以合理达到的尽可能低的水平。

对于密封源的安全操作需满足以下要求。首先,测井人员必须熟悉放射性测井作业的全部操作过程,在装卸放射源前应检查操作工具、贮源罐和井下仪器源室等是否正常,装卸放射源时要准确迅速,严禁徒手操作。同时,测井人员必须严格遵守各项操作制度和规程,在使用过程中严禁敲、砸和冲压放射源,严防破损造成放射性污染。其次,在进行无机械化操作时,根据源的不同活度,应选择符合要求的工具。对于活度大于 200 GBq 的中子源和大于 20 GBq 的 γ 放射源,操作工具柄长不小于 100 cm;活度小于 200 GBq 的中子源和小于 20 GBq 的 γ 放射源,操作工具柄长不小于 50 cm。放射性测井仪器置于井下的部分(井下仪器)因其中装有放射源,应使用柄长度不小于 50 cm 的工具擦洗。井下仪器进出井口时,应使用柄长不小于 100 cm 的工具进行操作。此外,对放射源外壳、弹簧、密封圈或盘根等进行特殊操作时,应有专用操作工具和防护屏蔽等设备,防护屏蔽靠人体一侧的空气比释动能率应小于 1 mGy/h。

对于非密封源安全操作,按照《操作非密封源的辐射防护规定》,需要根据所操作的放射性物质的量和特性,尽可能地采用密封操作代替非密封操作,如在通风柜、工作箱或手套箱内进行;对可能造成污染的操作,应在易于除污的工作台面上进行。操作过程中所用的设备、机械、仪表、器械和传输管道应符合安全和防护要求,如吸取放射性液体的操作应使用合适的负压吸液器械,防止液体溅出、溢出;储存放射性溶液的容器应由不易破裂的材料制成。伴有强烈照射的操作,应提高操作熟练程度,缩短操作时间;尽可能地增加操作距离,利用合适的屏蔽或使用长柄操作机械等防护措施。

4. 安全联锁

核测井仪器的安全联锁原理与探伤仪、核子仪等类似,但由于操作主要在井下进行,因此安全联锁要求更低。

5. 事故应急

核测井应用中放射源移动性大,多为野外工作,典型的测井放射源 ^{241}Am-Be 为Ⅲ类放射源,活度较高,其事故等级一般为较大辐射事故。测井辐射事故中放射源丢失事故所占的比例高,其次发生的辐射事故多为放射源卡井或落井事故、超剂量照射事故。测井放射源丢失事故的处理与核子仪类似,而测井放射源卡井、落井时由于所处位置较深,一般不会对人员和环境造成危害,但放射源在井中打捞非常困难,有时会造成较大的社会影响,因此应尽量避免。

为有效降低放射性测井中辐射事故发生率,核测井单位应制定和实施切实有效的措施防止放射源卡井、落井,如在测井前进行充分的模拟操作,加强放射源的安全使用。同时提升工作人员安全意识和责任心,严格落实核测井操作规程,也可有效防止放射源卡井、落井。核测井所用放射源的运输,应严格按照《放射性物质安全运输规程》中的具体规定执行,防止放射源的丢失。

测井过程中,若遭遇辐射事故,应严格遵守法律法规,及时逐级上报(包括卫生部门、公安部门、环保部门等)。事故处理人员要和有关人员协商处理事故的方法,为钻井部门提供落井仪器的详细情况,如放射源在仪器上的安装位置、安装情况、源室的位置、源的耐温、耐压、耐冲击等技术参数及落井仪器的结构和几何尺寸,并提供必要的测井数据,比如事故深度、井温、井径、周围岩性等数据,积极配合钻井部门,制定合理的打捞方案。在事故处理期间还应注意人员安全,尤其是参与事故处理的人员应佩戴好放射性剂量计、穿好防护服,备好处理工具,防止受到照射伤害。

发生放射源落井、卡井事故时,首先看钻孔深度,若深度为 800 m 以内的较浅的钻孔,首先应考虑保护电缆,套筒上要割出开槽将电缆压进,慢慢推送至事故处套取,将其提至井口,完成事故处理;深度超过 800 m 的钻孔定性为深孔,稳定性差、岩性变化大,发生事故后先吊取探管2~3 小时,之后突然加力提起,如果未能提起,需人为剪断电缆,并处理井中剩余电缆,处理完成后应在井口设置永久性标志牌,标志牌上应有放射源的种类、性质、强度和落井日期、落入深度等内容,并对该钻井进行深埋处理。

11.3 典 型 案 例

本节通过叙述核子仪、核测井的辐射事故典型案例,来分析事故发生的原因,并对事故经验和教训进行了总结。

11.3.1 石油测井放射源落井事故

该事故是石油测井过程中,由于操作人员失误而造成的放射源脱落事故,放射源属Ⅲ类放射源。依据辐射事故等级分类,该事故属于Ⅲ类放射源失控,为较大辐射事故。

1. 事故过程

2006 年 5 月 12 日 21 时,某测井公司某测井队,在执行某分公司陕北油气项目管理部的测井施工任务过程中,由于夜间作业加上操作人员失误,造成中子放射源(裸源)落井。放射源落井事故发生后,事故单位没有按照规定向监管部门报告,内部商定了打捞方案,采用辐射监测仪器探测到放射源落在井下 1 268.5 m 处。23 日上午,市安监局在接到举报后才得知此次事故,并及时向市环保局报告。市环保局接到放射源落井事故通报后,立即向省环保厅电话报告,请求技术援助。

省环保厅在接到市环保局初步调查的报告后,于 23 日下午 16 时分别向省政府和国家环保总局报告事故发生情况。后根据对事故单位的调查证实,该落井放射源为一枚活度 592 GBq(16Ci)的 ^{241}Am-Be 中子源,属于Ⅲ类放射源,因对该枚放射源实施的打捞失败,属失控状态,按照《放射性同位素与射线装置安全和防护条例》的有关规定,此次事故定性为较大辐射事故。事故单位携带放射源到陕西省开展放射性测井工作,未按国家有关规定向省环境保护厅备案。测井公司经过精心准备,于 6 月 23 日按照方案实施打捞,在连续进行 8 次打捞后,28 日 14 时,测井公司宣布打捞失败,并向事故调查组上报打捞失败的书面报告。6 月 29 日,测井公司对事故油井采取了封井措施。

从 6 月 23 日起,延安市环保、安监、公安、卫生等部门及县人民政府对落井放射源打捞和封井工作进行了现场监督,省辐射环境监督管理站技术人员对打捞过程辐射环境进行了监测,确定打捞过程未对放射源造成破坏,井场及周边环境没有放射性污染。随后富县人民政府在事故发生地设置了永久警示标志。

尽管没有造成环境的放射性污染,但造成了当地群众的恐慌情绪。7 月 21 日,县人民政府在事故现场组织召开了落井放射源辐射环境影响通报会,县政府有关部门、省辐射站、核工业 203 所的辐射防护专家和当地群众 150 人参加了通报会。政府的公告和通报会打消了群众的疑虑,起到了宣传法律法规和普及放射性知识的作用。此次放射源落井事故造成事故单位的直接经济损失 50 万元,浪费了大量行政和社会资源。

2. 事故原因分析

此次放射源失控事故直接原因是由于夜间作业,现场照明条件差,操作人员使用长竿夹具拆卸放射源发生操作失误,未能锁定放射源,长竿夹具与井架磕碰后,放射源脱落,滚落至因井盖与井盘不配套产生的缝隙中,造成放射源(裸源)落井。

事故的根本原因一是事故责任单位的安全生产意识薄弱,测井准备工作不充分,且工作人员违反测井操作规程作业;二是事故单位在发生事故后隐匿不报,错失了打捞放射源最佳时间,也未采取有效打捞措施,最后导致放射源无法打捞,只能在论证后采取封井措施。

3. 经验教训与总结

本次的测井放射源丢失为从事核测井工作提供了宝贵的经验总结。

(1) 本次事故发生的重要原因是在夜间照明条件不好的情况下实施作业。放射性测井工作应选择良好的工作环境和条件,避免在夜间、雨天等时间作业。

(2) 本次事故发生后,施工单位存在较为严重的瞒报辐射事故行为。发生辐射事故时,生产、销售、使用放射性同位素和射线装置的单位应当立即启动本单位的应急方案,采取应急措施,并立即向当地环境保护主管部门、公安部门、卫生主管部门报告。

(3) 本次事故引发较为严重的社会影响。要加强法律、法规和辐射安全与防护知识的宣传,正确引导媒体报导,增强守法意识和对放射源危害及防护知识的了解。

11.3.2　疏于管理而造成 6 组放射源丢失事故

该事故是由于管理不善而造成放射源丢失事故,虽然每组放射源的活度较低,但由于数量较大,总活度达到了 70.32 GBq(1.9 Ci),属于Ⅲ类放射源,因此该事故定性为较大辐射事故。

1. 事故过程

某自动化仪表厂于 1994 年 7 月,向某研究院同位素研究所购置 6 组放射源,每组源含 ^{241}Am 11 GBq(292.4 mCi)和 ^{137}Cs 0.72 GBq(19.4 mCi),总活度达 70.32 GBq(1.9 Ci)。1997 年 6 月 27 日,当该厂欲转卖放射源时,才发现源罐全部不翼而飞。厂方未及时报案,自行查找,直至 7 月 14 日上午才向所在地派出所报案。

1997 年 7 月 14 日,省、市卫生、公安部门接到事故报告后,立即赶赴现场,迅速立案侦查。于次日凌晨将 2 名盗窃嫌疑人抓获。根据公安部门的审讯结果,7 月 16 日下午,该市公安局和市卫生防疫站专业人员一起,在某经贸公司废旧金属场,通过辐射仪探测,找到一个铅罐及连带的一组放射源并将此源保存于某市卫生防疫站放射源库内。7 月 17 日,省、市卫生公安部门有关领导及专业技术人员,按照某经贸公司提供的线索,赶赴某化工厂,现场测出高于当地天然辐射水平几十倍的放射性污染。9 月 4 日,卫生部有关专家及省放射防护所领导和专业人员再次赶赴该化工厂,通过一起检测,在该厂氧化炉膛内发现一组辐射剂量很高的放射源,经能谱测试鉴定为 ^{137}Cs 放射源,其量与仪表厂丢失的铯源量相当。至此仪表厂丢失的 6 组 12 枚放射源有 2 组 4 枚已确认找到,其余 4 组 8 枚放射源尚待查找和确认。

1998 年 2 月 24~27 日,在卫生部有关负责人和专家的指导下,省卫生厅辐射事故调查处理小组会同省公安厅,按新的清查方案对现场进行了第三次全面细致的清查。24 日下午对原收购装有放射源铅罐的经贸公司周围环境及有关情况进行调查,未发现新情况。25

日、26 日进入某化工厂现场,对原料堆放场所、熔铅炉、氧化炉、炉渣、废弃物、厂区周围垃圾及有关人员的家庭进行寻查、寻访和探测,未发现有辐射水平增高的异常现象。其中,重点对污染的 28 袋红丹粉中放射物的总量进行了翻检测试和计算。

该自动化仪表厂丢失的 6 组 12 枚放射源中,仅有 2 组 4 枚得到确认,其余放射源下落不明,至今仍有 4 组 8 枚放射源流失社会,在其后长达数千年的时间里,都可能造成严重的放射性污染及伤人事故,其后果难以预测。

已受到放射性污染的红丹粉重量达 1 400 kg。红丹粉主要用作防锈油漆的添加剂,经逐一测试分拣,将 27 袋红丹粉及少许炉渣送至废品库贮存,因处理费约需 20 万元,无法落实,只好就地查封至今。有关部门花费了大量的人力、物力和财力,各级卫生部门耗资约 10 万元。

2. 事故原因分析

(1) 无证使用放射性同位素,置身放射防护监督管理之外。该厂 1994 年 7 月购进 6 组放射源后,在使用、贮存过程中均未办理许可登记手续,也未向监管部门报告,除置身监督管理之外,违章操作,不具备使用、贮存放射性物质的条件,而未受到有效制止,是发生放射源被盗丢失的重要原因。

(2) 法制观念淡薄,不负责任,管理混乱。该厂前任领导在购置放射源之前,曾向市卫生、公安部门申报并获同意,但在 6 组放射源进厂后,没有向卫生防护机构申请进行检测评价,也不办理任何审批手续,在不具备使用、贮存条件和无防护的情况下,擅自使用、明知故犯、严重违法。原任厂领导离职时,没有办理任何交接手续,对如此重要的放射性物质,不作任何交代;现任厂领导,在明知放射性物质有害,且从原技术厂长办公桌中看到市卫生防疫站的批文后,仍未引起足够重视,没有采取有效措施加强管理,没有指定专人保管,没有登记建账,缺乏防范措施,没有与卫生监督部门联系,只是将放射源从机架上拆下,放在一个不能加锁的旧冰柜内,以致任何人都可以轻易地将其拿走。

(3) 监督管理存在问题。当时国务院条例发布已有 8 年时间,但是社会广大群众对放射防护法规和防护知识仍很不了解。该厂使用贮存高达 70.32 GBq(1.9 Ci)的放射源,却没有采取安全防护措施,而且无证购置、使用、贮存放射性同位素,游离放射防护监督管理之外达 3 年之久。

综上所述,该自动化仪表厂领导及有关人员,法制观念淡薄、责任心不强、管理不善、无安全防范措施是导致放射源丢失的主要原因。

3. 经验教训与总结

(1) 放射工作许可制度是保证放射工作安全的重要措施,近年发生的辐射事故表明,凡未纳入许可管理的放射源,极易发生放射源被盗丢失事故;

(2) 发生丢源事故后,使用单位未按《放射事故管理规定》及时上报卫生、公安部门,耽误了查找的最佳时机,大大增加了查找的难度,扩大了事故造成的危害;

(3) 发生事故的单位领导和有关技术人员对放射源危害认识不足;

(4) 本次事故的重要教训之一,是放射源生产、销售的源头管理不严,因此绝不允许将放射源销售给无许可证的单位,杜绝自由买卖放射源现象,应做到索证销售,持证使用;

(5) 对闲置不用的或退役的放射源要及时处理,或按有关规定,在监督管理部门的监督指导下,妥善保管,不得随意处置。

参 考 文 献

［1］ 何仕均.电离辐射工业应用的防护与安全[M].北京:原子能出版社,2009.
［2］ 李德平,潘自强.辐射防护手册.第三分册,辐射安全[M].北京:原子能出版社,1990.
［3］ 安装在设备上的同位素仪表的辐射安全性能要求:GB 14052—1993 ［S］.北京:中国标准出版社,1993.
［4］ 电离辐射防护与辐射源安全基本标准:GB 18871—2002 ［S］.北京:中国标准出版社,2002.
［5］ 使用密封放射源的放射性卫生防护要求:GB T16354—1996 ［S］.北京:中国标准出版社,1996.
［6］ 操作非密封源的辐射防护规定:GB 11930—2010 ［S］.北京:中国标准出版社,2011.
［7］ 石油放射性测井辐射防护安全规程:SY 5131—2008 ［S］.北京:中国标准出版社,2008.
［8］ 放射性物质安全运输规程:GB 11806—2004 ［S］.北京:中国标准出版社,2004.

第 12 章　核设施的辐射安全与防护

核设施是指规模生产、加工或操作放射性物质或易裂变材料的设施,主要包括核燃料开采与加工设施(如铀富集、铀/钍加工与燃料制造设施),核反应堆和临界装置,乏燃料后处理厂等。核设施的安全运行与有效防护是促进核能开发和核技术利用的根本保证。本章将按照核燃料的生产、使用和后处理流程,简要介绍各过程中核设施的辐射安全与防护问题。

12.1　核燃料的开采与加工

核燃料是指可在核反应堆中通过核裂变或核聚变产生核能的材料,如^{235}U、^{233}U、^{239}Pu等裂变核燃料,^3H、^6Li等聚变核燃料。^{235}U是自然界中存在的易裂变核燃料,可直接在反应堆中使用。本节以铀为例介绍核燃料开采与加工中的安全与防护问题。

12.1.1　铀矿的开采与加工简述

天然铀有三种同位素,丰度最高的是^{238}U,占天然铀总量的 99.28%;其次是^{235}U,占 0.714%;^{234}U最少,占 0.005 48%。^{238}U是一种长寿命放射性元素,半衰期约为 45 亿年,经 12 代衰变生成稳定核素^{206}Pb,衰变过程中释放的 α、β 和 γ 射线能引起内、外照射。铀燃料的生产工序主要包括铀矿开采和铀加工。

12.1.1.1　铀矿开采

铀在各类岩石中的分布不均匀,火成岩中含量较高,并随岩石中的硅土含量增加而增加;在水成岩中含量较低,约为火成岩的一半。铀矿开采是指从地下矿床岩石中开采出工业品位的铀矿石,或将铀经化学溶浸生产出液体铀化合物,图 12.1 所示为新中国开采出的第一块铀矿石。目前铀矿开采的主要方法可分为三种:露天开采、地下开采和地下浸出。

露天开采是按一定程序先剥离表土和覆盖岩石使矿石出露,然后进行采矿,如图 12.2 所示,这种方法主要适用于埋藏较浅的矿体。由于露天开采的生产率高、矿石回收率高、排水容易、采矿也相对更安全,因此铀矿首选露天开采的方式。但露天开采的粉尘污染严重,而且随矿体埋藏深度的增加,露天开采的剥离工作量逐渐增加,成本提高。

地下开采是指通过井巷工程从地下采出矿石,其工艺过程比较复杂。地下开采适用于埋藏深度距地表(含山坡表面)超过 200 m 的矿床。目前,我国大部分铀矿山都采用这种方法开采。地下开采方法主要有:空场采矿法、充填采矿法、支柱采矿法和崩落采矿法等。

图 12.1 新中国开采出的第一块铀矿石：开业之石

图 12.2 露天开采

地下浸出是将采矿与矿石的浸出过程相结合的方法，包括原地浸出法、原地爆破浸出法和地下堆浸法。原地浸出法主要应用于疏松的砂岩性矿床，从地面把浸出剂注入矿床进行浸出。原地爆破浸出法是对适当大小的矿体进行挤压爆破，矿体被破碎和崩落（移动）到已安排好集液装置的位置进行浸出。原地爆破浸出法主要用于稳定性差和较破碎的矿体，也可以用于坚硬的花岗岩矿体。地下堆浸法是指在地下设置堆浸场，将开采的矿石运送到地下设置的堆浸场中浸出。

12.1.1.2 铀加工

铀加工一般包括铀矿冶炼、铀转化、铀浓缩和烧结等过程。本节介绍核燃料元件制造过程中铀的主要加工过程，如图 12.3 所示。

铀矿冶炼主要包括矿石磨矿、矿石浸出、矿浆的固液分离和溶液纯化、沉淀、洗涤、压滤、干燥等一系列工序。为便于浸出，首先必须将开采出的矿石破碎磨细使铀矿物充分暴露；然后，借助特殊化学试剂（即浸出剂）或其他手段将矿石中的目标组分选择性地溶解出来，再将矿浆进行固液分离，得到含有铀的浸出液。由于浸出液中铀含量低，杂质含量高且种类多，所以必须对浸出液进行纯化处理去除杂质，从而保证铀的纯度，通常采用离子交换法（又称吸附法）或溶剂萃取法实现这一过程，处理后得到铀沉淀物。最后将沉淀物进行洗涤、压滤、干燥，得到铀含量较高的中间产品，作为下一步工序原料，此中间产品即铀化学浓缩产物，俗称"黄饼"（U_3O_8）。

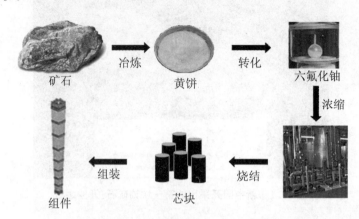

图 12.3　核燃料元件制造过程中铀的主要加工过程

　　铀转化主要是指在核燃料生产及循环过程中铀及其化合物的化工转换过程,其目的是生产军用或民用的核燃料。铀转化主要有三类:第一类是天然铀、浓缩铀和贫化铀到二氧化铀、六氟化铀或金属铀的制备过程;第二类是铀同位素分离后的六氟化铀还原制备四氟化铀、二氧化铀、金属铀或八氧化三铀的过程;第三类是堆后燃料的铀化合物转化过程,其中天然铀的转化占有很大的比重。由于六氟化铀是可用于铀同位素气体分离的唯一稳定的气态铀化合物,故将铀转化成六氟化铀已成为世界各国天然铀加工的重要过程。

　　铀浓缩是指为提高铀浓度所进行的铀同位素的分离活动,其目的是为提高铀的相对浓度,从而为反应堆提供符合浓度要求的铀燃料。目前铀浓缩方法有气体扩散法、气体离心法、气体动力学分离法、电磁分离法和化学分离法等,其中气体扩散法和气体离心法成熟度高,被工业上普遍采用。

　　铀经过提纯或浓缩后并不能直接用作核燃料,必须经过一系列化学和物理处理,将六氟化铀转化成二氧化铀粉末。烧结是指将二氧化铀粉末转变为致密陶瓷的过程,包括球磨、筛分、混合、冷压成形、烧制、研磨、检验和清洗等一系列工序。烧结得到的氧化铀陶瓷即是核燃料芯体,其具有优异的物理和热工性能。

　　核燃料元件一般由芯体和包壳组成,如图 12.4 所示。由于它长期在高放射性、高能量密度、高流速甚至高压的苛刻环境下服役,所以对芯体和包壳材料的设计、加工、制造都有很高的要求。核燃料元件种类繁多,按几何形状可分为柱状、棒状、环状、板状、条状、管状、球状和棱柱状等元件;按反应堆用途又可以分为实验堆元件、生产堆元件和动力堆元件。

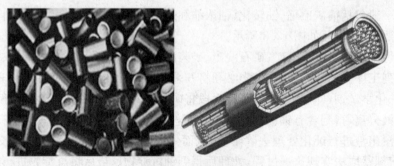

图 12.4　核燃料元件

12.1.2　铀矿开采过程中的辐射危害及防护

由于铀矿开采的作业环境中存在放射性,因此必须对工程开采过程中的人员和环境进行防护。

12.1.2.1　铀矿开采过程中的辐射来源

铀矿开采过程中辐射危害的主要来源是天然铀及其子体和氡及其子体。

天然铀衰变产生 ^{234}Th 和 ^{234}Pa 等子体,在此过程中会放射出 α、β、γ 等射线。天然铀比活度为 2.52×10^4 Bq/g,^{234}Th 比活度约为 8.58×10^{14} Bq/g,^{234}Pa 的比活度约为 4.34×10^{17} Bq/g。

在铀矿开采过程中,如凿岩、爆破、装运、破碎等都能产生游离的铀矿尘,被吸入人体后会造成内照射危害。铀矿开采还存在放射性表面污染,主要是含铀的矿泥、矿水、矿尘等对作业人员的体表和衣物、设备、墙壁与地面等造成 α、β 放射性污染。这些污染往往超过国家标准,特别是 α 放射性污染涉及的面很广,对生产环境、公共场所、生活区均有不同程度污染。因此,必须限制污染范围的扩大,并做好防止和消除污染的措施。同时,铀矿石聚集可能会产生穿透力强的 γ 射线对人体造成外照射危害。铀矿井下 γ 射线的强度取决于铀矿品位的高低。调查结果表明,开采品位在 0.1% 以下的铀矿中 γ 射线剂量很小,外照射剂量低于国家规定最大限值。但对铀品位在 0.3~0.6% 的铀矿中 γ 外照射应予重视。当铀品位在 1% 以上时,γ 射线剂量易超国家规定最大限值,必须采取有效辐射防护措施,确保安全。

铀还具有重金属化学毒性,易溶的铀化合物容易随血液扩散,主要积存在肾、骨等器官或组织中,少量积存于肝脏中,含氟和氯的铀化合物可以对肝脏造成不同程度的损害。

镭通常与铀矿伴生,其衰变产物是氡。氡是一种惰性 α 放射性气体。矿井中的氡主要来源于矿岩表面,其次是矿井水。实验表明,矿岩品位越高、暴露面积越大、孔隙越多、风化破碎越严重、井下空气压力越小,析出的氡就越多。氡衰变过程中产生的放射性子体以气溶胶状态与氡同时存在于空气之中,被人体吸入后可能会对内脏产生严重危害,容易引发肺癌。氡及其子体也存在于铀矿开采中产生的放射性的矿泥和矿水中,进而沾染在作业人员的体表、作业设备表面,对工作人员产生危害,需采取有效的辐射防护措施。

12.1.2.2　铀矿开采过程中的主要防护措施

应根据铀矿开采过程中的辐射危害来源,采取相应的防护措施,降低铀和氡的放射性危害。

1. 铀放射性危害防护措施

铀矿开采过程中排出的废水、废渣和废气含有铀、镭、钍和氡等放射性物质和其他有害物质,必须进行严格治理。对含铀、镭的废水可采用吸附法或离子交换法进行处理,达到国家标准后才允许排放到环境中。从含铀量较高的矿井水中回收铀也是一种有效的处理方法,不仅防止了环境污染,而且还可以提高铀资源利用率。废石和尾矿渣可用作充填料回填采空区,对于不宜用作充填料的废料要存放在尾矿池内妥善管理,防止扩散。矿井和水冶厂排出的废气需经净化处理,达到国家排放标准后才允许排入大气中。

防止铀尘危害也是铀放射性危害防护中的一项重要工作,其主要手段是尘源控制和加强通风。尘源控制是使生产中不产生或尽量少产生粉尘,并同时采取密闭抽尘、喷雾洒水等方法防止粉尘扩散。对于扩散在空气中的粉尘,必须采用通风方法将其稀释排除。因此,铀矿井中通风很重要,所需通风量可根据铀尘和放射性气体析出量计算得出,其通风量一般要比普通金属矿山大 4～6 倍。近年来,抽出式通风应用广泛,其优点是使作业场所处于较高负压状态,能及时排出放射性气体和铀尘。

2. 氡放射性危害防护措施

降低矿井空气中氡及其子体危害的途径主要有两种:一是减少氡的析出量;二是将析出的氡及其子体采用通风的方式排出。采矿过程中需采用一系列方法,以降低氡析出量,如减少矿岩暴露面积、减少矿石在井下的存放时间等。在开采中,采用钻探代替坑探,尽量把井巷布置在含铀、镭品位较低的围岩中。在穿过矿体的井壁上喷涂混凝土、沥青、水玻璃、偏氯乙烯共聚乳液等防氡覆盖层。通过这些措施,控制氡的子体 α 潜能浓度小于 4 WLM。

氡也可能从矿井地下水中析出,其析出量不仅与水的流量和水中氡的浓度成正比,而且还与巷道空气中氡浓度有关。因此,必须加强矿坑污水管理,水沟和水仓都要加上盖板,防止从水中析出的氡逸出到环境中。

水冶厂空气中氡浓度一般都不高(原矿仓、破碎车间除外),只要加强通风就可以排除。但是,浸出塔、吸附塔和沉淀池的沉积物中镭的含量比较高,氡的析出量较大,要及时排除。

铀矿开采中,同时需加强个人防护和卫生,防止放射性物质从呼吸系统、消化系统和皮肤渗入体内。进入工作区前必须穿戴工作服和高效口罩等防护用品。工作中要遵守制度,按章作业,不得在矿石堆上睡觉或休息。皮肤受伤要及时处理,防止放射性物质由伤口进入体内。工作结束后要洗手、洗澡、漱口,并把工作服存放在浴室内,防止放射性物质带回生活区。要经常修剪指甲,定期进行健康检查。此外,应合理布置生活区,防止放射性物质对工人村和居民区的污染。不应采用放射性大于 3.7 Bq/g 的含铀矿岩和水冶厂尾渣做建筑材料。

12.1.3　铀加工过程中的辐射危害及防护

铀矿的加工活动均可能存在放射性危害,有些活动还存在化学毒性危害,本小节将简单介绍各活动过程中的辐射危害来源及相应防护措施。

铀矿冶炼过程中主要危害是化学毒害,放射性危害比较小,主要防护措施是注意避免放射性物质和化学试剂沾污。同时,做好防尘工作,注意个人卫生,做好三废处理。

铀转化过程中主要危害是气态六氟化铀及其他铀化合物的放射性和化学毒性,尤其需高度注意气态六氟化铀的泄漏。操作人员需穿戴辐射防护服及口罩等,做好个人防护。设备中应设计防泄漏及泄漏报警装置,同时需防止容器和工具等交叉污染。

铀浓缩过程中主要危害是气态六氟化铀的化学和放射性危害以及局部富集铀可能造成临界事故问题。例如,1999 年日本某铀处理设施曾发生一起超临界事故。事故原因是工作人员将不锈钢桶中富含^{235}U(铀富集度为 18.80%)的硝酸盐溶液倒入沉淀槽中,引发了链式核裂变反应,发生临界事故,造成 2 名工作人员因受到了核裂变产生的中子和 γ 射线大剂量严重照射死亡。因此,生产过程中不仅需要采取必要的放射性防护措施,还需制定严格的操作规程和监督体制防止发生临界事故,同时做好铀化合物的运输、贮存安全防护工作,并做好事故的紧急处理预案。

12.2　反应堆和临界装置

　　经过半个世纪的发展,我国核反应堆已从临界装置发展到不同堆型的多种动力堆。这些装置作为我国核能安全利用的核心,其防护质量和可靠性极为重要。

　　核电厂是利用核能发电的电厂,包括核岛及常规岛,核岛里面最核心的是用于产能的核反应堆。目前国际上广泛商业化的核电厂主要包括压水堆核电厂、沸水堆核电厂和重水堆核电厂。研究堆是用于基础研究或应用研究的核反应堆,其功率水平小的可到 30 kW,如中国原子能科学研究院的微型中子源堆(Miniature Neutron Source Reactor,MNSR)。大的可到达 65 MW,如中国实验快堆(China Experimental Fast Reactor,CEFR)。临界装置是一个在低功率水平维持可控链式反应,用于研究堆芯核燃料布置和组成,进行临界实验测量和理论验证的实验装置。在建研究堆之前必须先建临界装置,利用临界装置来开展各种实验,获取大量基础数据,用以验证理论计算的正确性,并为后期建设研究堆提供重要依据。在建示范核电厂之前必须先建研究堆,用以研究核电技术的可行性。因此临界装置、研究堆和核电厂之间一脉相承,它们都是具有核燃料的设施,只是工程复杂程度不一样,所以潜在的危害也不一样。

12.2.1　研究堆和临界装置的危害来源及防护

　　研究堆及临界装置正常运行时对公众的危害极小,可不考虑。只有当其发生大量放射性物质泄漏到环境中时才需要考虑,此类事件发生概率极小,只要采取适当的应急措施就可避免对公众造成影响,所以在此仅对职业危害及防护进行简单介绍。

12.2.1.1　研究堆和临界装置的辐射危害来源

　　研究堆或临界装置对职业人员的危害来源于正常运行时的中子及 γ 辐射、放射性气/液体的泄漏和临界事故下可能的短时大剂量照射。

　　研究堆或临界装置运行时的辐射危害主要是中子辐射及中子照射其他材料产生的次级粒子(如光子)等。如果研究堆或临界装置的屏蔽设计保护不足,堆内的中子或 γ 射线穿过堆外屏蔽层后可能对处于控制区的人员造成一定的辐射伤害。为了防止工作人员受到不必要的辐照伤害,需对研究堆或临界装置所在区域进行监督和管理,控制人员受到的辐射剂量。

　　研究堆或临界装置存在潜在放射性的气体和液体的泄漏危害。研究堆中放射性气体主要是堆内裂变时释放的裂变产物及中子活化产物,包括碘、氙、氚等。放射性液体主要包括堆内冷却水、净化系统处理后的废水和其他被放射性物质污染的水等。研究堆的放射性气体和液体一般通过气体净化系统和液体净化系统处理,检测低于国家排放限值后才能排放到环境中。对于工作人员最大的潜在危害就是净化系统的意外泄漏,或误操作产生的放射性气体或液体泄漏。这要求设计的时候必须考虑多道防护屏障,同时要求工作人员有丰富的专业知识和严格的安全意识。临界装置因为功率非常低,所以不需要考虑放射性气体和放射性液体的潜在泄漏危害。由于临界装置设计及防护相对简单、屏蔽简易,实验人员误操作的情况下有可能发生临界事故。一旦发生就可能会使相关实验人员受到短时大剂量的照射。如1945年洛斯阿拉莫斯国家实验室的科学家不小心将一块碳化物掉到一个钚球上,使系统达到了临界,导致其受到致命剂量辐射而死亡。

12.2.1.2　研究堆和临界装置的防护措施

为了避免工作人员受到不必要的辐射伤害,必须做好以下四项工作:一是严格遵照法律法规执行研究堆和临界装置的设计、建造、运行、退役等每个环节的工作,确保研究堆和临界装置具有高安全特性;二是实时监测研究堆和临界装置周围的辐射状况,提前发现潜在危害,避免工作人员受到不必要的辐射危害;三是定期或不定期检查系统设备,确保设备正常工作,同时严格实验操作规程,杜绝辐射事故发生;四是严格做好个人辐射防护工作,进入到有辐射的区域必须穿戴好辐射防护服、手套并佩戴个人剂量计等。

为避免误操作引起的事故,除在临界装置中采取必要的防护措施外,还需在系统中设置安全联锁程序。临界装置启动前,安全联锁程序自动对所有运动部件及仪器状态进行检查,不满足初始条件,临界装置无法启动。运行过程中严格的安全联锁程序使得操作员只能按照预定的安全规程操作,任何违反此程序的操作均无效,从而避免误操作引起的临界装置安全问题。

12.2.2　核电厂的辐射防护

核电厂辐射防护的目标及原则是使核电厂工作人员和公众在核电厂正常运行、假想事故及停堆换料或维修等期间受到的辐射照射剂量在限值以内,并且合理可行尽量低。图12.5为我国第一座核电厂。

图12.5　我国第一座核电厂:秦山核电(1991年并网发电)

12.2.2.1　核电厂的潜在危害

核电厂正常运行期间主要放射性来源有:堆芯直接辐射(中子、γ)、冷却剂的活化、包壳破损引起的裂变产物泄漏和反应堆冷却剂中腐蚀产物的活化、被放射性污染的液态物质(如设备污水、净化水等)和固体物质(如废弃设备、工具、手套等)以及乏燃料水池等。

当核电厂发生特别严重事故时,核电厂可能向环境释放放射性气体碘、氙、氪等物质。值得一提的是,目前的核电技术使得核电厂发生大量放射性物质释放的概率是非常低的,约一百万台核电机组运行一年才有可能发生一次核事故。

12.2.2.2　公众防护

核电厂正常运行情况下对厂址周围的公众危害是非常小的,研究表明:居住在一个百万千瓦功率水平核电站周围的公众一年内受到来自核电的辐射剂量只相当于在医院做一次胸透辐射剂量的一半。所以核电站正常运行时公众完全不必担心受到来自核电站的辐射。国家标准规定核电站对公众带来的年辐射剂量限值是 1 mSv,约束值是 0.25 mSv(约束值是指国家期望核电厂给公众带来的年辐射剂量优化上限值)。而我们生活的环境中的本底辐射剂量水平平均值是 2.40 mSv,因此核电厂正常运行时公众无需任何防护。

核电厂事故并非都会对环境造成危害,只有当核电厂各防护屏障都被破坏时才有可能向环境释放放射性物质。从 20 世纪 50 年代开始到现在,核电已经发展了 60 多年,一共出现三次重大核事故,分别是:1979 年发生在美国的三里岛核事故、1986 年发生在苏联(现乌克兰)的切尔诺贝利核事故和 2011 年发生在日本的福岛核事故。三里岛核事故并未造成严重的后果,既没有造成人员死亡,也没有出现大规模的放射性泄漏。切尔诺贝利核事故则是核电历史上最为严重的一次核事故(图 12.6 左),也是人类历史上最为严重的一次工业事故。在这次核事故中释放出来的放射性物质相当于广岛原子弹爆炸产生的 400 倍,直接受辐射尘污染的面积达 20 万平方公里。自 1986~2000 年间,大约有 35 万乌克兰、俄罗斯、白俄罗斯等地居民被迫迁出受辐射污染的家园。福岛核事故虽不如切尔诺贝利核事故严重(图 12.6(右)),但也造成了放射性泄漏,约 1.5 万人累积辐射剂量超过 5 mSv,约 1700 余人累积辐射剂量超过 50 mSv,约 170 余人累积辐射剂量超过 100 mSv。到目前为止,还有 13 万人无法回到自己的家中,令人欣慰的是事故中没有人员因直接辐射而死亡。

图 12.6　切尔诺贝利核事故现场(左)和福岛核事故现场(右)

在核电厂发生严重事故情况下,作为居民一般无法得知核电站内的具体情况,因此公众需听从指挥。例如发生事故后避免饮用附近的水或食用附近的蔬菜,同时关好门窗,避免在室外暴露过久,按时服用统一发放的碘片等。

12.2.2.3 职业人员防护

《电离辐射防护与辐射源安全基本标准》中规定:应对任何工作人员的职业照射水平进行控制。职业人员5年的有效剂量限值为100 mSv,任意一年的有效剂量不得超过50 mSv,而对于年龄为16~18岁徒工和学生,其年有效剂量限值为6 mSv。

集体剂量水平的控制已成为核电辐射防护管理和确保职业照射合理可行尽量低的重要内容和衡量指标。集体剂量水平与剂量率、照射时间、受照人数等因素有关。因而,降低集体剂量可从降低剂量率、减少照射时间和受照人数这三个方面考虑。降低剂量率的方法包括源项控制和放射性去污,如将工作区转移到低辐射区,对设备进行远距离控制,增大人与放射源的距离。设置防护屏障,进入工作区人员需穿戴辐射防护衣帽。定期对设备进行化学清洗,去除沉积的放射性污染物。减少受照时间的方法有改进工具和工艺,提升人员专业技能,做好充分工作准备,提高工作效率,避免返工等。减少受照人数的方法有采用远程自动化操作和使用智能机器人等。

核电厂必须建立完善、健全的管理制度并严格执行。重视核安全文化的培养和放射性源项的监测及控制,降低事故发生概率。同时重视对高风险工作过程的ALARA控制,以减小职业照射,保护工作人员。

12.2.3 聚变堆的辐射防护

核聚变能源是人类未来理想清洁的最终能源,目前仍处于研究阶段。本节将简单介绍聚变原理、聚变堆的辐射危害来源及防护措施。

12.2.3.1 聚变原理及特点

聚变反应是轻原子核结合成较重原子核,并放出巨大能量的反应。太阳的能源就来源于聚变反应,常见的聚变反应包括氘-氚(D-T)聚变反应和氘-氘(D-D)聚变反应等,其中最易实现的氘-氚聚变反应的反应式如下:

$$D + T \rightarrow {}^4He + n(14.06\ MeV) \tag{12.1}$$

氘-氚聚变反应示意图见图12.7。

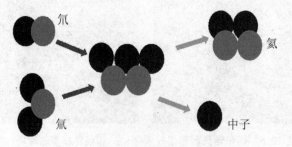

图12.7 氘-氚聚变反应示意图

实现受控核聚变反应的条件有以下两条:一是温度需高达一亿摄氏度(或能量10 keV)以上,以克服核力和维持自持反应;二是燃料密度与约束时间的乘积要在2×10^{14} s/cm³以上,以达到自持反应并产生能量增益。实现受控聚变反应有多种途径,如磁约束聚变、惯性约束聚变等。目前聚变实验装置大部分属于这两种类型。

磁约束聚变通过特殊形态的磁场将超高温等离子体约束在有限的空间内,以准稳态过程实现聚变反应。惯性约束聚变利用粒子的惯性作用来约束粒子本身,从而实现核聚变。目前最有希望实现聚变能应用的是磁约束托卡马克反应堆,如图 12.8 所示,本书主要针对该类型聚变堆进行讨论。

图 12.8　国际热核实验堆(ITER)示意图

相较于裂变堆,聚变堆具有燃料丰富、无长寿命放射性产物和固有安全性高的优点。氘、氚是聚变堆的主要燃料,地球上的氘储量非常丰富,一升海水中约含 33 mg 氘,其所含的聚变能量相当于 300 L 汽油燃烧释放的能量。海水中含有的氘达 45 万亿吨,若用于聚变反应堆燃烧,可供人类使用上千亿年。氚在自然界中几乎不存在,但可通过中子与锂发生核反应进行氚增殖。锂在地球上储量比较丰富,海水中锂储量约有 2 600 亿吨,如果全部提取用于聚变反应堆燃烧,足够人类使用上千万年。

氘–氚聚变主要产物为惰性气体氦,反应过程不排放温室气体,也不会产生污染物。聚变堆中的放射性废物主要来自聚变中子与结构材料、增殖剂等材料反应生成的放射性活化产物、滞留在包层和结构材料中的氚。与裂变堆相比,其活化产物多为短寿命核素,可在数年到数十年内衰减至可操作水平。

相比裂变堆,聚变堆不会因反应性控制失效引起功率激增、发生临界事故导致堆芯熔化。聚变堆运行时堆芯要满足磁场、高真空环境等严格的控制条件,才能稳定进行聚变反应。一旦控制条件被破坏,就会发生等离子体破裂,聚变反应会在瞬间停止。

12.2.3.2　聚变堆的辐射危害来源及防护

由于聚变堆中中子能量高、源强大,在聚变堆运行时会产生大量次级粒子(如次级光子等),并将结构材料和冷却剂等材料中的稳定核素转变成放射性核素(又称中子活化产物)。这些放射性核素在衰变过程中会释放出光子。因此,在聚变堆正常运行时须重点考虑高能中子及其次级粒子造成的辐射剂量问题,在停堆后应该重点考虑由中子活化产物释放的衰变光子造成的辐射剂量。另外,聚变反应会产生具有放射性的氚,氚具有强的渗透性,高温下甚至能透过包括不锈钢在内的许多金属材料,因此氚的防护也是聚变堆防护的重要问题。

为防护聚变中子和次级粒子,聚变堆在设计时就需要考虑设置足够的屏蔽,以确保工作人员和公众的辐射安全。聚变堆中活化的空气和放射性粉尘可能会对工作人员产生一定的辐射剂量,因此须进行空气净化,降低和控制放射性的污染物在空气中的浓度,确保安全。为减缓聚变堆停堆后活化产生的放射性核素发出的衰变光子造成的辐射剂量,通常维护人员须在聚变堆停机一定时间后才可对其进行维修。同时,对于进入聚变堆的人员,应该佩戴防护器具,并严格限制工作时间,携带个人剂量监测设备,实时监测个人剂量。针对具有较高放射性的部件维修,可采用距离防护的方法,利用远程控制设备进行操作处理。

为了防护放射性核素氚,须从工艺上采取措施防止氚渗漏,如使用防氚涂层,尽可能减少氚的漏失。同时将处于高温区的容器和管道做成双层,实现对氚的回收。这样不但降低了氚对环境和工作人员辐射,还实现了氚的再利用。

聚变堆辐射防护还包括设置连续实时测量的剂量监测与控制系统、预计潜在的放射性危险、划定高放防护监测区和提前设置紧急事故处理预案等。

12.3　乏燃料后处理

乏燃料是指在核反应堆内使用(或辐照)达到计划的卸料燃耗深度后,从反应堆内卸出且不再在该堆中使用的核燃料,其对于原反应堆来说就是废料。本节将简单介绍乏燃料的运输、处理和处置过程中的辐射问题及预防措施。

12.3.1　乏燃料运输中的防护

随着我国核电机组逐步投产,乏燃料数量也在成倍增长。我国的乏燃料后处理厂位于远离核电站数千公里的西部内陆地区,因此乏燃料的运输安全至关重要,一旦发生运输事故就可能引发公众对核的恐惧心理,危害核电事业,所以必须高度重视乏燃料运输安全与防护。

乏燃料的放射性活度高、衰变热大,且含有相当量的可裂变材料,因此它是危害性最大的放射性物质之一。为保护公众和工作人员的辐射安全,运输过程中乏燃料必须保持在次临界状态,且装载乏燃料的容器外表面辐射剂量率不得高于 IAEA 发布的《放射性物质安全运输条例》和我国《放射性物质安全运输规程》的规定剂量限值。装运乏燃料的容器必须在环境温度从 $-40 \sim 38$ ℃ 的变化范围内都保持足够的强度,并能承受正常运输过程中的加速度、振动和共振的作用,甚至在极端事故情况下也能保持密封和完整性,不至于危害环境。

目前世界上主要用水路运输和陆路运输两种方式运输乏燃料,根据我国核能的实际分布情况,采用水陆联运的方案运输乏燃料最为适宜。

1. 水路运输的防护

全世界乏燃料运输主要采用水路运输的方式,目前已有 300 多个乏燃料运输容器由水路安全运输至目的地,累计航程已达数百万海里。欧洲有两个专门的运输公司:一个是由英国、法国和德国联合组建的核运输公司(NTL),另一个是由英国、法国和日本联合组建的太平洋核运输公司(PNTL)。

为保证运输安全,对乏燃料运输船(如图 12.9 所示)的技术性能有特殊的要求。船侧部分应给予加强,以保证在遭受其他船只以 15 海里的时速冲撞正侧面时,不会损伤运输容器。

同时,采用全通双底式结构设计,既能防止触礁时船舱进水沉没,又可保护船舱内的运输容器。设置多层水密封横隔壁将船划分为多个分区,既可减小受损时的浸水量,又可保持船只稳定,避免颠倒。容器及其运输托架需与船体紧固在一起,防止容器移动和翻倒。船舱四周需配置足够厚的屏蔽水箱以及双层舱盖板,以保证船员所受的辐射剂量在安全范围以内。容器表面温度和舱内环境温度应控制在许可范围之内。乏燃料运输船应具有双机双桨两套导航通讯设备和双重电源、必要的辐射监测仪表、固定的消防设施、通讯设施和救生设备等。

图 12.9　乏燃料的水路运输

2. 陆路运输的防护

与水路运输类似,陆路运输也需设计运输容器,该容器除能尽可能降低外照射剂量水平外,同时要考虑到运输容器倒置或坠落时也不会将放射性物质溅出造成环境污染。乏燃料运输容器必须由钢材、屏蔽材料等组成,并且壁厚需达到 $13\sim38$ cm($5\sim15$ in)。一般公路运输适用于短途、容器重量小于 40 吨的乏燃料运输,采用设计成低重心的超重型卡车进行运输。卡车配有专门固定容器的装置和便于去污的结构,且驾驶室有一定的辐射防护措施。乏燃料公路运输一般采用车队形式运输,并且运输速度需要加以限制。铁路运输载重量大,适于长途运输,40 吨以上的乏燃料容器均用铁路运输(如图 12.10 所示)。铁路运输时,应按容器结构尺寸选择相应的凹底平车,车速一般要小于 100 km/h。运输路线选择应充分考虑道路、桥梁的负荷限制。同时,铁路运输过程中须考虑机车与载货车之间以及载货车与货物本身之间的隔离防护问题,保障机车驾驶员和守车人员不受过量剂量照射。

图 12.10　乏燃料的陆路运输

运输装置中需包含放射性废物运输状态监测系统,能够实时监测放射性废物在运输过程中的状态变化。乏燃料运输期间运输公司需实施 24 小时值班,通过 GPS 定位和卫星通讯系统与乏燃料运输车队保持实时联系;并与各地交通、公安部门、核安全部门保持联系,随时配合工作。

12.3.2　乏燃料处理中的防护

核工业领域中乏燃料最后都被送到后处理厂进行处理。乏燃料的后处理主要是对乏燃料进行铀钚分离及提取其他有用的核素(如 ^{90}Sr、^{137}Cs、^{99}Tc 等),其目的在于提高核燃料的利用率,同时降低乏燃料中长寿命放射性核素进而利于乏燃料的后续处置。

乏燃料处理首先要对其进行冷却,然后将乏燃料组件解体,脱除元件包壳,溶解燃料芯块。再采用化学方法将裂变产物从铀钚中分离出去,然后用溶剂将铀和钚分别以硝酸铀酰和硝酸钚溶液的形式萃取出来,最后对萃取液分别净化处理制得金属铀(或二氧化铀)及钚(或二氧化钚)。

12.3.2.1　乏燃料处理中的辐射特点

乏燃料具有非常高的放射性,且成分复杂,其中含有两三百种放射性裂变产物。裂变产物在乏燃料中的分布不均匀,且存在形态也不一。其中 ^{85}Kr、^{3}H、^{131}I、^{14}C、^{90}Sr、^{137}Cs、^{144}Ce、^{106}Ru 等放射性裂变产物以气溶胶形式存在,主要来源于乏燃料剪切及溶解、硝酸回收、工艺溶液及液体废物蒸发、废物煅烧及熔化等过程;^{85}Kr 产额较高,且半衰期较长;^{3}H 释放量很大,主要是以氚气的形式释放;^{131}I 有很强的挥发性,是最具危害的裂变产物之一。另外,未烧完的核燃料中还含有大量未耗尽的可增殖材料 ^{238}U 或 ^{232}Th,同时也含有新生成的 ^{239}Pu、^{235}U 或 ^{233}U 等易裂变材料和辐照过程中产生的镎、锔等超铀元素。这些核素大多数具有很强的 β、γ 放射性,甚至还有很强的化学毒性,部分核素的半衰期长达上百万年,所以乏燃料后处理过程具有极强的放射性特点。

乏燃料溶解和废液蒸发脱硝过程中产生的浓缩液有很强的放射性,会释放大量的衰变热,因此乏燃料处理过程中环境温度较高。操作过程中加料太快可能导致溶解液沸腾,在高温下甚至会发生分解爆炸。1957 年,苏联马雅克后处理厂因废液贮槽的硝酸钠和醋酸盐残渣温度达到 350 ℃而发生爆炸,使得约 20 MCi 放射性物质沉积在附近地面,2 MCi 放射性物质进入大气,造成了非常严重的后果。另外,在高放废液蒸发过程中,有机溶剂及其降解产物会和铀、钚金属的硝酸溶液在一定温度下发生化学反应导致“红油爆炸”,如 1993 年,俄罗斯拖木斯可-7 工业联合企业后处理厂发生的“红油爆炸”,导致放射性物质释放到环境中。

乏燃料中存在大量的可裂变核燃料,在一定条件下(操作不当、分析数据错误等)可能会发生临界事故,从而导致工作人员受到过量的辐射剂量伤害。如 1965 年,苏联乌拉尔马雅克企业的高浓缩铀废物回收设施发生了临界事故,事故共持续了 7 个小时,总裂变次数达到 7×10^{17},现场人员受到了小剂量的辐照。

乏燃料溶解和进行铀钚萃取分离等过程中需使用大量化学物质,如乏燃料溶解时使用的硝酸以及废液进行蒸发处理的过程中使用的甲醛、多聚甲醛、甲酸等脱硝剂,这些试剂具有强腐蚀性或化学毒性,会刺激工作人员呼吸道和皮肤黏膜,增加肿瘤发病率。

12.3.2.2 乏燃料处理中的防护措施

乏燃料后处理过程中工作人员的频繁操作常伴有核辐射危害和化学危害。针对处理工艺环境中面临的辐射安全问题,需对分区布置、密封原则、气流组织、人流控制、污染控制等进行安全设计;建立健全管理制度及工作程序,工作人员必须经培训持证上岗,严格按照规程进行操作;必须实施个人剂量监测和工作场所辐射监测(如气溶胶、表面污染、β/γ 辐射场等);同时工作人员必须穿戴个人防护用品,佩带个人剂量监测计,离开操作区时必须淋浴,污染检测合格后再换常服;在检修和事故场所要限制工作时间。

对于后处理工艺中产生的放射性废物,大部分后处理厂会将高放射性的废液和固体废物固结在玻璃体中(通常是硼硅酸盐或磷酸盐玻璃),目前也有固结在陶瓷中的研究。中等放射性废物在分离出钚、锕系残留物后浓缩,再通过水泥、沥青固化。低放射性废物通常会直接稀释至安全浓度后排放。核燃料后处理过程设计上尽量减少放射性废物的产生,因此某些处理厂会循环利用低放废液。

对于后处理工艺中产生的放射性气体,需经处理达到国家标准后才可排放。^{85}Kr 及其同位素目前主要采用低温蒸馏法和活性炭吸附法进行回收处理。低温蒸馏法是利用在同一温度下 ^{85}Kr 与其他气体以及惰性气体之间具有不同的挥发性使其分离。而活炭吸附法是利用活性炭床可以完全吸附氪、氙等放射性核素,使其与空气组分分离。德国卡尔斯鲁厄中间试验工厂、日本东海后处理厂和英国 Thorp 厂均对 ^{85}Kr 进行了回收处理,控制了其排放量。^{3}H 也同样需进行处理,法国 UP3 后处理厂和日本东海后处理厂采用氙阱使氚化水蒸气冷凝以达到除氚的目的,氙阱尾气中氚含量低于 1%。对于 ^{131}I,后处理厂广泛采用水溶液淋洗去除,洗涤后气相中的碘可借助活性炭、沸石、附有硝酸银的硅胶和氧化铝等固体吸附剂进一步净化,其效率可达 99%~99.9%。^{14}C 主要以二氧化碳的形式释放,目前主要采用氢氧化钠或氢氧化钙洗涤、分子筛吸附以及碳氟化合物吸收等方法将绝大部分二氧化碳转化为碳酸钙的形式,从而达到去除 ^{14}C 的目的。

12.3.3 乏燃料的处置

为减少乏燃料对人类和环境的危害,应将乏燃料与人类环境永久隔离,这一过程称为乏燃料的处置。根据第 4 章介绍的放射性废物处置方法,乏燃料的处置主要有深地质层处置和贮存处置两种方式。

12.3.3.1 深地质层处置

深地质层处置是一种在深度超过 300 m 的稳定地质层中,采用人工屏障和天然屏障相结合的多种屏障隔离体系,将高放射性乏燃料废物与人类生态圈长期安全隔离的处置方法。此方法具有安全性好、环境影响小等特点。深地质层处置包括乏燃料处理后处置和直接处置两种方式。

乏燃料的处理并不能改变核废料中放射性核素衰变和辐照等固有特性,只能使其减容或变成在运输、贮存等过程中散失危险性最小的物理和化学形态。因此,还必须对其加以妥善的处置,以尽量减少放射性物质对人类及其生存环境的危害。法国、英国和俄罗斯等国家均是采用这种方法,在对乏燃料中 96% 的有用核燃料进行分离并回收利用后将剩余的裂变产物和次锕系元素固化后进行深地质层处置。法国和英国的后处理能力不仅能够满足国内需求,同时还能为其他国家提供服务,日本多数乏燃料都是运往英国和法国进行后处理。法国目前将处理后的商用高放废物都贮存在后处理厂的专用设施内,2025 年后将放入最终废物处置库中。英国也将在 2040 年前完成历史遗留的中放废物向处置区转移的工作。

直接处置是将乏燃料经过冷却、包装后作为废物直接送入深地质层进行处置。加拿大、芬兰、德国、瑞典和美国等国家对乏燃料均采用此种方式进行处置。利用地质层的隔离和阻滞作用,可以在 1 万到 10 万年内阻止放射性核素大量进入生物圈。深地质层处置要求地层基岩表面具有非常低的地震活动和较高的地质构造稳定性,同时地质层需具有一定的塑性和较低的孔隙率,还得有优异的物理化学性能、辐照稳定性和热稳定性等。

加拿大在曼尼托巴省东部的花岗岩基中建造了乏燃料地下处置实验室,开展了放射性核素在裂隙发育、裂隙中等发育和大块体岩石中的迁移等 11 个方面的实验。法国、美国、匈牙利等国家都参与了此项研究,围绕场址特性开展了大量研究工作,为处置库的设计提供了必要的参数指导。1977 年美国确立尤卡山计划欲对乏燃料进行直接处置,拟建距地表平均深度约 300 m 的处置库,建成后可以处置 7 万吨高放废物。但因政治因素和民众信任等原因,该计划一直未投入商业运行,并于 2012 年被奥巴马政府暂停。芬兰已经批准了位于 Olikuoto 核电站附近的高放废物处置库场址,其将于 2020 年建成。

我国虽然已经确立了后处理厂和快中子反应堆相结合的闭式燃料循环路线,但对地质处置方面的研究也一直在进行中。1985 年就开始了放射性废物地质处置选址研究工作,1993 年开始对甘肃北山进行了相关地质水文及可行性研究。2016 年 6 月确定甘肃北山为高放废物处置地下实验室场址。

12.3.3.2　贮存处置

由于深层地质处置技术暂不成熟,距大规模商用还有距离,且成本昂贵,只有少数几个国家在发展。世界上没有乏燃料后处理技术的国家则直接将卸出的乏燃料放入紧靠反应堆的水池中,以降低其热量和放射性。一般乏燃料需要在水池中放置几年至几十年的时间,然后再被转移到干式容器或者其他大型设施中进行集中长期贮存。目前世界上各国主要采用湿法和干法两种贮存处置乏燃料的技术。

湿法贮存处置是将乏燃料贮存在乏燃料水池中,是最早且最广泛使用的乏燃料处置方法。乏燃料池中一般装有一定浓度的含硼水,以降低链式反应的发生。水池中装有冷却系统,用以带出乏燃料的衰变热。核电厂内最常见的水池形式是在构筑物内建造内衬不锈钢的混凝土结构储存水池,也有利用地下岩洞建造的贮存水池,岩洞要有良好的防外部冲击性能,且在内部意外事故下也可实现环境隔离,避免污染物外泄。

为减少放射性废水产生,各国逐渐开始发展干法贮存,将乏燃料存于贮存室、金属容器、干井等设施中。干法储存设施都必须设置足够的屏蔽防护措施,同时贮存设施还必须设置气体监测系统以监测放射性物质的泄漏和包装容器的破损。对于乏燃料的衰变热,须采用空气自然对流法或其他的方法带走,以保证贮存设施安全。国际上已经有不少干法贮存处置乏燃料的应用,秦山三期核电站的乏燃料处置在国内首次使用干法贮存处置。

贮存处置的优点是可以就地贮存,无需废物运输。同时场地附近人员都了解核废物,易于监控和管理。但其缺点是必须要对贮存设施进行持续、有效的监控和运行,包括持续的资金投入。

参 考 文 献

[1]　周注谋.铀矿开采和水冶的放射防护[J].冶金安全,1979(02):41-43.

[2]　顾忠茂.核废物处理技术[M].北京:原子能出版社,2009.

[3]　王鉴.中国铀矿开采[M].北京:原子能出版社,1997.

[4]　张晓文,周耀辉,刘耀池,等.我国铀矿冶工业与技术进步[J].中国矿业,2003,2(02):4-6.

[5]　杨茂春.核电站辐射防护的现状和趋势[J].辐射防护通讯,2000(Z1):58-61.

[6]　倪木一.聚变堆燃料循环与氚资源可持续性研究[D].合肥:中国科学技术大学,2013.

[7]　姜圣阶,任凤仪,马瑞华,等.核燃料后处理工学[M].北京:原子能出版社,1995.

[8]　李越,肖德涛,刘新华,等.我国乏燃料运输现状探讨[J].辐射防护,2016,36(1):31-39.

[9]　宋凤丽,刘志辉,吕丹,等.乏燃料后处理厂废气处理系统化学安全问题分析[J].核科学与工程,2015,3(35):560-567.

[10]　徐国庆.加拿大乏燃料处置的研发工作[J].世界核地质科学,2012,29(2):99-105.